电子通信行业职业技能等级认定指导丛书

半导体分立器件和集成电路装调工 （初、中、高级工）指导教程

工业和信息化部教育与考试中心　组　编
孙长安　主　编
刘秀枝　副主编
姜贵云　王　红　贾永征　张一波　王　威　参　编
许同玉　李　瑞　王海鹏　主　审

电子工业出版社
Publishing House of Electronics Industry
北京·BEIJING

内 容 简 介

本书以国家职业技能标准《半导体分立器件和集成电路装调工》为依据，紧紧围绕"以企业需求为导向，以职业能力为核心"的编写理念，力求突出职业技能培训特色，满足职业技能培训与鉴定考核的需要。

本书是"半导体分立器件和集成电路装调工"职业技能等级（初级工、中级工、高级工）认定指导用书，可供相关人员参加在职培训、岗位培训使用，也可作为职业院校、技工院校电子类专业的教学用书。

未经许可，不得以任何方式复制或抄袭本书之部分或全部内容。
版权所有，侵权必究。

图书在版编目（CIP）数据

半导体分立器件和集成电路装调工（初、中、高级工）指导教程 / 工业和信息化部教育与考试中心组编. —北京：电子工业出版社，2023.7
ISBN 978-7-121-45806-4

Ⅰ.①半… Ⅱ.①工… Ⅲ.①半导体集成电路－安装－职业技能鉴定－自学参考资料②半导体集成电路－调试－职业技能鉴定－自学参考资料 Ⅳ.①TN43

中国国家版本馆 CIP 数据核字（2023）第 111477 号

责任编辑：蒲　玥
印　　刷：三河市龙林印务有限公司
装　　订：三河市龙林印务有限公司
出版发行：电子工业出版社
　　　　　北京市海淀区万寿路 173 信箱　　邮编：100036
开　　本：787×1092　1/16　　印张：16.75　　字数：429 千字
版　　次：2023 年 7 月第 1 版
印　　次：2023 年 7 月第 1 次印刷
定　　价：58.00 元

凡所购买电子工业出版社图书有缺损问题，请向购买书店调换。若书店售缺，请与本社发行部联系，联系及邮购电话：（010）88254888，88258888。
质量投诉请发邮件至 zlts@phei.com.cn，盗版侵权举报请发邮件至 dbqq@phei.com.cn。
本书咨询联系方式：（010）88254485，puyue@phei.com.cn。

前 言

当今世界，科学技术迅猛发展，产业技术更新换代。随着电子信息产业的转型升级，整个产业对人才培养提出了新的要求。为促进电子信息产业人才培养与产业需求相衔接，助力"制造强国""网络强国"建设，工业和信息化部教育与考试中心组织专家以工业和信息化部、人力资源和社会保障部发布的电子信息产业相关职业标准为依据，结合电子信息产业新标准、新技术、新工艺等电子行业现行技术技能特点，编写了这套电子行业职业技能等级认定指导丛书。

这套书的内容涉及电子产品制版工、印制电路制作工、液晶显示器件制造工、半导体芯片制造工、半导体分立器件和集成电路装调工、计算机及外部设备装配调试员、广电和通信设备电子装接工、广电和通信设备调试工八个职业。

这套书的编写紧贴国家职业技能标准和企业工作岗位技能要求，以职业技能等级认定为导向，以培养符合企业岗位需求的各级别技术技能人才为目标，以行业通用工艺技术规程为主线，以相关专业知识为基础，以现行职业操作规范为核心，按照国家职业技能标准规定的职业层级，分级别编写职业能力相关知识内容。图书内容力求通俗易懂、深入浅出、灵活实用地让读者掌握本职业的主要技术技能，以满足企业技术技能人才培养与评价工作的需要。

这套书的编写团队主要由企业一线的专业技术人员及长期从事职业能力水平评价工作的院校骨干教师组成，确保图书内容能在职业技能、工艺技术及专业知识等方面得到最佳组合，并突出技能人员培养与评价的特殊需求。

这套书适用于电子行业职业技能等级认定工作，也可作为电子行业企业岗位培训教材以及职业院校、技工院校电子类专业的教学用书。

本书由工业和信息化部教育与考试中心组织，北京电子控股有限责任公司技术人员具体编写，并经过相关部门领导和专家的最后审定。本书在编写过程中得到了北京电子控股有限责任公司、北京燕东微电子股份有限公司、北京飞宇微电子电路有限责任公司、北京电子信息技师学院、北京市第五十一职业技能鉴定所及部分专家、学者和广大工程技术人员的大力支持和帮助，在此一并表示感谢。

参加本书编写和审核的主要人员有孙长安、刘秀枝、姜贵云、王红、贾永征、张一波、王威、许同玉、李瑞、王海鹏。

由于编者水平有限，加之时间仓促，书中难免存在疏漏之处，恳请读者批评指正。

工业和信息化部教育与考试中心

目 录

第1章 磨片与划片 ... 1
1.1 磨片操作 ... 1
- 1.1.1 磨片工艺基础知识 ... 1
- 1.1.2 磨片作业指导书及清洁处理知识 ... 1
- 1.1.3 化学药品安全使用常识 ... 2
- 1.1.4 磨片用设备、工作程序、工装和原材料 ... 3
- 1.1.5 磨片设备、仪器操作与安全规程 ... 3
- 1.1.6 磨片工艺规范 ... 4
- 1.1.7 磨片设备、仪器日常维护要求 ... 4
- 1.1.8 磨片工艺参数控制方法与统计要求 ... 4
- 1.1.9 磨片操作常见质量问题及解决方法 ... 4

1.2 划片操作 ... 5
- 1.2.1 划片工艺基础知识 ... 5
- 1.2.2 划片作业指导书相关知识 ... 6
- 1.2.3 显微镜的观察方法 ... 9
- 1.2.4 磨片与划片工艺记录的填写方法 ... 10
- 1.2.5 划片设备仪器操作与安全规程 ... 11
- 1.2.6 划片工艺参数设定 ... 11
- 1.2.7 工艺质量控制基本要求 ... 11
- 1.2.8 工艺异常情况报告流程 ... 14
- 1.2.9 划片工艺原理 ... 14
- 1.2.10 划片操作常见质量问题及解决方法 ... 15
- 1.2.11 划片工艺质量对器件可靠性的影响 ... 15

1.3 检查 ... 15
- 1.3.1 晶圆厚度测量基本方法 ... 15
- 1.3.2 芯片长度测量基本方法 ... 16
- 1.3.3 晶圆粗糙度测量方法 ... 16
- 1.3.4 产品过程检验的基本方法 ... 17
- 1.3.5 质量问题闭环处理知识 ... 18
- 1.3.6 过程检验及控制方法 ... 18
- 1.3.7 不合格品的控制程序 ... 20

习题 ... 21

第2章 芯片装架 ... 22
2.1 装架前处理 ... 22
- 2.1.1 芯片装架前处理指导书（装架前物料准备） ... 22
- 2.1.2 装架前清洗处理 ... 22
- 2.1.3 芯片装架的基本知识 ... 22
- 2.1.4 防静电措施 ... 23
- 2.1.5 特种气体的安全使用要求 ... 23
- 2.1.6 焊接材料相图基本知识 ... 24
- 2.1.7 工装、夹具安全使用要求 ... 24
- 2.1.8 芯片装架与元器件电性能及可靠性的关系 ... 25

2.2 操作 ... 25
- 2.2.1 芯片装配图的识图知识 ... 25
- 2.2.2 装架工艺原材料及工装明细表 ... 26
- 2.2.3 装架工艺记录的填写方法 ... 27
- 2.2.4 芯片装架工装、夹具对装架质量的影响 ... 27
- 2.2.5 工艺质量控制基本要求 ... 27
- 2.2.6 芯片装架工艺方法 ... 27
- 2.2.7 芯片装架镜检知识 ... 28

习题 ... 29

第3章 粘接/钎焊/共晶焊 ... 30
3.1 操作 ... 30
- 3.1.1 芯片与壳体、基片微连接的基础知识 ... 30
- 3.1.2 粘接/钎焊/共晶焊基础知识 ... 30
- 3.1.3 粘接/钎焊/共晶焊设备工作程序表 ... 30
- 3.1.4 粘接/钎焊/共晶焊工艺参数监控知识 ... 31
- 3.1.5 粘接/钎焊/共晶焊设备安全操作规程 ... 31
- 3.1.6 粘接/钎焊/共晶焊工艺气体的安全操作 ... 32
- 3.1.7 工艺质量控制基本要求 ... 32

```
    3.1.8   钎焊/共晶焊工艺原理............................33
    3.1.9   芯片粘接/钎焊/共晶焊工艺参数调控
            要求............................................34
  3.2   检查............................................35
    3.2.1   产品外观质量基础检验知识..................35
    3.2.2   芯片结构基础知识..............................35
    3.2.3   过程检验的基本方法............................36
    3.2.4   剪切力检测......................................37
    3.2.5   过程检验及控制................................39
    3.2.6   不合格品的控制程序............................39
  习题....................................................40
第4章    清洁焊盘......................................42
  4.1   操作............................................42
    4.1.1   半导体芯片的清洁处理基础知识..........42
    4.1.2   焊盘干法清洁、湿法清洁的防护
            知识............................................42
    4.1.3   半导体芯片的清洁处理知识（干法、
            湿法）..........................................44
    4.1.4   工艺参数范围..................................45
    4.1.5   对清洁焊盘使用气体的要求..................45
    4.1.6   干法清洗处理的基本工艺原理..............45
    4.1.7   焊盘质量对键合质量的影响..................45
    4.1.8   清洁焊盘设备安全操作规程..................45
    4.1.9   清洁焊盘的工艺原理............................46
    4.1.10  清洁焊盘操作常见质量问题及解决
            方法............................................46
  4.2   检查............................................46
    4.2.1   过程检查基础知识..............................46
    4.2.2   工艺过程参数监控方法........................47
  习题....................................................47
第5章    键合设备调整..............................48
  5.1   操作............................................48
    5.1.1   键合设备操作使用说明书..................48
    5.1.2   键合设备操作基本知识........................50
    5.1.3   芯片微连接基础知识............................56
    5.1.4   芯片与壳体或基片的互连方式..............56
    5.1.5   金属化体系对键合设备的基本要求......57

    5.1.6   键合设备工作基本原理........................58
    5.1.7   键合设备工艺验证方法........................58
  5.2   调整操作......................................58
    5.2.1   键合设备工作程序明细表..................58
    5.2.2   键合设备调整作业指导书的设备调整
            要求............................................59
    5.2.3   键合参数......................................59
    5.2.4   键合设备调整工艺记录的填写方法..60
    5.2.5   不同金属化体系键合对器件可靠性的
            影响............................................60
    5.2.6   引线键合对键合引线长度、高度、
            弧高的要求..................................62
    5.2.7   键合设备日常维护保养基本要求......62
    5.2.8   键合设备易损部件更换及调整方法..63
    5.2.9   键合设备调整操作常见质量问题及
            解决办法......................................63
  5.3   检查............................................63
    5.3.1   键合过程检查基础知识........................63
    5.3.2   键合设备参数控制............................64
    5.3.3   键合过程检验抽样规定........................64
    5.3.4   键合设备调整后状态确认方法..........64
  习题....................................................73
第6章    键合............................................75
  6.1   操作............................................75
    6.1.1   芯片键合基础知识............................75
    6.1.2   键合设备调节基础知识........................77
    6.1.3   显微镜的使用..................................77
    6.1.4   键合工艺记录的填写方法..................77
    6.1.5   键合方式及键合工艺方法..................77
    6.1.6   键合设备安全操作规程........................78
    6.1.7   键合用劈刀选用方法............................79
    6.1.8   工艺异常情况报告流程........................79
    6.1.9   键合工艺原理..................................81
    6.1.10  不同金属之间的电化学反应基础
            知识............................................82
    6.1.11  键合操作常见质量问题及解决方法...82
    6.1.12  键合操作质量控制知识........................82
```

目录

- 6.2 检查 ... 83
  - 6.2.1 键合原材料明细表 ... 83
  - 6.2.2 键合工艺检查规范 ... 83
  - 6.2.3 工艺问题的基本处置方法 ... 84
  - 6.2.4 引线键合拉力检测方法 ... 84
- 习题 ... 85

第 7 章 内部目检 ... 86

- 7.1 内部目检准备 ... 86
  - 7.1.1 镜检操作规范 ... 86
  - 7.1.2 净化及防静电要求 ... 93
  - 7.1.3 配制溶液的安全知识 ... 94
  - 7.1.4 产品外观检查 ... 95
  - 7.1.5 版图知识介绍 ... 96
  - 7.1.6 分立器件制造工艺流程及工艺过程 ... 96
- 7.2 内部目检操作 ... 98
  - 7.2.1 目检前清洁处理 ... 98
  - 7.2.2 器件内部目检知识 ... 98
  - 7.2.3 内部目检设备、仪器使用知识 ... 100
  - 7.2.4 内部目检记录填写 ... 107
  - 7.2.5 半导体分立器件内部目检工艺规范 ... 108
  - 7.2.6 半导体分立器件制造基础知识 ... 110
  - 7.2.7 工艺异常报告流程 ... 113
  - 7.2.8 分立器件及集成电路封装形式介绍 ... 114
  - 7.2.9 内部目检标准知识 ... 115
  - 7.2.10 半导体分立器件外壳结构 ... 124
  - 7.2.11 芯片缺陷对器件整体可靠性的影响 ... 128
- 习题 ... 130

第 8 章 封帽 ... 132

- 8.1 封帽准备 ... 132
  - 8.1.1 管帽的识别 ... 132
  - 8.1.2 封帽清洁处理 ... 132
  - 8.1.3 封帽工艺相关仪器、材料明细表 ... 134
  - 8.1.4 工艺与环境条件控制 ... 135
  - 8.1.5 封帽工装（模具）选择 ... 136
  - 8.1.6 不同封装结构对零件、模具的要求 ... 136
  - 8.1.7 半导体分立器件、集成电路的密封 ... 138

- 8.2 封帽操作 ... 144
  - 8.2.1 封帽作业指导书 ... 144
  - 8.2.2 半导体分立器件封帽工艺基础知识 ... 150
  - 8.2.3 不同封帽形式封帽材料 ... 151
  - 8.2.4 主要封帽设备安全操作规程 ... 152
  - 8.2.5 工艺质量控制基础知识 ... 154
  - 8.2.6 环境因素对器件性能的影响 ... 156
  - 8.2.7 封帽工艺参数调控要求 ... 156
  - 8.2.8 半导体分立器件制造工艺技术 ... 156
  - 8.2.9 封帽对器件可靠性的影响 ... 159
- 习题 ... 159

第 9 章 封帽后处理 ... 161

- 9.1 封帽后检查 ... 161
  - 9.1.1 产品封装结构图 ... 161
  - 9.1.2 器件封帽后目检内容 ... 163
  - 9.1.3 显微镜操作知识 ... 164
  - 9.1.4 封帽工艺检验规范 ... 167
  - 9.1.5 环境因素对塑封器件性能的影响 ... 167
  - 9.1.6 首件检验要求 ... 168
  - 9.1.7 不同封帽形式的检验方法及要求 ... 169
- 9.2 操作 ... 170
  - 9.2.1 封帽外观质量要求（外壳附着物去除方法） ... 170
  - 9.2.2 分立器件外观质量要求基础知识 ... 170
  - 9.2.3 防静电措施及工艺记录的填写 ... 171
  - 9.2.4 封帽后处理所需的材料、设备仪器 ... 171
  - 9.2.5 切筋成型工艺流程 ... 172
  - 9.2.6 器件外引线电极整形 ... 173
  - 9.2.7 工艺异常情况报告流程 ... 173
  - 9.2.8 封帽工艺设备对封帽质量的影响 ... 173
  - 9.2.9 镜检设备的工作原理及使用说明书 ... 174
  - 9.2.10 半导体分立器件外壳制造方法 ... 176
  - 9.2.11 半导体分立器件检漏知识 ... 180
- 习题 ... 184

第 10 章 常用元器件基础知识 ... 185

- 10.1 电阻器 ... 185
  - 10.1.1 基本概念 ... 185

VII

10.1.2	电阻器的主要性能参数	185
10.1.3	电阻器的分类	185
10.1.4	电阻器的标识	186
10.1.5	不同材质的电阻器的适用范围	188
10.1.6	电阻器的选用	188

10.2 电容器 ... 189
10.2.1	电容器的主要性能参数	189
10.2.2	插装电容器电容量的标识	189
10.2.3	电容器的选用	190
10.2.4	贴片电容器	192

10.3 电感器 ... 192
10.3.1	电感器的作用	192
10.3.2	电感器的主要特性	193
10.3.3	电感器的种类	194
10.3.4	用 RLC 电桥测量电感量	194
10.3.5	电感器的标注方法	194
10.3.6	片状电感器	195

10.4 磁珠 ... 196
10.4.1	磁珠的技术参数	196
10.4.2	磁珠的型号规格	196
10.4.3	磁珠的作用	196
10.4.4	磁珠与电感的区别	197
10.4.5	磁珠的使用	197
10.4.6	磁珠的使用提示	198

10.5 二极管 ... 198
10.5.1	二极管的构成和图形符号	198
10.5.2	常用二极管的种类	198
10.5.3	二极管的主要参数	199
10.5.4	二极管的特性及选用	199

10.6 三极管 ... 201
10.6.1	三极管的分类及结构	201
10.6.2	三极管的工作原理	201
10.6.3	三极管的主要性能参数	201
10.6.4	三极管的选用	202

10.7 场效应管 ... 203
10.7.1	场效应管的工作原理	203
10.7.2	场效应管和晶体管的比较	203
10.7.3	场效应管的应用	203

10.8 晶闸管 ... 204
10.8.1	晶闸管的结构	204
10.8.2	晶闸管的标称方法	204
10.8.3	晶闸管的分类	204

10.9 集成电路 ... 205
10.9.1	半导体集成电路的分类	205
10.9.2	集成电路引脚识别	206
10.9.3	常见的集成电路封装	207
10.9.4	集成电路的代用	207

习题 ... 208

第 11 章 半导体材料基础知识 ... 209

11.1 半导体材料 ... 209
11.1.1	半导体材料的分类	209
11.1.2	半导体的特性	210
11.1.3	半导体	210

11.2 第三代半导体材料 ... 213
11.2.1	第三代半导体材料的主要性能参数	213
11.2.2	器件性能的影响因素	213
11.2.3	第三代半导体材料代表品种的应用	213

习题 ... 214

第 12 章 电镀基础 ... 215

12.1 电镀的基础知识 ... 215
12.2 电镀在微电子技术中的应用 ... 218
习题 ... 219

第 13 章 表面安装技术基础 ... 220

13.1 绪论 ... 220
13.1.1	表面安装工艺对元器件的要求	220
13.1.2	表面安装技术中的清洗工艺	220

13.2 表面安装工艺流程 ... 220
13.2.1	一般表面安装工艺流程图	220
13.2.2	不同组装方式的表面安装工艺流程	221

13.3 自动焊接技术 ... 221
13.3.1	再流焊	221
13.3.2	波峰焊	222

习题 ... 223

目录

第 14 章 薄厚膜混合集成电路制造工艺
基础 224
　14.1　混合集成技术概述 224
　14.2　薄膜混合集成电路技术 225
　　14.2.1　薄膜材料 225
　　14.2.2　薄膜制造工艺 229
　习题 235

第 15 章 微系统组装基础知识 236
　15.1　系统级封装的概念 236
　15.2　微系统组装的特征 237
　15.3　SiP 的主要构成 237
　习题 238

第 16 章 检验基础知识 239
　16.1　原材料检验 239
　　16.1.1　来料检验 239
　　16.1.2　原材料检验标准及工作要求 ... 239
　16.2　抽样检验程序 240
　16.3　AQL 的意义 241
　习题 242

第 17 章 电子产品的静电防护 243
　17.1　静电危害 243

　17.2　静电防护 245
　　17.2.1　防止或减少静电的方法 245
　　17.2.2　静电防护材料 246
　　17.2.3　提高器件的抗静电能力 246
　　17.2.4　加强防静电系统的管理与维护 247
　　17.2.5　静电敏感器件的运输、存储、使用
　　　　　　要求 248
　　17.2.6　静电敏感器件的包装 248
　　17.2.7　防静电腕带检测 249
　习题 249

第 18 章 培训及管理 250
　18.1　培训 250
　　18.1.1　培训方法 250
　　18.1.2　工艺过程中涉及的一般知识 252
　18.2　管理 253
　　18.2.1　生产车间物料管理办法 253
　　18.2.2　文件管理规定 254
　习题 256

参考文献 257

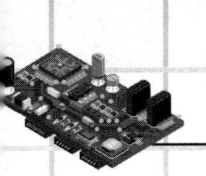
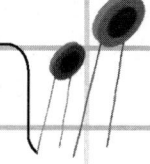

第1章 磨片与划片

1.1 磨片操作

通过机械或化学方法把晶圆背面减薄到芯片的设计厚度的工艺称为减薄工艺,又称为磨片工艺。

1.1.1 磨片工艺基础知识

1. 减薄(磨片)的目的

在半导体制造过程中,为了保证晶圆的机械强度,防止翘曲,晶圆必须具有一定的厚度。但是制造完毕后,为了便于划片,减少接触电阻,利于封装后芯片的散热,需要将晶圆从背面减薄。

在器件或集成电路设计中,芯片设计厚度通常为0.1~0.3mm,在功率器件中甚至取0.05~0.1mm,为保证制造过程中半导体晶圆不易破损翘曲,晶圆的厚度常取得较厚,直径为6英寸晶圆的厚度一般为0.1~0.3mm,8英寸晶圆的厚度为0.16~0.3mm。厚的芯片会使器件串联电阻增大而导致热阻上升,因此必须把晶圆厚度减薄到芯片设计厚度。

2. 减薄(磨片)工艺的常用方法及特点

晶圆减薄(磨片)工艺的常用方法有研磨法和化学腐蚀法等。

1)研磨法

晶圆正面用石蜡粘在研磨机上,用金刚砂研磨减薄。研磨法的特点是设备简单,减薄一致性好,效率高,适合于大规模生产。这种方法是传统的减薄工艺采用的方法。

2)化学腐蚀法

晶圆正面用树脂、石蜡或塑料薄膜保护,用酸腐蚀减薄。化学腐蚀法的特点是所需设备简单,但效率较低。

3. 常用磨削法磨片工艺过程

常用磨削法磨片工艺过程:贴膜→磨片(粗磨、精磨、抛光)→剥膜(揭膜)。

1.1.2 磨片作业指导书及清洁处理知识

1. 磨片作业来料检验项目

(1)核对随工单记录的晶圆产品型号、批号和数量等与晶圆盒上标签信息是否一致。
(2)目检待磨片晶圆表面质量,查看是否有划伤、崩边、裂纹、碎片、凸起、异物。

2. 磨片操作过程

1）贴膜作业

（1）作业前准备：来料检验、工作台清洁。

（2）作业前点检：设备点检、首件项目确认。

（3）贴膜作业：装载放入待贴膜晶圆花篮，选择相应的程序，选择加工模式，启动设备程序加工，加工结束取下贴膜后晶圆花篮。

2）磨片作业

（1）作业前准备：来料检验、工作台清洁。

（2）作业前点检：设备、仪器点检，首件项目确认。

（3）磨片作业：装载晶圆，按照随工单要求选择相应程序，启动设备程序加工，卸载晶圆装入晶圆盒。

3）剥膜作业

（1）曝光。曝光就是通过紫外线照射，将 UV 膜降解，使胶失去黏性，以方便揭膜。

（2）揭膜。

3. 磨片前的清洁处理要求

1）贴膜前清洁

（1）贴膜前擦干净贴膜台面，防止异物影响贴膜。

（2）确认压膜滚轮洁净，无异物颗粒沾污。

（3）检查晶圆表面有无多余物。

2）磨片前清洁

（1）用无尘纸蘸取无水乙醇轻轻擦拭机械手表面，同时另一只手托住机械手，戴新手套轻触机械手表面，无异物凸起为合格。

（2）真空吸盘上若有毛刺和异物，应使用油磨石打磨吸盘表面。

（3）每班作业前启动磨片设备暖机功能，使设备自动清洁真空吸盘。

1.1.3 化学药品安全使用常识

1. 安全操作规程

（1）操作前操作人员应做好防护工作，佩戴护目镜、耐腐蚀手套、工作服等，遵守危险化学品安全使用说明书的要求。

（2）使用前确认试剂瓶标签完好、包装完整、封口严密、无污染、在规定的使用保质期内符合其规定要求。

（3）使用放置要求：化学药品应在通风柜内使用，使用时应打开通风装置。

（4）废液排放要求：将使用后废弃的化学试剂分类倒入标有相应"废"字的空瓶中统一放置，严禁将废液倒入排水管道。

2. 应急处置措施

（1）在操作过程中若浓酸溅到眼睛、皮肤或衣服上，应迅速用大量的清水冲洗，或用 3%

的碳酸氢钠溶液清洗。

（2）在操作过程中若强碱溅到眼睛、皮肤或衣服上，应迅速用大量的清水冲洗，或用3%的柠檬酸溶液清洗。

（3）在操作过程中若强氧化剂、易燃化学试剂溅到眼睛、皮肤或衣服上，应迅速用大量的清水冲洗。

（4）在操作中，如果易燃化学试剂发生燃烧，应立即使用干粉灭火器进行灭火，同时组织人员迅速离开。

1.1.4 磨片用设备、工作程序、工装和原材料

磨片操作用设备及工作程序、工装明细表，如表1-1所示。

表1-1 磨片操作用设备及工作程序、工装明细表

磨片作业名称	设备名称	工作程序	工装
贴膜	贴膜机	贴膜	晶圆盒
磨片	磨片机	粗磨、精磨、抛光	晶圆盒
剥膜（揭膜）	剥膜机	剥膜（揭膜）	晶圆盒
检测	千分表	测量晶圆厚度	晶圆盒
检测	粗糙度测试仪	测量粗糙度	晶圆盒

磨片操作原材料明细表，如表1-2所示。

表1-2 磨片操作原材料明细表

磨片作业名称	原材料
贴膜	UV膜、蓝膜、晶圆
磨片	砂轮、晶圆
剥膜	晶圆

1.1.5 磨片设备、仪器操作与安全规程

（1）设备点检。每日按照TPM点检表对磨片设备进行日常点检，包括机械手点检、卸载手臂点检、真空吸盘点检、砂轮点检，还要进行千分表点检。

（2）开机顺序：开启主电源、开启机台电源，通入压缩空气，打开真空泵。

（3）登录系统，调取程序，确认工艺条件和工艺参数。

（4）启动程序加工：装片、加工、卸片。

（5）关机顺序：关闭真空泵，关闭压缩空气开关，关闭机台电源、主电源。

（6）加工过程中所有门不可打开，防止夹伤。

（7）磨片操作工要参加岗位相关培训，经考核达到岗位要求才能进行独立操作。

（8）工作时精神集中，严格按作业指导书操作。

（9）紧急情况的处理：如果遇到紧急情况需急停，立即关闭设备电源，关闭压缩空气开关和真空泵，并通知设备工程师处理。

1.1.6 磨片工艺规范

1．工艺条件

（1）磨头垂直进刀速度。
（2）粗磨时间、精磨时间、抛光时间。

2．工艺参数

工艺参数主要是磨片厚度。

3．质量要求

（1）操作中要防止碎片。
（2）不能损伤晶圆正面。
（3）磨片前后用千分表测量晶圆厚度。
（4）随时注意晶圆背面磨痕，以确定磨头的切削性能。

1.1.7 磨片设备、仪器日常维护要求

（1）检查机械手整个陶瓷面应洁净、无颗粒凸起、无异物。
（2）用无尘纸蘸取无水乙醇轻轻擦拭真空吸盘表面，擦拭后吸盘表面应洁白，无沾污、无异物。若有异物，用油磨石打磨吸盘表面并用无尘纸蘸取无水乙醇将吸盘擦拭干净。
（3）使用完设备后，对设备（包括台面及设备内部）进行清洁。
（4）设备预防性保养：查看设备电源插头是否完好，电源插头是否因使用时间过长而出现松动、接触不良。

1.1.8 磨片工艺参数控制方法与统计要求

（1）磨片工艺参数：磨片后晶圆厚度、均匀度和粗糙度。
（2）控制方法：来料检验、首件检验、过程检验。厚度控制规格：目标值±5 μm。极差控制规格：≤5 μm。粗糙度规格：<0.2 μm。
（3）统计要求：用记录表、控制图分析磨片厚度、均匀度和粗糙度，判定磨片工艺是否受控。

1.1.9 磨片操作常见质量问题及解决方法

（1）常见主要质量问题：磨片厚度不均匀、碎片。
（2）解决方法：晶圆背面减薄工艺的难点是精确控制晶圆的厚度、均匀度和粗糙度。要达到这一要求，除需要精密磨床外，还必须注意载片盘和磨盘（或砂轮）之间角度为0°～2°。其难点是防止碎片，要注意胶膜内外干净，无异物，机械手、卸载手臂无异物，砂轮研磨能力正常。

1.2 划片操作

1.2.1 划片工艺基础知识

1. 划片的目的

划片就是把已经制好的有电路图形的集成电路晶圆切割分离成具有单个图形的芯片。

2. 划片工艺的常用方法及特点

划片的方法有金刚刀划片、砂轮划片、激光划片。

1）金刚刀划片

金刚刀划片是指通过金刚石刀片来实现切割。

2）砂轮划片

砂轮划片是指通过砂轮刀片高速转动来实现切割。

3）激光划片

激光划片是指通过激光聚焦产生的能量来实现切割。

金刚刀划片和砂轮划片共同的优点是划片刀痕窄、易于控制，市场上已开发出多种适用于规模生产的金刚刀划片和砂轮划片设备，因此这两种方法应用最广。激光划片用于各种超硬材料的加工，适合加工蓝宝石、氮化镓、碳化硅等各种半导体器件基板，但划片时会有熔融的晶圆材料溅到芯片表面，且设备成本相对较高。

3. 常用砂轮划片工艺过程

常用砂轮划片工艺过程：贴膜→划片→清洗→绷膜→分选。

1）贴膜

使用贴膜机将晶圆粘在一个带有金属环或塑料框架的薄膜（常称为蓝膜）上，使之紧贴并牢固黏合，以备划片。在贴膜的过程中环境温度应为60～80℃，使蓝膜能牢固粘贴在晶圆上（一般实际加工中贴膜后放入烘烤箱烘烤），防止切割过程中由于粘贴不牢造成芯片飞溅。

2）划片

采用自动砂轮划片机或半自动砂轮划片机，把切割深度、Y轴步距、X轴步距和进刀速度等参数设定好，启动机器自动完成划片。切割时，机器用去离子水冲洗晶圆表面的硅渣。

3）清洗

采用晶圆自动清洗机，用去离子水清洗晶圆表面的硅渣，清洗后用氮气吹干。把清洗时间、甩干时间、去离子水流量、氮气压力等按照工艺要求设定好，启动机器自动完成清洗。

4）扩膜

把经划片后仍粘贴在蓝膜上的晶圆，连同框架一起放在扩膜机上用一个圆环顶住蓝膜，并用力把它绷开，粘在其上的晶圆也随之从划片槽处分裂成分离的芯片。绷片的主要目的是把这些芯片相互整齐均匀地拉开一定距离。

5）分选

将中测合格的芯片分选出来，放置到芯片盒中。一般采用全自动分选机、半自动分选机分选，也有采用人工分选的。

1.2.2 划片作业指导书相关知识

1. 贴膜作业操作过程

1）作业前来料检验

（1）核对随工单记录的晶圆产品型号、批号和数量等与晶圆盒上标签信息是否一致。

（2）检查晶圆表面质量，查看是否有碎片、裂纹，正面和背面有无划伤；背面有金属层的，查看金属层是否完整，有无脱落。

2）作业前点检

作业前点检主要包括设备点检和首件检验。

3）贴膜作业

以SHM-200贴膜机为例，其结构如图1-1所示。

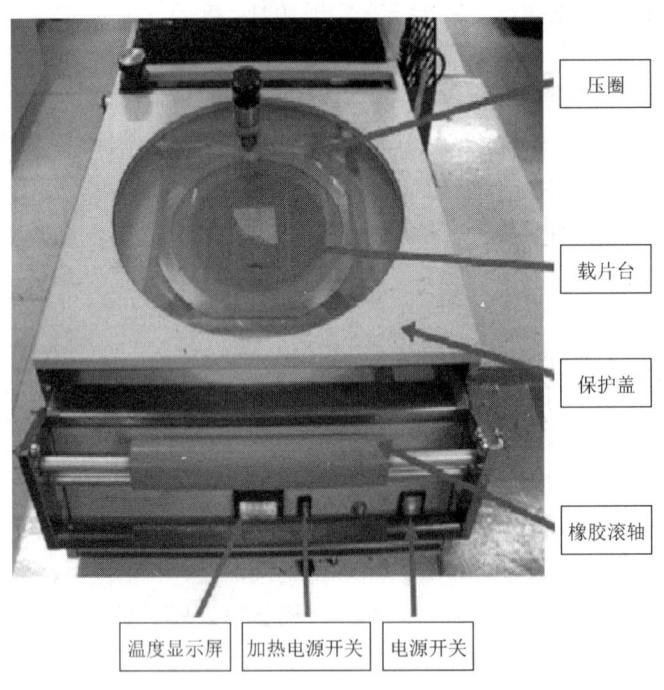

图1-1 SHM-200贴膜机的结构

（1）贴蓝膜前要检查晶圆表面是否有多余物，如有则用氮气气枪吹拂去除，保证贴膜时的平整度。若有问题，及时向技术人员报告。

（2）将待划的晶圆正面向下放在贴膜机的载片台上，无特殊要求时晶圆定位边一般向下。

（3）用橡胶压刀或橡胶滚轴将蓝膜有黏性的一面贴在硅片背面上，膜与晶圆之间不可残留气泡，无明显凸起，不得有杂质，蓝膜平整光滑。

（4）贴膜后取下，在蓝膜上面写明产品的型号、批号、片号。

（5）自检：检查蓝膜胶膜面无气泡、无褶皱。

（6）烘片：放入烘箱，按工艺文件规定的温度、时间进行烘烤。一般常用的烘烤温度和烘烤时间可根据具体产品类型、型号，查阅产品的作业指导书确定。

（7）换膜作业。

① 准备新蓝膜，检查领料日期，按先进先出原则使用。检查生产日期，确保蓝膜在有效期内。换膜要填写划片换膜记录、领料记录。

② 打开贴膜机顶部盖子，取出载膜滚筒。

③ 把旧蓝膜从载膜滚筒上取下，然后装上新蓝膜。

④ 把装好新蓝膜的载膜滚筒放入贴膜机，并把蓝膜穿过夹膜辊拉向贴膜载片台。

⑤ 盖上顶部盖子，换膜作业完成。

2．划片作业操作过程

以 DAD322 划片机为例，其结构如图 1-2 所示。

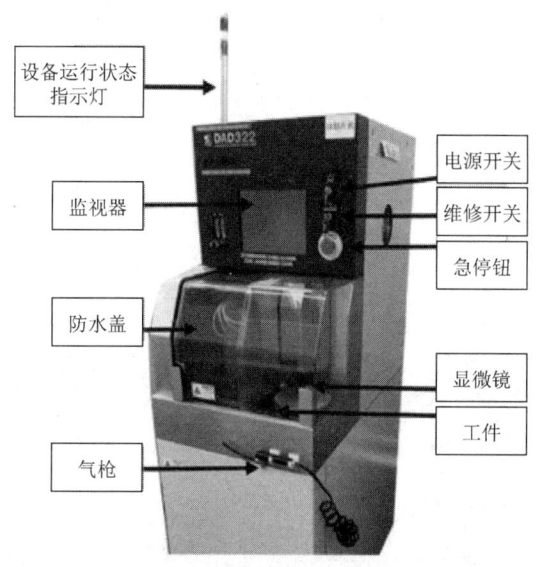

图 1-2　DAD322 划片机的结构

1）开机检查气体压力、去离子水压力是否正常

将开关从 ON 转动至 START 位置，待电源指示灯亮起，松开开关，开关将自动逆时针回到 ON 位置。

2）划片作业前准备

（1）设备点检。

（2）检查砂轮刀片是否安装好，如未安装则按照刀片安装步骤进行安装。

（3）刀片安装好后检查安装位置是否正确，进行切削水位置检查。切削水出水位置如图 1-3 所示，切削水喷出后在刀片正中间分为两股。

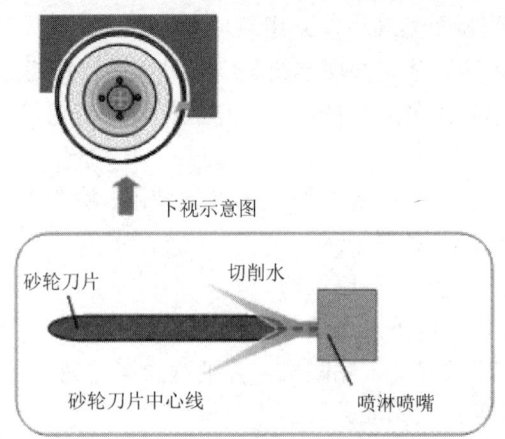

图 1-3 切削水出水位置

（4）划片腔体内检查：打开防水盖，检查腔体里是否有工具或异物；检查吸盘有无破损、有无异物。用无尘布清洁工作吸盘表面。

（5）初始化系统。

（6）测量刀具高度。

（7）检查刀长。要求刀长>晶圆厚度+50μm。

3）划片作业

（1）选择切割程序。

以产品加工单中的产品型号为索引，选择程序。进入相应的程序界面后，确认切割参数。切割参数如图 1-4 所示。确认无误后，单击"自动划切"按钮开始自动切割。

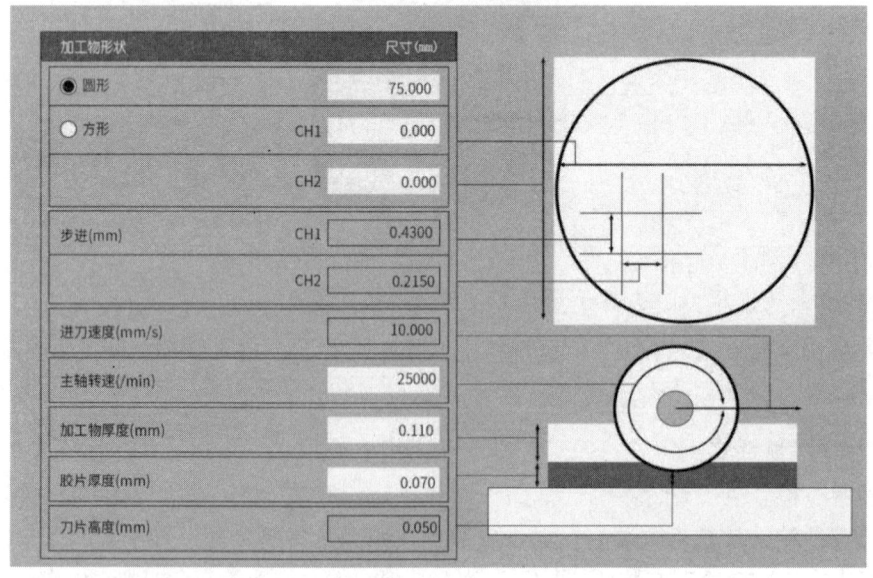

图 1-4 切割参数

（2）装片作业：手动装片。

（3）θ水平对准。

按 WORK SET 键后,按 MANUALALIGN 键,对第一通道进行 θ 水平对准的方法:按 θ 方向调整键粗调硅片水平;在硅片左侧,按 Y 轴上下键使基准线的中心与图形边缘对齐。按 F5 键,工作盘自动移动到右边,按 Y 轴上下键使基准线的中心与图形边缘对齐。按 F5 键,工作盘自动移动到左边,按 Y 轴上下键使基准线的中心与图形边缘对齐。重复以上操作,使基准线的中心与图形边缘对齐。按 F5 键,工作盘自动移动到左边,按 ENTER 键完成第一水平对准。按"登录"键储存第一通道手动对准位置信息。这时自动进入下一通道,对准方法与第一通道相同。晶圆右侧 θ 水平调整前后状态如图 1-5 所示。

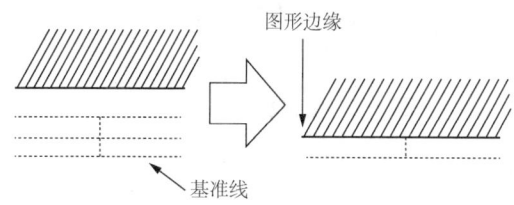

图 1-5　晶圆右侧 θ 水平调整前后状态

(4) 划片作业。

(5) 基准线校准。

(6) 切割位置修整。

(7) 取片作业:手动取片。

4) 刀具更换

刀具需要更换时,需要对刀具进行拆卸、安装、修正操作。

1.2.3　显微镜的观察方法

1. 镜检

经过磨片、划片后的集成电路芯片,在进入装片前,需要对芯片外观进行一次 100%的检验。镜检就是使用显微镜对芯片进行目检,剔除有缺陷的不合格芯片。一般低放大倍数的检查是在 30 倍至 60 倍的范围,高放大倍数的检查是在 100 倍至 200 倍的范围。具体放大倍数的范围依据相关检验标准确定。例如,在 GJB 548B—2005 中还详细规定了 GaAs 微波器件镜检时所用显微镜的放大倍数,不同特征尺寸的 GaAs 微波器件镜检所用显微镜的放大倍数应从表 1-3 中选取。

表 1-3　GaAs 微波器件镜检所用显微镜的放大倍数

特征尺寸	放大倍数范围
>5μm	75 倍~150 倍
1~5μm	150 倍~400 倍
<1μm	400 倍~1000 倍

2. 常用显微镜的种类

用于镜检的显微镜常用的有体视显微镜、金相显微镜和带电子显示器的显微镜。体视显微镜如图 1-6 所示,金相显微镜如图 1-7 所示,带电子显示器的显微镜如图 1-8 所示。

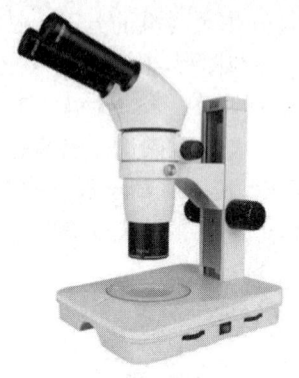 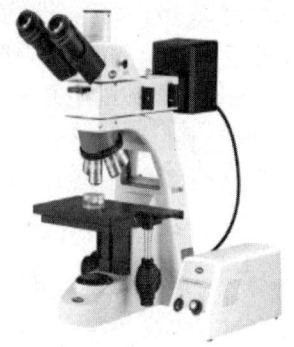 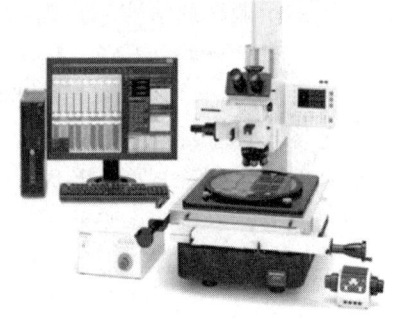

图 1-6　体视显微镜　　　图 1-7　金相显微镜　　　图 1-8　带电子显示器的显微镜

3. 显微镜的调整方法

（1）调整聚焦旋钮，使其中一个目镜成像清晰。

（2）调整另一个目镜，使两个目镜的成像同时清晰。

（3）调节瞳距，如图 1-9 所示。

瞳距的调节即调节两个目镜之间的距离，以适应双眼之间的距离。这样可以缓解使用人员在观察显微镜图像时的眼部疲劳。

设置左、右目镜平行，同时向 a 或 b 方向移动双目镜筒，直到左侧和右侧视野完全重合。左侧目镜套筒上的指示点（●）指示的数字就是瞳距。

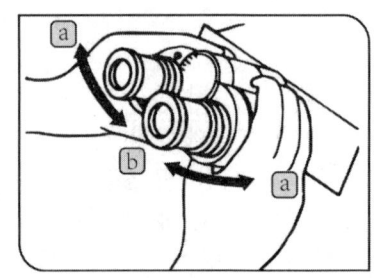

图 1-9　调节瞳距

4. 显微镜的观察模式

（1）明场模式：适用于一般观察。

（2）暗场模式：适用于观察缺陷、灰尘等。

（3）微分干涉模式：不常用。

（4）偏光模式：不常用。

（5）荧光模式：不常用。

5. 显微镜使用注意事项

（1）观察时应先从小倍数开始，然后换成大倍数。

（2）调焦距时应避免物镜与样品接触。

（3）目前显微镜大都有上止点限位装置，在观察时，一定要先调整此装置，在更换观察样品时，特别是更换更厚更高的样品时，要及时调整上止点。

1.2.4　磨片与划片工艺记录的填写方法

（1）记录填写要及时、真实、内容完整、字迹清楚，不得随意涂改。

（2）操作人员应亲自填写记录，并签名或盖章，不得只填写姓氏。

（3）由于某种原因不能填写的项目，应将该项用斜杠（"/"）划去；各有关项目需签名的不可空白。

（4）若因笔误/计算错误要修改原始数据，应用单杠（"—"）划去原始数据，在其上方写上更改后的数据，并签上更改人的姓名。

（5）工艺记录填写应使用蓝、黑色签字笔或圆珠笔，不得使用铅笔。

1.2.5 划片设备仪器操作与安全规程

（1）划片操作工要参加岗位相关培训，经考核合格达到岗位要求才能进行独立操作。

（2）工作时精神集中、严肃认真，严格按作业指导书操作。

（3）每班操作前按照 TPM 点检表对划片设备进行日常点检。

（4）设备操作前先对划片机舱体内进行检查清理，确保无异物。

（5）开启氮气及离子水阀门，再开电源。

（6）将晶圆放入划片机中，关上舱门，选择划片程序进行操作。

（7）检验划片产品或换刀具时，必须待转轴停止才能打开舱门进行操作。

（8）更换划片刀时要小心，避免划伤手。

（9）若操作过程中出现故障报警应停止操作，报相关设备技术人员进行处理。

（10）划片、清洗结束后，断电，将去离子水和氮气阀门关闭。

（11）设备清洗过程中不准开启设备舱门。

（12）紧急情况的处理：如果遇到紧急情况需急停，即时关闭设备电源，关闭去离子水和氮气阀门，并通知设备工程师处理。

1.2.6 划片工艺参数设定

（1）划片设备主要工艺参数：主轴速度、进刀速度、切割晶圆厚度、刀片高度、透切厚度、晶圆尺寸等。

（2）划片刀有三个要素：刀具直径、粘接材料和金刚石颗粒大小。

1.2.7 工艺质量控制基本要求

1．划片工艺要求

（1）在晶圆上规定的位置划道。

（2）划道方向必须平行或垂直于晶圆上的定位面。因为晶圆材料是晶体，沿着晶体的解理面断裂，碎末最少，刀痕两侧的绷裂缝最小。由于晶圆上的管芯间隔很小，如果裂缝伸展到管芯有源区，则该管芯损坏，即使划片时划道两侧出现的裂痕未到达有源区，在以后某种应力、温度等作用下仍有可能继续扩展到有源区，因此一般要求裂缝长度小于 $20\mu m$。

（3）晶圆表面无残留硅渣。

2．划片和芯片检验规范

呈现下列情况的器件不得接收。

（1）条件 A（S 级）：工作金属化层或键合区边缘与裸露的半导体材料之间的可见钝化层厚度小于 $6.5\mu m$。

条件 B（B 级）：

工作金属化层或键合区边线与裸露半导体材料之间看不到明显间距线。

注1：仅对 GaAs 器件，工作金属化层或键合区边缘之间的可见基板长度小于 2.5μm。

注2：本条要求不适用于架式引线以及电位与芯片基片相同的键合区和外围金属化层。

注3：本条要求不适用于 SOS 器件。

（2）条件 A（S 级）和条件 B（B 级）：有源电路区中出现缺损或裂纹（见图 1-10 和图 1-11）。此外，对 GaAs 器件，缺损出现在功能金属化层（如键合区、电容、周边金属化层等）或在功能金属化层下面，但不包括器件的测试结构。

注：本条要求不适用于其电位与衬底相同的周边金属化层。缺损使保留的未受破坏的金属化层宽度至少还有 50%。

（3）条件 A（S 级）：裂纹长度超过 76μm 或裂纹与任何工作金属化层、功能电路元器件的距离小于 6.5μm，电位与基片相同的周边金属化层除外（见图 1-10）。

条件 B（B 级）：

裂纹长度超过 127μm 或裂纹与任何工作金属化层、功能电路元器件之间看不到明显间隔，电位与基片相同的周边金属化层除外（见图 1-10）。

（4）条件 A（S 级）：终止于芯片边缘的半圆形裂纹，其弦长大于未被玻璃钝化层覆盖的工作材料（金属化层、裸露半导体本体材料、装配材料、键合线等）之间的最窄距离（见图 1-10）。

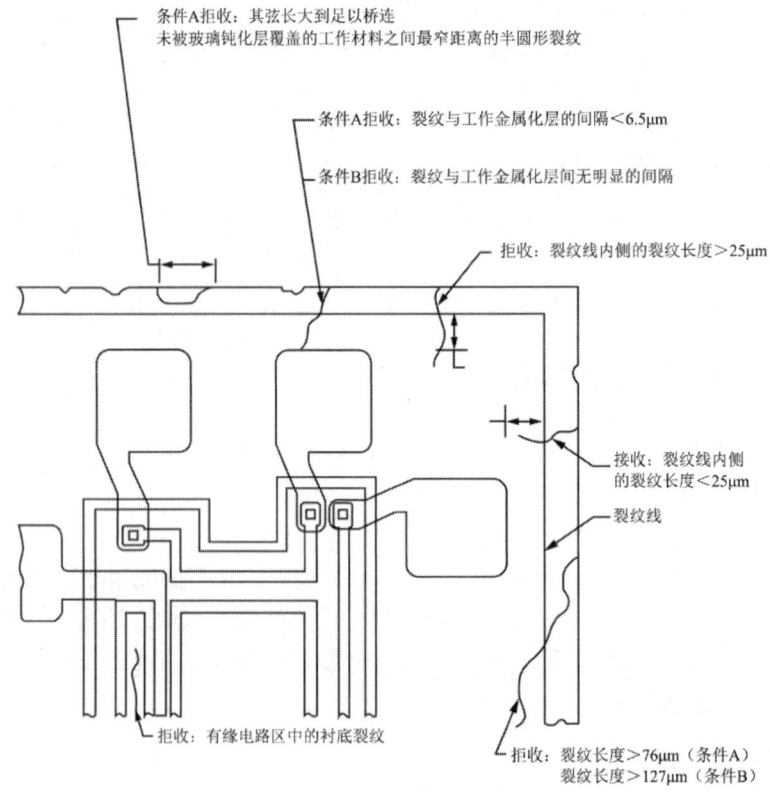

图 1-10　划片和芯片缺陷

条件 B（B 级）无此项要求。

（5）条件 A（S 级）和条件 B（B 级）：从芯片出来的梁式引线处，露出的半导体材料扩展到该处的钝化边缘之外（仅适用于梁式引线结构）（见图 1-12）。

（6）条件 A（S 级）和条件 B（B 级）：芯片上附着另一个芯片的有源电路区的一部分。

（7）条件 A（S 级）和条件 B（B 级）：划片槽内（或梁式引线器件的半导体材料边缘）裂纹长度超过 25μm，且裂纹指向工作金属化层或功能电路元器件（见图 1-11）。

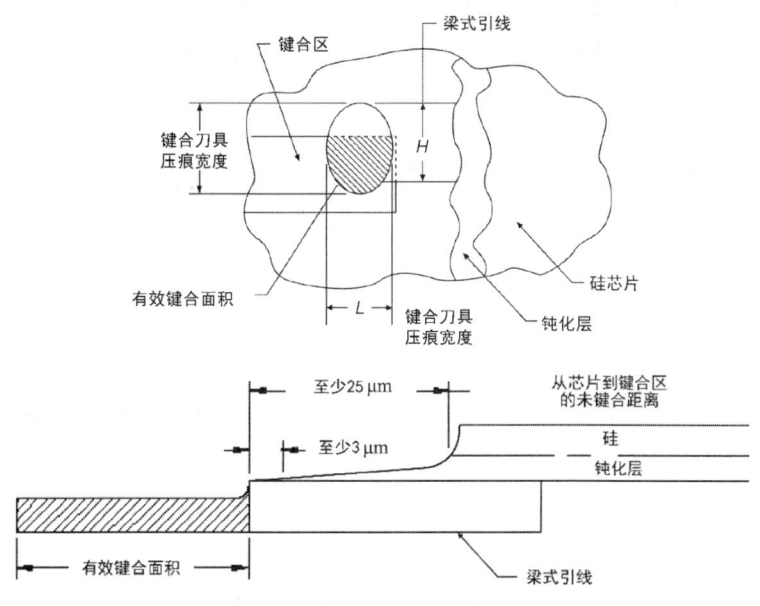

图 1-11　芯片的缺陷

（8）条件 A（S 级）和条件 B（B 级）：
裂纹与工作梁式引线金属化层的距离小于 13μm（见图 1-12）。

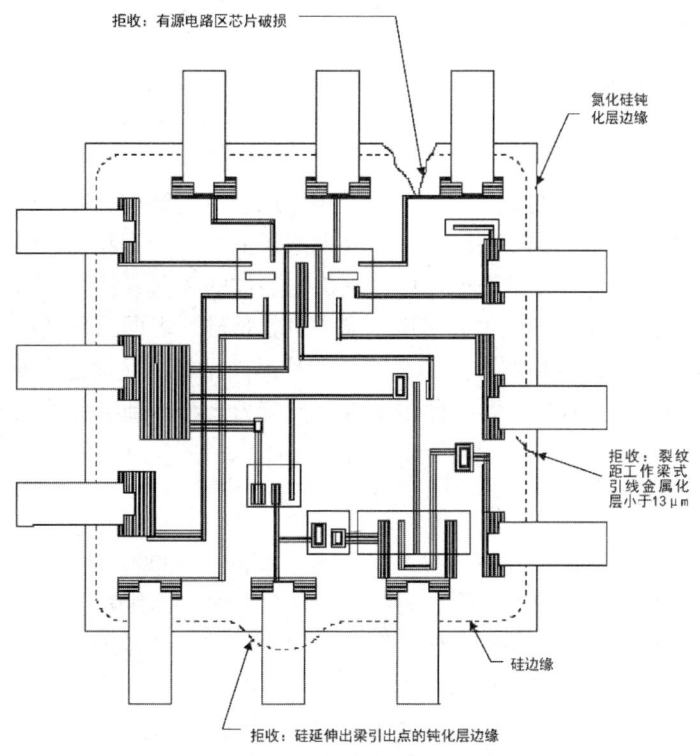

图 1-12　梁式引线芯片的缺陷

注1：梁式引线器件中的缺损或裂纹未扩展到硅材料中，可不考虑（3）和（8）的要求。
注2：（3）和（8）的要求不适用于GaAs器件。

（9）条件A（S级）和条件B（B级）

对倒装焊芯片，在基片材料中缺损或裂纹扩展超过了基片厚度的50%或裂纹在基片材料中的长度大于127μm（见图1-13）。

（10）条件A（S级）和条件B（B级）

玻璃钝化层、金属化层、层间介质或其他层中有气泡、脱皮、分层、侵蚀及其他严重的缺陷。

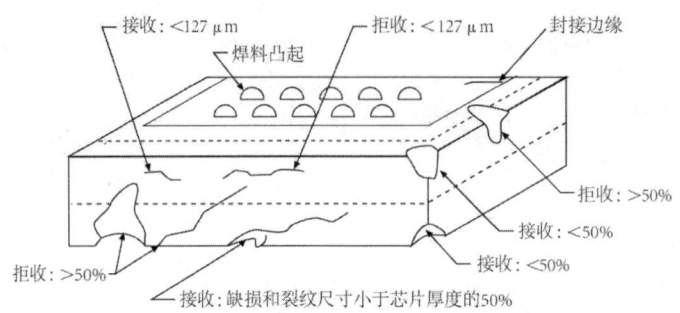

图1-13 倒装焊芯片的缺陷

1.2.8 工艺异常情况报告流程

（1）操作工在作业时发现划片工艺异常时，应立即停止操作。
（2）立即向设备工程师、主管工艺技术人员和生产负责人报告。

1.2.9 划片工艺原理

1. 金刚刀划片原理

半导体晶圆材料都是单晶结构。由于单晶材料中原子排列结构存在方向性和周期性，同一晶格方向上原子的键合力都相同，不同晶格方向上原子的键合力不相同，造成了晶体在各个方向上的物理性能、力学性能、化学性能不同，这称为晶体的各向异性。金刚石是当今世界上硬度最高的材料，当它在硅片上刻划时会出现划痕，也就是硅片表面出现机械损伤。如果划痕沿着一定的晶向，那么这种机械损伤会破坏完整的硅片晶向结构，从而造成断键和内应力集中，一旦再受到某种外力（如裂片时），在此痕上内、外应力之和达到断键的应力，则首先在此晶向上发生断裂。

2. 砂轮划片原理

砂轮划片是用一种极薄的砂轮片以极高的转速（30000～50000r/min）磨削割裂半导体晶圆的方法。砂轮片是在砂轮基盘材料上用一种特殊方法生长金刚石细粒制成的，在砂轮磨削的同时喷射去离子水冷却砂轮和冲走磨削粉末，所以砂轮划片的原理是磨削。磨削的深度可以控制在晶圆厚度的一部分到全部磨透，如果是磨透，则不需要后续的裂片工序了。砂轮片的厚度可以做到十多微米到数百微米不等，因此划道宽度最小可控制在25μm。各种材料的硬度比较如表1-4所示。

表 1-4 各种材料的硬度比较表

材料名称	化学符号	硬 度
金刚石	C	10
硅	Si	7
锗	Ge	6.25
砷化镓	GaAs	4.5
铜	Cu	3
金	Au	2.5
铟	In	1.2

1.2.10　划片操作常见质量问题及解决方法

（1）划片后，芯片从蓝膜上脱落，则粘片时需要增加烘烤时间。
（2）划片后发现晶圆崩边，需要检查是否划片刀磨损。
（3）金刚刀上如果有低密度的金刚石，可减小晶圆背面崩角。

1.2.11　划片工艺质量对器件可靠性的影响

（1）正面和背面的崩边会降低芯片的机械强度。
（2）对于窄划片道晶圆，划片易导致芯片边缘崩角，从而导致芯片性能失效。

1.3　检　　查

1.3.1　晶圆厚度测量基本方法

晶圆的厚度可以使用千分表测量。

1. 千分表的构造

千分表主要由三个部件组成：表体部分、传动系统、读数装置。千分表如图 1-14 所示。

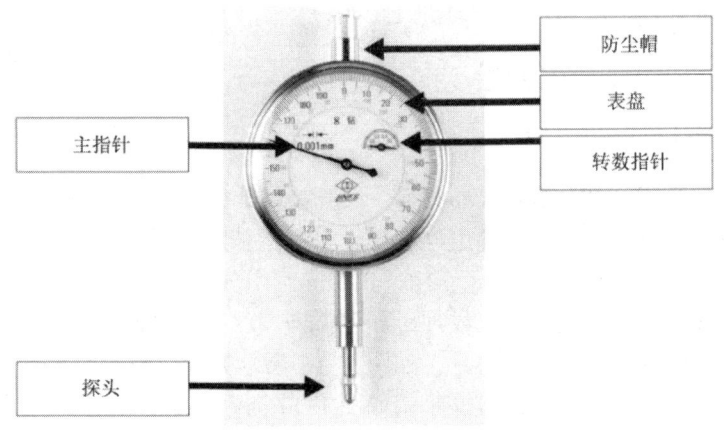

图 1-14　千分表

2. 使用千分表测量磨片厚度的方法

（1）工作台清洁：测量前擦净千分表台面，防止异物造成测量误差。

（2）测量区域：测量晶圆的中心区域。

（3）测量方法：用手轻轻抬起测杆，将晶圆放入测试探头下测量，晶圆减薄后有形变，需轻按防尘帽 1~2 次，待指针稳定后读数。

（4）读数方法。

① 读数时应平视千分表，避免视觉误差。

② 先读转数指针所指数字，再读主指针所指数字。

1.3.2 芯片长度测量基本方法

1. 划片的步进

芯片 X/Y 方向长度加上划片槽长度，即划片的步进，如图 1-15 所示。

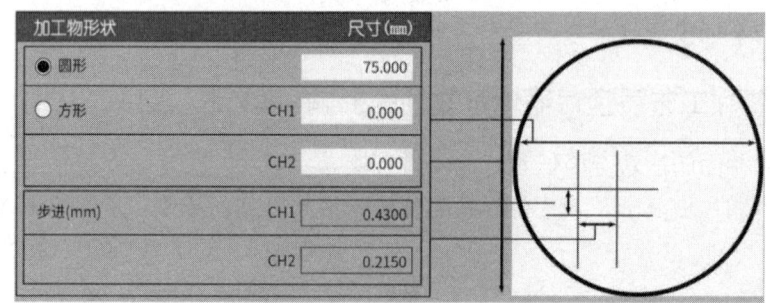

图 1-15 划片的步进

2. 步进测量方法

使用光学显微镜或电子显微镜可以精确测量步进。

（1）测量显微镜结构，由 A 显微镜与 B 显微镜组成。

（2）测量显微镜的使用方法。

A 显微镜与 B 显微镜中的中心线对齐管芯下沿划片道后为零点。移动 A 显微镜与 B 显微镜中的中心线对齐管芯上沿划片道后为步进距离。

1.3.3 晶圆粗糙度测量方法

1. 比较法测量

比较法测量简便，适用于车间现场测量，一般常用于中等或较粗糙表面的测量。比较法是将被测量表面与标有一定数值的粗糙度样片比较来确定被测表面粗糙度的方法。比较时可以采用的方法：$Ra > 1.6\mu m$ 时用目测，Ra 为 1.6~0.4μm 时用放大镜，$Ra < 0.4\mu m$ 时用比较显微镜。比较时使用的样片的加工方法、加工纹理、加工方向、材料与被测晶圆表面相同。

将表面粗糙度比较样片（简称样片，如图 1-16 所示）通过目测与被测表面比较，判断被测表面粗糙度相当于哪一个数值。目检示例如图 1-17 所示。

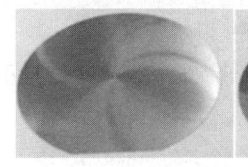 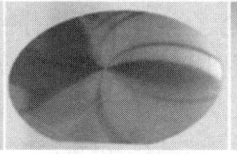 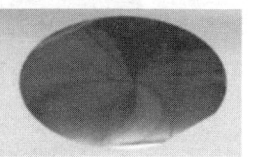

600 目标准样片　　　　1000 目标准样片　　　　2000 目标准样片

图 1-16　样片

  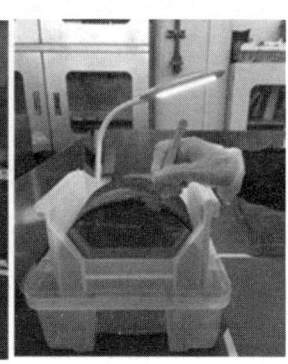

图 1-17　目检示例

2．光学粗糙度测试仪测量

光学粗糙度测试仪通过测量晶圆反射光强变化来评定表面粗糙度。

光学粗糙度测试仪测量的特点：测量光点直径仅为接触式表面粗糙度测试仪触针尖端直径的 1/10（见图 1-18），完全可以胜任亚微米级的测量工作。此外，还能进行区域整体扫描，从而实现支持 ISO 25178 的粗糙度测量。

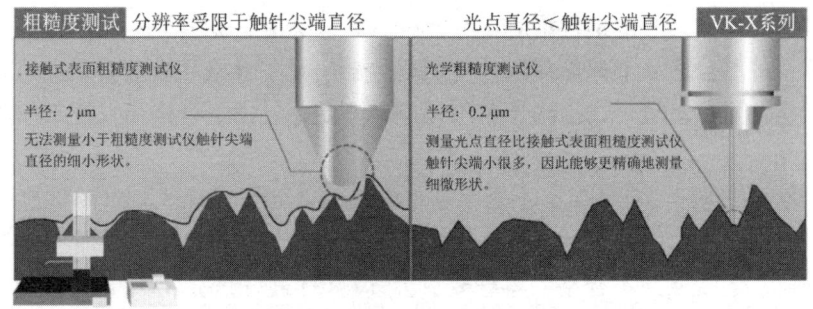

图 1-18　光学粗糙度测试仪与接触式表面粗糙度测试仪的对比

1.3.4　产品过程检验的基本方法

（1）磨片和划片工序的检验文件是产品过程检验的依据，在检验文件中详细规定了检验的内容、方法手段、抽样方法及判据等。

（2）磨片和划片操作工在本工序作业前对上道工序的产品进行来料检验，完成本工序作业后要进行自检。

（3）生产线设有检验点，在工艺流程图中标明，由专职或兼职检验员进行工序检验。

（4）首件检验由质量部门的专职检验员进行检验，检验后填写"首件检验记录"。

① 磨片、划片首件是每班每台的第一片，或磨刀换刀或设备调整后的第一片。

② 没有经过产品首件检验或检验不合格，不得进行批量加工。

③ 首件检验不合格，需及时查明原因，尽快采取纠正措施，直至首件检验合格后，方可批量加工生产。

（5）由工序检验员，依照检验文件中的规定对每批产品进行工序终检。检验合格由检验人员填写检验记录及随工单，并做相应检验标记转入下一道工序。

（6）由专职检验员对部门检验员的工作质量进行监督。对每批产品进行一定比例的抽样检验，当出现不合格产品时，需对此批产品返工，重新检验。

（7）检验后的不合格品按"不合格品控制程序"的规定执行，不合格品不能转入下一道工序，产品应予以标识隔离，并做相应记录。

（8）各级检验员必须不受干扰，严格按检验文件进行检验和判断，确保检验结果准确，并做好各种检验和试验记录。

1.3.5　质量问题闭环处理知识

（1）检验员负责判定生产过程中出现的不合格品。对不合格品，应隔离在不合格品区内，并进行标识、记录，杜绝不合格品混入合格品中。

（2）符合接收准则的常规淘汰或降级的不合格品，由检验员进行确认、处置，并对其不合格性质加以分类，记录于随工单和工序原始记录上。

（3）批次性一般或重要不合格品，由现场的不合格品审理小组对问题进行分析、审理，并填写不合格品审理单作为审理记录。不合格品处理完毕后将不合格品审理单复印件交质量部门备案。不合格品审理小组认为需要时，可将问题报不合格品审理委员会审理，并按最终审理意见执行。

（4）当初步审理认为严重不合格时，不合格品审理小组负责填写不合格品审理单并将原因的初评填表后，将不合格品审理单复印件交至质量部门及不合格品审理委员会进行评审，按评审结果对不合格品进行处置。未给出评审结果的待判定品，由不合格品发现部门隔离放置，不得自行处理。

（5）不合格品发现部门负责保存不合格品审理单原件并登记管理，复印件交质量部门备案。

（6）不合格品发生部门针对不合格品发生原因追查其他批次产品，及时向不合格品审理委员会报告存在隐患的批次。不合格品审理委员会针对该信息相关批次给出审理意见。

（7）不合格品发生部门负责对发生原因进行分析，制定改善措施并填入不合格品审理单，并负责对批准后的改善措施进行实施。

（8）不合格品发现部门在改善措施实施后通过产品检查完成对改善效果的最终确认。不合格品改善效果最终确认后将填写完整的不合格品审理单，存档在本部门。

1.3.6　过程检验及控制方法

（1）生产部门划好芯片，将带着蓝膜的芯片正面同包装纸正面贴在一起（见图1-19），自检后交质量部检验员。

图 1-19 带有蓝膜的芯片

（2）质量部检验员核对加工单（见图 1-20）和晶圆，主要核对产品名称、批号和数量是否一致，若不一致，则退回生产部门。

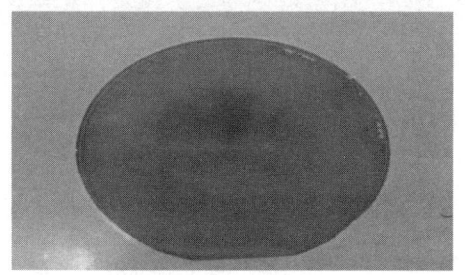

图 1-20 加工单

（3）检验方法：质量部检验员打开离子风机（见图 1-21）后，对生产部门送检的划片后晶圆进行全数检验（离子风机放置在距显微镜 30cm 处）。

图 1-21 离子风机

（4）背面镜检：背锡铜产品使用 100 倍显微镜镜检（见图 1-22），金面产品使用 50 倍显微镜镜检，判断是否有碎芯、粘连芯片、金属层脱落、沾污异常，锯齿崩边是否破坏图形，胶膜是否有气泡，详细标准见 QO-TS-JY-06《划片制程外观检验卡》、QO-TS-BZ-11《划片制程 PA 项目外观检验卡标准照片》。

（5）正面镜检：使用 50 倍显微镜镜检正面图形是否有锯齿崩、碎角，并判断是否破坏图形，检查正面金属层有无损伤，表面是否有硅渣或其他污染物，检查划片刀痕是否划透、是否在划片槽内，详细标准见 QO-TS-JY-06“划片制程外观检验卡”、QO-TS-BZ-11“划片制程 PA 项目外观检验卡标准照片”。

（6）对于特种器件，需在 100 倍显微镜下检验压点到图形边缘的距离是否小于 10μm，芯片有源区内是否有裂纹和剥落，划片边缘线内是否有指向有源区的裂缝。

（7）根据检验结果，判定为合格品的，在划片加工单上标注合格数量及去除折算数；若判定为不合格，则在系统中填写 NCR、异常标签（见图 1-23）或“不合格品审理与处置表”，填写完毕后，联络工艺、研发部相关人员给出处置意见，必要时联络市场部。相关部门处置后，检验员依处置意见进行自行处置或将不合格品退回晶圆事业部进行处置，详细标准见 QO-QC-10《芯片制造 NCR 规程》、QS-22《不合格品的控制、处理与处置程序》。

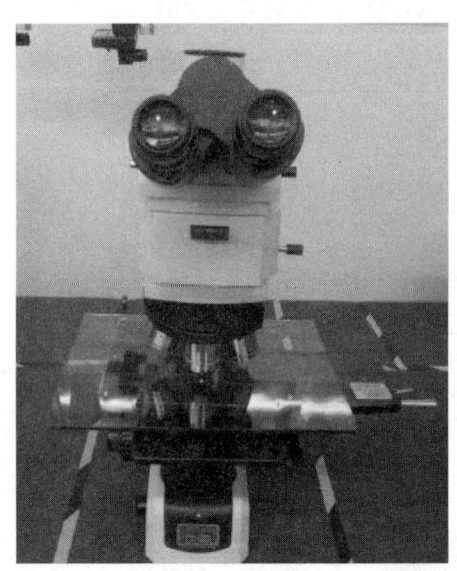

图 1-22　显微镜

异常标签

NCR单编号：NCR-　-

批　　号：

异常枚数/总枚数：

填写者：

填写日期：20　年　月　日

备注：

说明：1. 请将此标签附在异常品随工单第1页

2. 处置实施完了后异常标签保留，

月末由班长整理后送制造部办公室；制品

保留时此标签保留直到接到新的指定，

同时制品开始保留时填写以下内容：

保留开始时间：20　年　月　日

填写者：

备注：

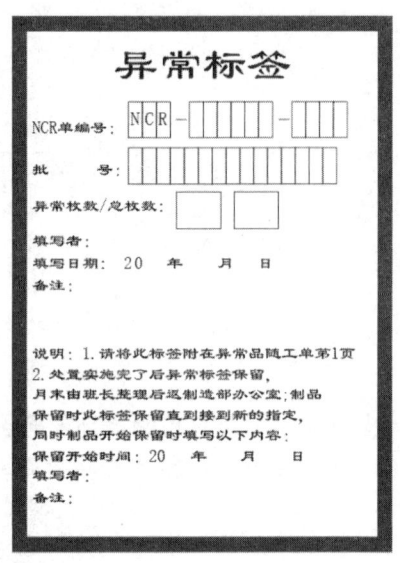

图 1-23　异常标签

1.3.7　不合格品的控制程序

不合格品异常区域标注步骤如下。

（1）生产部门作业员自检后，将发现的不合格产品进行异常区域标注，然后交质量部检验员。

（2）按《晶圆成品表面检验标准》文件执行。

（3）若所标注区域确实存在异常，则用黑色记号笔进行标注处理，本企业产品在划片加工单上填写去除意见、折合去除数量，外来产品按照客户要求进行异常标注。

（4）异常区域标注完成后，将晶圆送回晶圆事业部处理。

习　　题

1. 晶圆背面减薄的目的是什么？有哪些常用方法？
2. 简述化学药品安全使用中的应急处置措施。
3. 简述磨片设备操作规程。
4. 磨片工艺的参数有哪些？
5. 划片的目的是什么？
6. 常用砂轮划片工艺流程是什么？
7. 简述 DAD322 划片机的操作过程。
8. 常用显微镜的种类有哪些？
9. 显微镜使用注意事项有哪些？
10. 划片工艺有哪几个参数？
11. 划片工艺有哪些基本要求？
12. 金刚刀划片原理是什么？
13. 砂轮划片原理是什么？
14. 简述划片操作常见质量问题及解决方法。
15. 用什么来测量晶圆厚度？
16. 简述使用千分表测量磨片厚度的过程。
17. 简述产品过程检验的基本方法。
18. 检验工作的步骤有哪些？

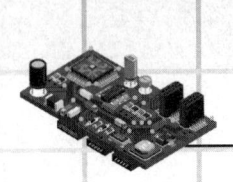

第 2 章 芯片装架

2.1 装架前处理

2.1.1 芯片装架前处理指导书（装架前物料准备）

（1）准备好芯片，核对型号、数量、质量等级。
（2）准备好管壳，核对管壳封装形式、数量、质量等级是否与随工单一致。
（3）准备好芯片装配图纸。
（4）准备好粘接材料（焊片、导电胶等）。
（5）准备好相应的工装夹具（架盘、托盘、加热板等）。

2.1.2 装架前清洗处理

1. 管壳清洗

1）清洗的目的

去掉管座表面上的油污。

2）常用的清洗方法

将要清洗的管座码放在清洗专用工装上，用丙酮、无水乙醇进行超声清洗，然后用热去离子水冲洗，再用无水乙醇脱水后放入洁净的烘箱中烘干待用。超声清洗次数、时间、功率应符合工艺文件要求。

3）质量要求

（1）管座清洗烘干后，表面无水迹、污物痕迹。
（2）清洗处理过的管座应放在电子干燥柜中保存，若超过储存期限，需重新清洗处理。
（3）每次清洗管座都需更换丙酮和无水乙醇，以保证管座清洗质量。

2. 工装夹具清洗

用无尘纸蘸丙酮、无水乙醇擦拭，用热去离子水冲洗，冲洗后用无水乙醇擦拭或用气枪吹去表面水迹。

2.1.3 芯片装架的基本知识

1. 芯片装架（装片）的目的

把集成电路芯片粘接到外壳底座（如多层陶瓷封装）或引线框架（如塑料封装）上的指定位置，为丝状引线的连接提供条件。

2．芯片装架（装片）的方法

装架的方法主要有导电胶粘贴法、钎焊焊接粘贴法、共晶焊粘贴法和玻璃胶粘贴法。

2.1.4　防静电措施

1．静电

静电，通常都是人为产生的，如生产、组装、测试、存放、搬运等过程中都有可能使静电累积在人体、仪器或设备中，甚至元器件本身也会累积静电，当人们在不知情的情况下与这些带电的物体接触就会形成放电路径，使电子元器件或集成电路系统遭到静电放电的损坏。

静电放电，应该是造成所有电子元器件或集成电路系统过度电应力破坏的主要元凶。因为静电通常瞬间电压非常高（超过几千伏），所以这种损伤是毁灭性和永久性的，会造成电路直接烧毁。静电对半导体制造业不利，所以要采取防静电措施。

2．静电敏感器件

大部分的半导体器件和集成电路都是对静电敏感的器件，MOS器件和电路、微波器件和电路对静电放电尤为敏感。较低的静电电压就会造成它们性能的退化损伤，甚至烧毁它们。更严重的是，有些损伤用普通显微镜或检测仪器是测不出来的，直流特性并无明显失常，但对实际器件造成了内伤。这类器件在正常工作时会突然失效，严重影响器件的可靠性。

3．防静电具体措施

为了防止静电损伤，在整个装架工艺区域内都必须有严格的防静电设施，具体措施如下。

（1）室内要铺设防静电地板。

（2）工作台面使用防静电台面。

（3）穿防静电工作服和工作鞋。

（4）操作员必须戴防静电腕带。

（5）装架的设备、仪器、工装、器具和容器、包装材料、搬运工具等要用防静电材料制成或采取了相应的防静电措施。

（6）尤为注意的是，一切防静电设施，包括桌面、地板、腕带都必须良好接地，每天按照要求的频次检查接地电阻是否合格。例如，人体佩戴的接地腕带的合格接地电阻应为 $7.5 \times 10^5 \sim 3.5 \times 10^7 \Omega$。

2.1.5　特种气体的安全使用要求

（1）安全要点：链式烧结炉为高温设备，使用的气体是氢气。氢气是危险气体，易燃易爆，应严格按照安全操作规程进行操作，防止发生火灾爆炸事故。

（2）设备运行后，使用氢气检测仪自查有无氢气泄漏现象，当氢气报警器鸣响时应立即关闭氢气总阀门，并立即报告相关人员。

（3）工作过程中要时刻注意检查设备的炉温、气体压力、流量等是否正常。随时关注气体流量，发现异常或报警应及时采取措施，先关闭氢气阀门，再做其他处理。

（4）在设备运行过程中严禁离岗，午间休息要有人值守，以免设备异常发生危险。

（5）烧结操作完毕后，一定先关氢气阀门，再关氮气阀门，依次关闭电源、水龙头，严格按照操作顺序进行,确保安全无误。

(6)每周检查一次氢气报警装置是否正常,若有异常,及时报告有关人员。

2.1.6 焊接材料相图基本知识

1. 相图

相图是金属学、冶金学中研究的问题,表示不同温度下一种金属溶入另一种金属的溶解度及合金组分的各种相,也是元素和化合物之间相互平衡状态的图表表示。

2. 二元相图

二元相图中固相线、液相线代表体系中两种状态之间的一种平衡,换句话说,即液相和固相的平衡。线以上全是液体的那条线称为液相线;线以下全是固体的那条线称为固相线。处于固相线下的固体状态有两种,即α相和β相。α相区域显示不同温度下元素B在元素A中有最大溶解度;同样,β相区域显示不同温度下元素A在元素B中有最大溶解度。不能混淆不同相区的各个元素,例如α相不是元素B在元素A中的饱和状态。这个状态完全不同于元素A和B,它们具有不同的特征和微观结构。同样,β相也不同于它原来各化合物之一。这两个区域之间仍然是α相和β相的混合物。

3. 焊接材料元素A和B的二元共晶体系

最低共熔点的温度称为共晶温度,在相图上的共晶温度称为共晶点,共晶温度是元素A和B(α相和β相)在共晶成分时所显示熔点的最低温度,在共晶温度之上共晶组分呈液态,而其他组分是糊状;在共晶温度之上,在共晶组分左边的糊状区域包括液相和α相,在共晶组分右边则包括β相和液相。在共晶温度之下,共晶组分呈固态,共晶组分左边和右边的合金组分(元素A和B)分别称为低共晶体AB组分和高共晶体AB组分,如图2-1所示。

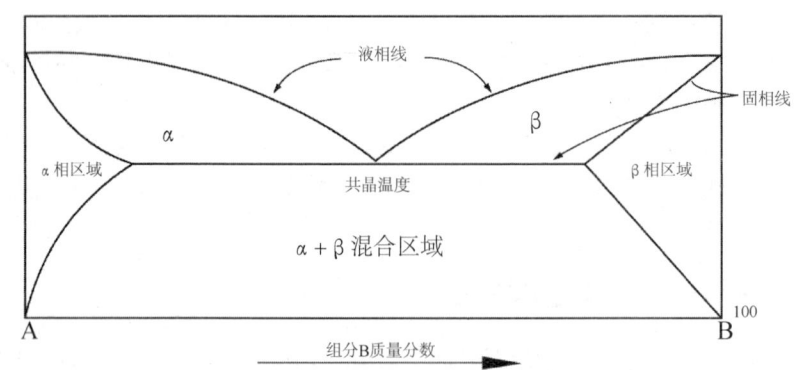

图 2-1 焊接材料元素 A 和 B 二元共晶体系示例

2.1.7 工装、夹具安全使用要求

(1)所用的工装、夹具使用前要经过检验和清洗。

(2)清洗后的工装、夹具不使用时应存放在电子干燥柜中。

(3)装片时裸露的手不得与工装、夹具直接接触,使用时轻拿轻放,以免损坏。

(4)新制作的工装、夹具要经过工艺验证合格后方可使用。

2.1.8 芯片装架与元器件电性能及可靠性的关系

1. 粘片胶和芯片、粘片胶和支架与可靠性的关系

粘片胶与芯片、粘片胶与支架分别出现分层现象,会影响可靠性。当具有诸如分层等可靠性缺陷的微电子器件焊接在线路板上,通过回流焊时会产生塑封体裂缝、塑封体鼓胀等重要缺陷。粘片胶未充分固化、水汽未完全排除、环境湿气较大、易吸湿等原因导致水汽沿着塑封体与引线引脚向内部扩散,表现为各接合面的分层(粘片胶与芯片之间、塑封体与引线之间、塑封体与芯片之间的分层)中的水汽,在快速加热产生的热应力下快速扩散,从而引起器件可靠性变差。

2. 粘片过程中使用银胶时会产生银迁移

银迁移现象是指在存在直流电压梯度的潮湿环境中,水分子渗入含银导体表面电解形成氢离子和氢氧根离子:

$$H_2O \longrightarrow H^+ + OH^-$$

银在电场及氢氧根离子的作用下,离解产生银离子,并产生下列可逆反应:

在电场的作用下,银离子从高电位向低电位迁移,并呈絮状或枝蔓状扩展,在高低电位相连的边界上形成黑色氧化银。通过著名的水滴试验可以很清楚地观察到银迁移现象。水滴试验十分简单,在相距很近的含银的导体间滴上水滴,同时加上直流偏置电压就可以观察到银离子迁移现象。

银离子的迁移会造成无电气连接的导体间形成旁路,造成绝缘下降乃至短路。除导体组分中含银外,导致银迁移的因素还有:基板吸潮、相邻导体间存在直流电压(导体间隔越小,电压越高越容易产生)、偏置时间、环境湿度水平、存在离子或有污物吸附、表面涂覆物的特性等。

银迁移造成旁路引起失效有以下特征:

在高湿环境存在偏压的情况下产生;银离子迁移发生后在导体间留下残留物,干燥后仍存在旁路电阻,但其伏安特性是非线性的,同时具有不稳定和不可重复的特点。这与表面有导电离子沾污的情况相类似。

银迁移是一个早已为业界所熟知的现象,是完全可预防的:在布局、布线设计时避免小间距相邻导体间直流电位差过高;制作表面保护层,避免水汽渗入含银导体。产品使用环境湿度特别大的(如接近100%RH,85℃)可将整个电路板浸封或涂覆来进行保护。此外,焊接后清洗基板上助焊剂残留物,也可防止表面被导电离子沾污。

2.2 操　　作

2.2.1 芯片装配图的识图知识

芯片装配图用来标明管壳封装形式、芯片尺寸、芯片装片位置、方向及装架方式等。芯片装配图示例如图2-2、图2-3所示。

芯片尺寸：4.8mm×3.00mm
键合丝要求：
硅铝丝$\phi30\mu m\times48mm$
注1：键合指4和5之间有一个空指，不做键合
注2：圆圈内为R标识，粘芯片时注意芯片方向

图2-2 FP48N型芯片装配图

 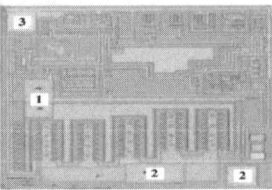

装配图相关内容为：
芯片尺寸：2.00μm×2.00mm。
键合丝要求：硅铝丝（$\phi100\mu m\times4mm$）。
装片方式：铅锡焊料烧结。
注：1—输入端（Vi）；
　　2—输出端（Vo）；
　　3—公共端（GND）。

图2-3 TO-257型芯片装配图

2.2.2 装架工艺原材料及工装明细表

装架工艺原材料及工装明细表如表2-1所示。

表2-1 装架工艺原材料及工装明细表

装 架 工 艺	原 材 料	工 装
导电胶粘接	陶瓷外壳、金属外壳、引线框架、导电胶	架盘
共晶焊粘接	陶瓷外壳、金属外壳、焊片	加热工装夹具、架盘
钎焊粘接	金属外壳、焊片	加热板、托盘、架盘
玻璃胶粘接	黑陶瓷外壳、玻璃胶黏剂	托盘、架盘

2.2.3 装架工艺记录的填写方法

（1）记录填写要及时、真实、内容完整、字迹清楚，不得随意涂改。
（2）操作人员应亲自填写记录，并签全名或盖章，不得只填写姓氏。
（3）对不能填写的项目，应将该项用斜杠（"/"）划去；各有关项目需签名的不可空白。
（4）如因笔误/计算错误要修改原始数据，应用单杠（"—"）划去原始数据，在其上方写上更改后的数据，并签上更改人的姓名。
（5）工艺记录填写应使用蓝、黑色签字笔或圆珠笔，不得使用铅笔。
（6）装架工艺记录主要填写项目包括：芯片、外壳、型号、批号、质量等级；焊片、导电胶的型号、批号；超声清洗设备编号、功率、时间；烘箱的设备编号、烘烤温度、时间。

2.2.4 芯片装架工装、夹具对装架质量的影响

（1）夹具的压力要适中，以防移位或碎片。
（2）工装要平整，以免芯片移位或倾斜。

2.2.5 工艺质量控制基本要求

（1）焊接强度应符合设计要求。
（2）焊剂的化学性能稳定，不会形成有害的化合物，且导电或导热性能好。
（3）芯片、外壳底座的芯腔或引线框架的芯片焊区和装片材料三者的线膨胀系数应能互相匹配。
（4）装片材料应具有较低的蒸汽压、热处理（固化）温度，不影响芯片表面金属化、钝化、扩散、欧姆接触等性能。
（5）胶黏剂黏稠度及用量要适当，注意芯片的取向，放置位置要正确。

2.2.6 芯片装架工艺方法

芯片装架涉及的设备、型号和动力条件如表 2-2 所示，芯片装架的工艺参数如表 2-3 所示。

表 2-2 芯片装架涉及的设备、型号和动力条件

序 号	设 备	型 号	动 力 条 件
1	粘片机	AD838	① 主气压≥0.35MPa； ② 吸尘器（-95～-70kPa）； ③ 喷射真空器（-95～-60kPa）
2		AD830	
3	扩晶机	AWATRON2	—
4	高精度推拉力测量仪	ROYCE 650	—
5		Cetek1000	—
6	CNC-3D 影像测量仪	TM-101010CAZ	—
7	充氮烘箱	H-RJL-50P-H	—
8	绷片器	—	—
9	显微镜	MT4 倍	—

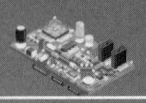

表 2-3 芯片装架的工艺参数

序 号	工艺控制点	控 制 范 围
1	顶针高度的设定	（270±20）μm
2	offset 值的设定	（-30±10）μm
3	拾片延时	（40±10）ms
4	固晶延时	（30±10）ms
5	捡拾力度	（30±10）g
6	焊接力度	（40±10）g
7	胶点面积	详见（QO-TD-BZ-03）DFN 产品装配图

2.2.7 芯片装架镜检知识

1. 一般不良

（1）框架局部（非产品区域）轻微变形。
（2）芯片非关键部位轻微损伤。
（3）非产品区沾污。芯片框架轻微沾污，如图 2-4 所示。

2. 严重不良

（1）框架变形。芯片基座、引脚变形严重。
（2）芯片不良（见图 2-5）。
（3）芯片位置异常。芯片安装方向、位置与装配图不一致。

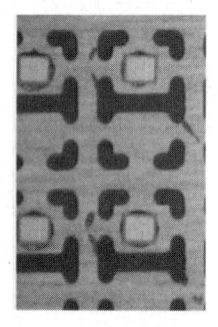

图 2-4 框架轻微沾污

图 2-5 芯片不良

（4）无片。拾取假片、掉片等。
（5）包胶高度超标。包胶高度超过芯片厚度的 1/2，如图 2-6 所示。
（6）沾污。芯片框架上有油脂或其他异物，如图 2-7 所示。

图 2-6 包胶高度超标

图 2-7 框架上有异物

习　　题

1. 如何进行装架前清洗处理？
2. 对于芯片装架的方法和目的，请给予说明。
3. 特种气体的安全使用有什么要求？
4. 解释焊接材料元素 A 和 B 的二元共晶体系。
5. 简述芯片装架工装、夹具安全使用要求。
6. 芯片装架是否会影响元器件的电性能？
7. 芯片装架有几种方法？
8. 简述芯片装架工艺质量控制基本要求。
9. 芯片装架使用了哪些设备、仪器和工装？
10．芯片装架工序涉及哪些工艺参数？
11．详细说明芯片装架镜检内容。

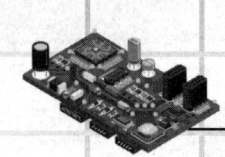

第 3 章 粘接/钎焊/共晶焊

3.1 操　作

3.1.1 芯片与壳体、基片微连接的基础知识

对装片的要求

（1）对于平面型器件，无论是硅晶体管或砷化镓场效应管，芯片的背面是一个电极，因此装片工艺也是制造欧姆电极的工艺，必须获得良好的欧姆接触，接触电阻尽可能小，底部接触层的热阻尽可能小。

（2）背面安装必须牢固、可靠。

（3）产生的热应力尽可能小，对于某些高可靠应用场合应提出严格的机械冲击、机械振动、温度循环和温度冲击要求，因为热应力会造成焊接强度降低或把应力传递到管芯有源区，引起管芯损伤。

3.1.2 粘接/钎焊/共晶焊基础知识

1. 聚合物粘接

利用胶黏剂对芯片进行粘接，然后在洁净的烘箱中进行热固化，形成良好的欧姆接触，具有工艺简单，操作简便易行，成本低廉的特点，因此成为塑料封装和金属、陶瓷封装非功率器件常用的装片方法。把芯片粘接到底座上的胶黏剂可分无机物（如金属材料）和有机物（如聚合物）。

2. 钎焊

钎焊焊接是一种利用合金反应，采用共晶合金作为焊料的钎焊方法，钎焊焊接在热氮气保护的环境中进行。常用的焊料可分为硬质合金焊料和软质合金焊料。硬质合金焊料有金-硅、金-锡、金-锗等；软质合金焊料有铅-锡、铅-铟-银等。使用钎焊焊接的芯片在晶圆制造时背面需镀上相应的多层金属薄膜，如钛-镍-银等。

3. 共晶焊

共晶焊粘接是利用金-硅合金在共熔点温度下，通过加压和摩擦，破坏两者表面的氧化层，形成共晶熔合反应，将芯片粘贴在管壳或引线框架上，形成熔焊面均匀、接触牢固的欧姆接触。管壳底座或引线框架粘芯片部位需要镀金，一般镀金层厚度在 2μm 以上。

3.1.3 粘接/钎焊/共晶焊设备工作程序表

粘接/钎焊/共晶焊设备工作程序如表 3-1 所示。

表 3-1　粘接/钎焊/共晶焊设备工作程序表

工 艺 名 称	设　　备	工　作　程　序
粘接	点胶机、贴片机	将管座按照一定的方向码放在专用架盘上。 点胶。 放置芯片。 将架盘放入烘箱烘烤固化
钎焊	链式炉	将管座按照一定的方向码放在专用架盘上。 在管座上依次放置焊片、芯片、压块。 将托盘送入链式炉传送带上烧结
钎焊	真空烧结炉	将管座按照一定的方向码放在专用加热板上。 在管座上依次放置焊片、芯片。 启动烧结程序烧结
共晶焊	共晶焊台	将管座放在设备专用夹具上。 用芯片吸头吸取芯片到管座指定位置上。 启动共晶焊程序

3.1.4　粘接/钎焊/共晶焊工艺参数监控知识

粘接/钎焊/共晶焊监控的工艺参数如表 3-2 所示。

表 3-2　粘接/钎焊/共晶焊监控的工艺参数

工 艺 名 称	监控的工艺参数
粘接	点胶量（时间、压力）、黏结力、固化温度、固化时间、氮气流量
钎焊（链式炉）	烧结恒温温度 带速、水温 氮气、氢气等气体流量
钎焊（真空烧结炉）	烧结恒温温度 真空度 氮气、甲酸等气体流量
共晶焊	共晶焊温度、摩擦时间、摩擦频率

3.1.5　粘接/钎焊/共晶焊设备安全操作规程

共晶焊设备安全操作规程如下。

（1）目的：安全正确地使用设备，避免操作错误，保证人员、设备安全。

（2）适用范围：适用于烧结共晶焊工序操作人员。

（3）引用文件：共晶焊设备作业指导书。

（4）工作程序（方法）。

① 安全要点：共晶焊机为高温设备，操作过程中对人的危险因素为高温，要预防烫伤。

② 作业要点：

a．工作时精神集中、严肃认真，严格按作业指导书中的工艺顺序进行操作；

b．设备操作前先对设备四周的环境进行清理，将与生产无关的物品移除；

c．对设备进行调平时应注意吸头不要刮伤手；

d. 调平后再开启电源、氮气阀门；

　　e. 作业时，请不要触碰吸头，以免造成划伤；

　　f. 设备工作时，不要用手直接接触加热台，若需要接触，则要佩戴隔热手套，取放产品时使用镊子，将加工完的产品放到相对较远的架盘上，避免烫伤；

　　g. 操作过程中注意设备显示温度，若出现超温现象，应立即停止操作并报相关技术人员进行处理；

　　h. 生产结束后，关闭电源及氮气阀门。

　　③ 紧急情况的处理：如果遇到紧急情况需急停，应立即关闭设备电源及氮气阀门并通知设备工程师处理。

　　（5）设备预防性保养

　　① 查看设备插头是否完好。

　　② 设备电源插头是否因使用时间过长出现松动。

3.1.6　粘接/钎焊/共晶焊工艺气体的安全操作

　　（1）粘接/钎焊/共晶焊工艺使用气体：粘接烘烤固化使用氮气，钎焊使用氢气和氮气，共晶焊使用氮气。

　　（2）安全要点：链式烧结炉为高温设备，使用氢气。氢气是危险气体，易燃易爆，注意严格按照安全操作规程操作，防止发生火灾爆炸事故。

　　（3）设备运行后，使用氢气检测仪自查有无氢气泄漏现象，当氢气报警器鸣响时应立即关掉氢气阀门，并报告相关人员。

　　（4）工作过程中要时刻注意检查设备的炉温和气体压力、流量等是否正常。若发现异常或报警应及时采取措施，先关闭氢气阀门，再做其他处理。

　　（5）在设备运行过程中严禁离岗，午间休息要有人值守，以免设备异常发生危险。

　　（6）烧结完毕后，一定先关氢气阀门，再关氮气阀门，依次关闭电源、水龙头，严格按照操作顺序进行，确保安全无误。

　　（7）每周检查一次氢气报警装置是否正常，若有异常，及时报告有关人员。

3.1.7　工艺质量控制基本要求

　　（单片）芯片安装的外观质量目检相关要求，参见 GJB 548B—2005，如下所示。

1. 芯片共晶体安装

　　（1）～（5）要求同时适用于条件 A（S 级）和条件 B（B 级）。呈现下列现象的器件不得接收。

　　（1）芯片安装材料聚集并延伸至芯片顶部表面或垂直延伸到芯片顶部表面上。

　　（2）至少在芯片的两条完整边上完全看不到或在芯片周边的 75% 以上部分看不到芯片与管座间的安装材料（共晶体）。"透明"芯片除外。

　　（3）"透明"芯片的键合面积小于芯片面积的 50%。

　　（4）芯片装架材料剥落。

　　（5）芯片附着材料呈球形或聚集，当从上面观察时可看到的周界焊接轮廓不到 50%，或芯片附着材料的堆积使堆积高度大于底部的最长尺寸，或在任何位置上有堆积颈缩（见图 3-1）。

2．芯片的非共晶体安装

以下（1）～（9）要求同时适用于条件 A（S 级）和条件 B（B 级）。呈现下列情况的器件不得接收。

（1）芯片四周的焊接材料延伸到芯片表面上。
（2）沿着芯片的每个边缘的 75%长度上没有明显的焊接轮廓。
（3）焊接材料的任何剥落、起皮或隆起。
（4）在腔壁或腔体底面上焊接材料的分离、裂纹宽度大于或等于 51μm。
（5）焊接材料中存在裂纹。
（6）芯片顶面有焊接材料。
（7）焊接材料导致封装引出端之间形成桥接，或在引出端的键合区上有焊接材料。
（8）焊接材料与导电胶体或内缘相连并延伸到腔壁上与封装引出端的距离小于 25μm。（金属封装基片或陶瓷封装中的金属化层平面均为导电胶体的实例。）
（9）"透明"芯片装架的键合面积小于芯片面积的 50%。

3．芯片方位

以下（1）和（2）同时适用于条件 A（S 级）和条件 B（B 级）。呈现下列情况的器件不得接收。

（1）芯片定向或定位不符合器件装配图的要求。
（2）芯片与封装腔体边缘之间的平行关系出现明显偏斜（大于 10°）。

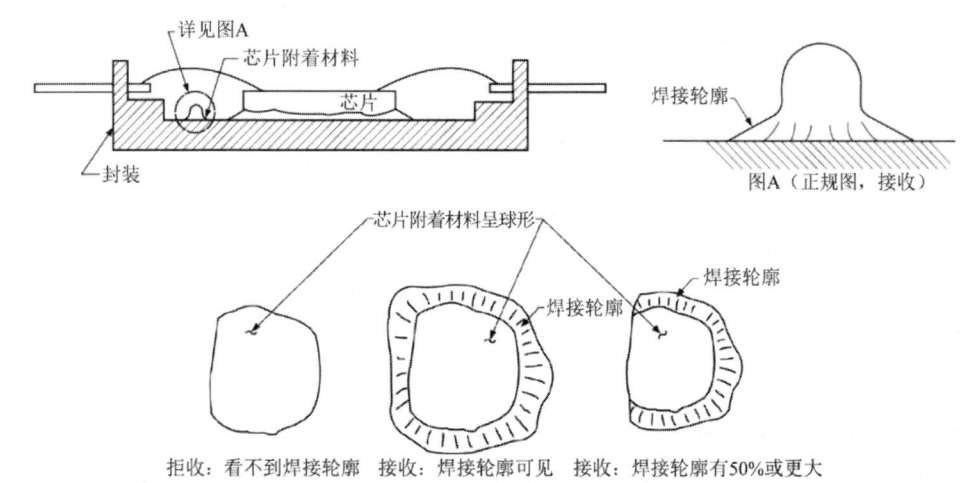

图 3-1 芯片附着材料呈球形

3.1.8 钎焊/共晶焊工艺原理

1．钎焊工艺原理

钎焊是用熔融焊料将固态金属连接起来的工艺过程。钎焊过程中，加温到焊料熔化温度以上但被焊金属并未熔化。熔融的焊料浸润被焊金属表面、填充其表面毛细孔间隙，同时熔融的焊料和被焊接金属的表面发生相互溶解和扩散，在它们的界面上产生合金的固液相变并形成合金层。钎焊用途很广，在微电子工程中主要用于混合集成电路、表面安装电路等的各类元件如电阻、电容元件和有源芯片的焊接。常用焊料是铅锡合金（含锡 59%～61%，熔点 183℃），

低熔点的焊料是铟焊料，例如90%的铟、10%的银焊料，熔点144℃。芯片的合金烧结原理属于钎焊。欧姆接触合金材料如表3-3所示，常用共晶合金的熔点如表3-4所示。

表3-3 欧姆接触合金材料

半导体材料	N型合金材料	P型合金材料
锗	锡 锡锑合金 铅锑合金 铅锑锡合金	铟 铟铝合金 铟镓合金 金镓合金 金锗合金
硅	金锑合金 金砷合金 银铅合金 铅银合金	铝 铝镓合金 铝锡合金
砷化镓	金锡合金 金硒合金 锡铅合金 铟	金锌合金 银锌合金 银铋合金 银锰合金 铟锌合金

表3-4 常用共晶合金的熔点

焊料合金（%）	熔点（℃）
94Au-6Si	370
88Al-12Si	577
98Au-2Si	370
88Au-12Ge	356
100In	157
100Sn	232
60SN-40Pb	189

2. 共晶焊工艺原理

共晶焊中用得最普遍的是金-硅共晶焊。它是利用芯片背面的硅和外壳底座芯腔或引线框架芯片衬垫上的金在一定的温度下，通过加压和超声振动，破坏两者表面的氧化层，使金、硅两者形成最紧密接触，达到原子距离，形成微观上熔化并互相扩散的焊接层。这种液相键合所形成的共晶合金在液态时具有良好的流散性和浸润性。在冷却固化后又形成坚硬的刚体，从而使集成电路芯片与外部芯腔或衬垫之间不仅具有良好的接触界面，还有很高的结合强度，适用于一些高可靠性集成电路的制作。这种焊接层的特点是焊接强度高、焊接面均匀、接触牢固、欧姆接触电阻小。共晶焊效率高，操作方便，易于实现自动化和大批量生产。

3.1.9 芯片粘接/钎焊/共晶焊工艺参数调控要求

熔融合金的表面张力和湿润蔓延力与温度有关，要获得特有的凹面形焊缝，要控制的条件包括：最佳的温度、最佳的焊料量、良好的浸润表面、适当的时间。

3.2 检 查

3.2.1 产品外观质量基础检验知识

1. 装片镜检外观质量要求

参见"3.1.7 工艺质量控制基本要求"内容。

2. 芯片装片外观常出现的问题

图形方位不对、芯片表面沾污、芯片边缘缺损、芯片倾斜、位置偏差、压点沾污、外壳引出端沾污、芯片底面无胶黏剂、键合面积不足、溢料上翻、芯片表面划伤。

3.2.2 芯片结构基础知识

1. P 型半导体和 N 型半导体

（1）P 型半导体：在纯净的硅晶体中掺入 3 价元素（如硼），使之取代晶格中硅原子的位置，就形成了 P 型半导体。

多数载流子：P 型半导体中，空穴的浓度大于自由电子的浓度，称为多数载流子，简称多子。

少数载流子：P 型半导体中，自由电子为少数载流子，简称少子。

受主原子：杂质原子中的空位吸收电子，称为受主原子。

P 型半导体的导电特性：它靠空穴导电，掺入的杂质越多，多子（空穴）的浓度就越高，导电性能也就越强。

（2）N 型半导体：在纯净的硅晶体中掺入 5 价元素（如磷），使之取代晶格中硅原子的位置形成 N 型半导体。

多子：N 型半导体中，多子为自由电子。

少子：N 型半导体中，少子为空穴。

施主原子：杂质原子可以提供电子，称为施主原子。

N 型半导体的导电特性：掺入的杂质越多，多子（自由电子）的浓度就越高，导电性能也就越强。

结论：

多子的浓度主要取决于杂质浓度；少子的浓度主要取决于温度。

2. PN 结

PN 结的形成：将 P 型半导体与 N 型半导体制作在同一块硅片上，在它们的交界面就形成 PN 结。

PN 结的形成过程：如图 3-2 所示，在无外电场和其他激发作用下，参与扩散运动的多子数目等于参与漂移运动的少子数目，从而达到动态平衡，形成 PN 结。

扩散运动：物质总是从浓度高的地方向浓度低的地方运动，这种由于浓度差而产生的运动称为扩散运动。

空间电荷区：扩散运动使得 PN 结交界面产生一片复合区域，可以说这里没有多子，也没有少子。扩散运动不断发生着，P 区一侧出现负离子区，N 区一侧出现正离子区，它们基本上是固定的，称为空间电荷区。

电场形成：空间电荷区形成内电场。

空间电荷加宽，内电场增强，其方向由 N 区指向 P 区，阻止扩散运动的进行。

漂移运动：在内电场力作用下，少子的运动称为漂移运动。

电位差：空间电荷区具有一定的宽度，形成电位差，电流为零。

耗尽层：绝大部分空间电荷区内自由电子和空穴的数目都非常少，在分析 PN 结时常忽略载流子的作用，而只考虑离子区的电荷，称为耗尽层。

PN 结的特点：具有单向导电性。

二极管的伏安特性曲线，如图 3-3 所示。由于其特性，二极管可以用来整流、检波等，在半导体收音机等中有广泛的应用。

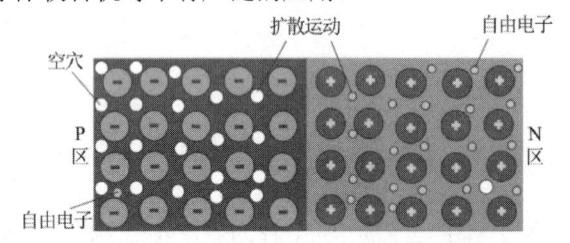

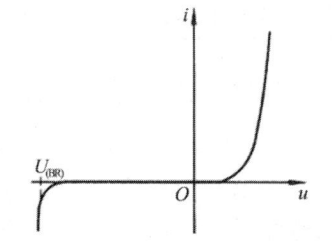

图 3-2　PN 结的形成过程　　　　图 3-3　二极管的伏安特性曲线

3．半导体三极管

三极管，全称应为半导体三极管，也称双极型晶体管、晶体三极管，是一种控制电流的半导体器件。其作用是把微弱信号放大成幅度值较大的电信号，也用作无触点开关。三极管有电流放大作用，是电子电路的核心元件。三极管是在一块半导体基片上制作两个相距很近的 PN 结，两个 PN 结把整块半导体分成三部分，中间部分是基区，两侧部分是发射区和集电区，排列方式有 PNP 和 NPN 两种。

三极管按材料分为两种：锗管和硅管，每一种又有 NPN 和 PNP 两种结构形式，但使用最多的是硅 NPN 和锗 PNP 两种三极管。两者除电源极性不同外，其工作原理都是相同的，下面仅介绍 NPN 硅管的电流放大原理。

3.2.3　过程检验的基本方法

（1）芯片装架工序的检验文件是产品过程检验的依据，在检验文件中详细规定了检查的项目、方法手段、抽样方法及判据等。

（2）芯片装架操作工在本工序作业前对来料进行检验，完成本工序作业后要进行自检。

（3）生产线设有检验点，在工艺流程图中标明，由专职或兼职检验员进行工序检验。

（4）首件检验由质量部门的专职检验员进行检验，检验后填写首件检验记录。

① 芯片装架首件是每班、每批、每台设备加工的第一件或几件产品，或设备调整后加工的第一件或几件产品，首件具体数量参照相关检验文件。

② 未经过产品首件检验或检验不合格，不得进行批量加工。

③ 若首件检验不合格，需及时查明原因，尽快采取纠正措施，直至首件检验合格后，方可

批量加工生产。

（5）由工序检验员依照检验文件中的规定对每批产品进行工序终检。检验合格由检验人员填写检验记录及随工单，并做相应检验标记转入下道工序。

（6）由专职检验员对部门检验员的工作质量进行监督。对每批产品进行一定比例的抽样检验，当出现不合格产品时，需对此批产品返工，重新检验。

（7）芯片焊接质量检验通常包括外观镜检和剪切强度试验两项检查。在大功率器件中有时还要增加热阻测试来了解烧结质量。

（8）检验后的不合格品按《不合格品控制程序》的规定执行，不合格品应予以标识隔离，并做相应记录。

（9）各级检验员必须不受干扰，严格按检验文件进行检验和判断，确保检验结果准确，并做好各种检验和试验记录。

3.2.4　剪切力检测

1．检测目的

根据 GJB 548B—2005 中方法 2019.2 芯片剪切强度试验，检测目的是确定将半导体芯片或表面安装的无源元件安装在管座或其他基板上所使用的材料和工艺步骤的完整性。通过测量对芯片或无源元件所加力的大小、观察在该力作用下产生的失效类型（如果出现失效）以及残留的芯片或无源元件附着材料和基片/管座金属层的外形来判定是否接收器件。

2．设备

本试验所需设备是一台能施加负载的仪器，本质上是一台用来施加本试验所需力的、带有杠杆臂的圆形测力计或线性运动加力仪，要求其准确度达到满刻度的±5%或 0.5N（取其较大者）。试验设备应具有下述特点：

（1）芯片接触工具，能将作用力均匀地加到芯片的一条棱边（见图 3-4）。可使用合适的辅助器材（如光滑的爪状物、线带等），以确保芯片接触工具能将应力均匀地施加到芯片的一条棱边。

（2）保证芯片接触工具与管座或基片上安放芯片的平面垂直。

（3）芯片接触工具与管座/基片夹具可相对旋转，这有利于与芯片边沿线接触，即对芯片加力的工具应从一端到另一端接触芯片的整个边沿［见图 3-5（a）］。

此外，本试验还需要一台放大倍数至少为 10 倍的双目显微镜，其照明应有利于在试验过程中对芯片与芯片接触工具的界面进行观察。

3．程序

除特殊的器件结构在采购文件中规定试验条件外，应按本规定进行试验。所有的芯片剪切强度试验都应参与统计，并且使用时应遵循规定的抽样、接收或追加样品的规定。

4．剪切强度

采用上述设备对芯片施加力，该力应足以把芯片从固定位置上剪切下来或等于规定的最小剪切强度（见图 3-6）的两倍（取其第一个出现的值）。

注意：对于无源元件，仅将元件末端焊接区与基板焊接，因此确定应施加推力的大小时只

计算元件末端焊接区面积之和。如果元件末端焊接区之间用非黏附性材料填充，其面积不用于确定应施加推力。但是，元件焊接端之间填充有黏附性材料时，其面积应用于计算剪切应力，确定施加应力的面积应为黏附性材料的面积与元件焊接端面积之和。

（1）当采用线性运动加力仪时，加力方向应与管座或基片平面平行，并与被试验的芯片垂直。

（2）当采用带有杠杆臂的圆形测力计施加试验所需要的作用力时，它应能围绕杠杆臂轴转动。其运动方向与管座或基片平面平行，并与被试验的芯片边沿垂直。与杠杆臂相连的接触工具应位于适当距离上，以保证外加力的准确数值。

（3）芯片接触工具应在与固定芯片的管座或基板近似呈 90°的芯片边沿上由 0N 到规定值逐渐施加应力[见图 3-5（b）]。对长方形芯片，应从与芯片长边垂直的方向施加应力。当试验受到封装外形结构限制时，如果上述规定不适用，则可选择适用的边进行试验。

（4）在与芯片边沿开始接触之后以及在加力期间，接触工具的相对位置不得垂直移动，以保证与管座/基片或芯片附着材料一直保持接触。

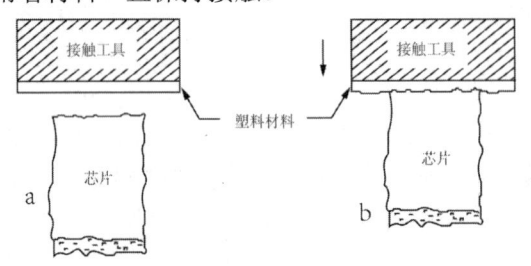

图 3-4 芯片接触工具能将作用力均匀地加到芯片的一条棱边

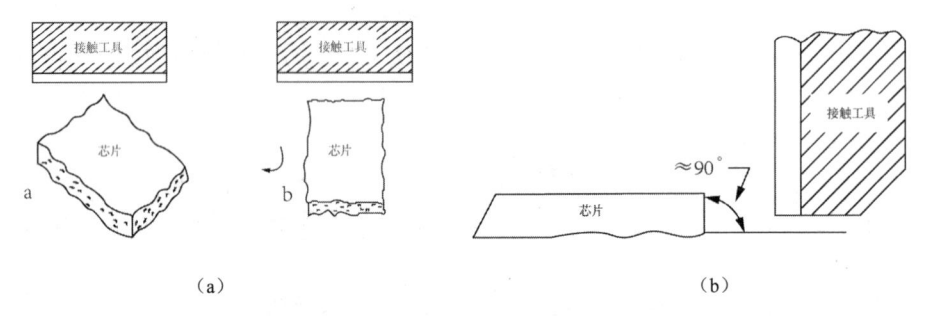

图 3-5 接触工具应在与固定芯片的管座/基板近似呈 90°的芯片边沿上逐渐施加应力

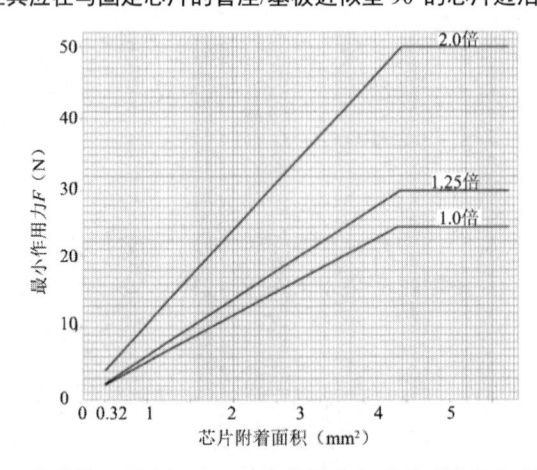

图 3-6 芯片剪切强度标准（最小作用力与芯片附着面积的关系）

注 1：若芯片面积大于 4.13mm^2，应至少承受 25N 或其倍数的力。

注 2：当芯片面积大于或等于 0.32mm^2，但不大于 4.13 mm^2 时，芯片承受的最小应力可通过图 3-6 确定。

注 3：若芯片面积小于 0.32mm^2，应承受的最小力为 6N 或 12N。

5．失效判据

符合以下任一条判据的器件均应视为失效。

（1）达不到图 3-6 中 1.0 倍曲线所表示的芯片强度要求。

（2）使芯片与底座脱离时施加的力小于图 3-6 中标有 1.0 倍的曲线所表示的最小强度的 1.25 倍，同时附着材料残留或芯片在附着材料上的残留面积小于附着区面积的 50%。

对共晶焊料的芯片，残留在芯片附着区中的不连续碎硅片应看作此种附着材料；对金属玻璃胶黏剂粘接的芯片，在芯片上或在基座上的芯片附着材料应作为可接收的附着材料。

6．芯片脱离的类别

当有规定时，应记录使芯片从底座上脱离时所加力的大小和脱离的类别。

（1）芯片被剪切掉，底座上残留硅碎片。

（2）芯片与芯片附着材料脱离。

（3）芯片与芯片附着材料一起脱离底座。

3.2.5　过程检验及控制

（1）粘接/钎焊/共晶焊的检验文件是产品过程检验的依据，在文件中详细规定检查的内容、手段、抽样方法及判据等。

（2）工序设有检验点，在工艺流程图中标明，由检验员进行半成品检验。

（3）粘接/钎焊/共晶焊工序按作业指导书和工艺卡要求进行首件检验，填写首件检验记录。

① 首件包括每班次、每人、每台设备加工的每批产品的第一件和机器调整维修后的第一件。

② 未经过产品首件检验或检验不合格，不得进行批量加工。

③ 首件检验不合格，需及时查明原因，尽快采取纠正措施，直至首件检验合格后，方可批量加工生产。

（4）由检验员依照检验文件中的规定对每批产品进行工序终检。检验合格由检验人员填写检验记录及随工单，并做相应检验标记，转入下道工序。

（5）由质量部门的检验员对生产加工部门检验员的工作质量进行监督。对每批产品进行 10%抽样检验，当出现不合格产品时，需对此批产品返工，重新检验。

（6）检验后的不合格品按《不合格品控制程序》的规定执行，不合格品应予以标识隔离，并做相应记录。

3.2.6　不合格品的控制程序

1．有关的名词术语

（1）不合格品：不符合要求的材料、在制品及完成品、交付后由本公司原因造成的顾客返品。

（2）批不合格：材料、在制品及完成品等在实施批次管理过程中未达到标准的情况，或在使用中可判断严重缺陷涉及整批产品。

(3) 返工处理：不合格品返工应根据产品级别对应的规范实施。不合格品经返工处理后，操作人员要对返工原因、返工条件等做记录。责任部门负责人要对返工记录进行确认，不合格品返工后，必须再次经过检验合格方可流入下道工序。

(4) 报废：不合格品需做报废处理的，由责任部门进行废品标识，并记录。将废品隔离存放，待销毁。

(5) 降级处理：不合格品需做降级使用的，由责任部门做降级使用记录，包括降级原因、批次和数量。

2．在制品及完成品的不合格品控制

(1) 检验员负责判定生产过程中出现的不合格品。将不合格品隔离在不合格品区内，进行标识、记录，杜绝不合格品混入合格品中。

(2) 常规淘汰或降级的不合格品，由检验员进行确认、处置，并对其不合格性质加以分类，记录于随工单和工序原始记录上。

(3) 批次性一般或重要不合格品，由现场的不合格品审理小组对问题进行分析、审理。小组填写不合格品审理单作为审理记录。不合格品处理完毕后将不合格品审理单复印件交质量部门备案。小组认为需要时，可将问题报不合格品审理委员会审理，并按最终审理意见执行。

(4) 当初步审理确认为严重不合格时，不合格品审理小组负责填写不合格品审理单并将不合格品发生原因填表后将不合格品审理单复印件传递至质量部门及不合格品审理委员会进行评审，按评审结果对不合格品进行处置。未给出评审结果的待判定品由不合格品发现部门隔离放置，不得自行处理。

(5) 不合格品发现部门负责保存不合格品审理单原件并登账管理。复印件交品保办备案。

(6) 不合格品发生部门针对不合格品发生原因追查其他批次产品，及时向不合格品审理委员会报告存在隐患的批次。不合格品审理委员会针对该信息相关批次提出审理意见。

(7) 不合格品发生部门负责对发生原因进行分析，制定改善措施并填入不合格品审理单，负责对批准后的改善措施进行实施。

(8) 质量部门对改善措施的实施进行跟踪并确认改善效果。

(9) 不合格品发现部门在改善措施实施后通过对产品检查结果的监测完成对改善效果的最终确认。不合格品改善效果最终确认后将填写完整的不合格品审理单，存档在本部门。

习　　题

1. 对装片有什么要求？
2. 装片的方法有哪些？使用了哪些设备？大致的工作流程是怎样的？
3. 用不同的方法进行装片，各种方法主要监视的工艺参数有何不同？
4. 简述共晶焊设备作业要点。
5. 对芯片共晶体的安装有什么要求？
6. 简述钎焊工艺原理。
7. 请写出共晶焊的工艺原理。

8．PN 结是如何形成的？
9．请叙述芯片装架工序检验的基本方法。
10．剪切力检测的目的是什么？
11．什么情况下，可判断剪切力失效？
12．对不合格品如何进行控制？

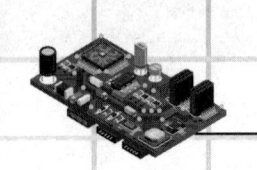

第 4 章　清洁焊盘

4.1　操　　作

4.1.1　半导体芯片的清洁处理基础知识

通过等离子体清洗基板表面的有机污染物，可以显著加强基板表面的黏性及焊接强度。清洁焊盘是键合前必须做的工作，也是影响器件质量好坏的重要环节，是器件制造过程中不可缺少的过程。它的主要目的是去除器件所用的零部件和芯片表面的沾污和油污，使得金属丝和芯片及零部件在键合过程中焊接良好。清洗焊盘包括对要键合的器件所使用的零部件进行清洗处理，以及对器件芯片的清洗处理。

4.1.2　焊盘干法清洁、湿法清洁的防护知识

防护用具：防静电手指套、防静电手套、防静电手环。

1. 清洗焊盘操作准备

（1）焊盘分两部分，第一部分是不同的引线框架（外壳）上的小岛（外壳上的焊盘），如图 4-1 所示；另一部分是芯片上所设计的键合点（芯片上的焊盘），如图 4-2 所示。

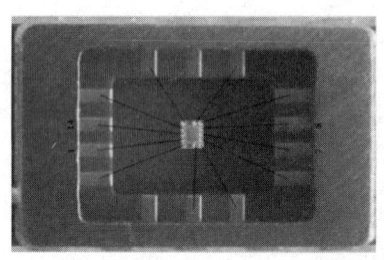

图 4-1　外壳上的焊盘

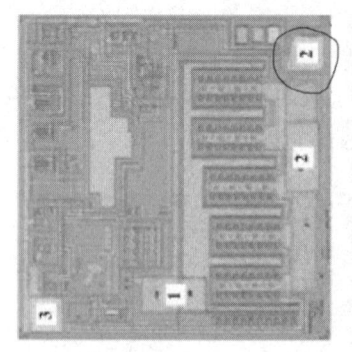

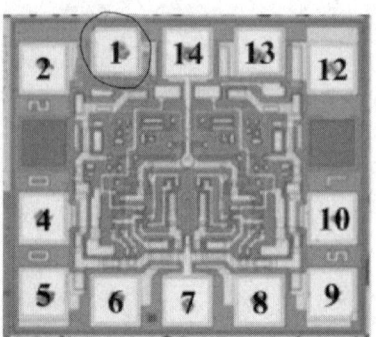

图 4-2　芯片上的焊盘

（2）清洗焊盘不能单独进行，外壳上焊盘的清洗是和零部件清洗一同进行的，同样对芯片上的焊盘的清洗即对整个芯片的清洗。

2. 零部件清洗

零部件清洗方法分为两种：一种是超声清洗；另一种是等离子清洗。其目的是清除零部件焊盘上的油污、微细氧化层和沾污。

（1）等离子清洗是利用等离子清洗机对零部件表面进行清洗、活化、刻蚀。对气体施加足够的能量使之离子化变成等离子状态。等离子体的"活性"组分包括：离子、电子、原子、活性基团、激发态的核素（亚稳态）、光子等。等离子清洗机就是利用这些活性组分来处理样品表面，从而实现清洁的目的。

（2）超声清洗是通过换能器，将功率超声频源的声能转换成机械振动，通过清洗槽壁将超声波辐射到槽中的清洗液。由于受到超声波的辐射，槽内液体中的微气泡能够在声波的作用下保持振动，破坏污物与清洗件表面的吸附作用，引起污物层的疲劳而被剥离，利用气体型气泡的振动对固体表面进行擦洗。

（3）以零部件超声清洗为例简单介绍超声清洗的操作规程及操作步骤。

① 设备：清洗机、红外线干燥箱、烘箱。

② 工具及材料：清洗槽、管壳、丙酮、无水乙醇、清洗架。

③ 操作（以下超声清洗台的操作均按照超声清洗机操作规程完成，具体设备的功率、温度、时间等及清洗液的配比是根据各企业的工艺文件设定的）。

a. 打开超声清洗台。

b. 从回收箱中分别取出存放废弃丙酮和无水乙醇的回收瓶（回收瓶的标签上有用黑色水笔画的"√"作为标记）待用。

c. 按照工艺流程卡上所标明的管壳的批号和数量，在工作台上取相应批号、相同数量的管壳，并按图 4-3 所示挂在清洗架上。

d. 将挂好管壳的清洗架垂直平稳地放入清洗槽中。

e. 将清洗槽拿到超声清洗台上，从丙酮存放箱中取出丙酮溶液，将其导入清洗槽中，并保证液面位于标记处（图 4-4 中两个螺母之间）。

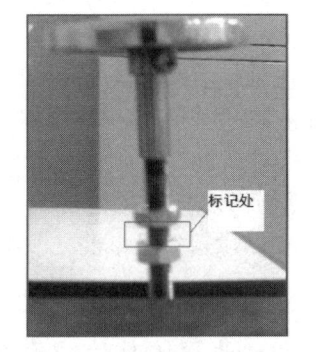

图 4-3　将管壳挂在清洗架上　　图 4-4　保证液面位于标记处

f. 将清洗槽放入超声清洗台的超声槽中，盖上挡板，超声 10 分钟。

g. 10 分钟后，将清洗槽拿出，将放置其中的清洗架拿出，将清洗槽中的丙酮倒入存放废弃丙酮的回收瓶中。

h．丙酮倒净后，将清洗架再次放入清洗槽中，倒入无水乙醇，并保证液面位于标记处（图4-4中两个螺母之间）。

i．再将清洗槽放入超声槽，盖上挡板，超声10分钟。

j．10分钟后，将清洗槽拿出，将放置其中的清洗架拿出，将清洗槽中的无水乙醇倒入存放废弃无水乙醇的回收瓶中。

k．无水乙醇倒净后，将清洗架再次放入清洗槽中，倒入无水乙醇，并保证液面位于标记处（图4-4中两个螺母之间），浸泡10分钟。

l．10分钟后，将清洗架从清洗槽中取出，将清洗槽中的无水乙醇倒入存放废弃无水乙醇的回收瓶中。

m．打开红外线干燥箱的门，将清洗架立放在红外线干燥箱中，打开红外线干燥箱的开关，保证加热灯处于亮的状态，关上红外线干燥箱门，烘烤60分钟。

n．60分钟后，关掉红外线干燥箱开关，打开门将清洗架取出。

o．打开管壳清洗烘箱的门，将取出的清洗架立放在烘箱内后，将门关好。

p．将氮气流量调为50 SCFH（见图4-5），其中1SCFH（每小时标准立方英尺数）=0.0283m^3/h。

q．打开开关（见图4-6），合上电闸。

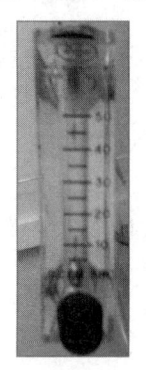

图4-5　流量计示数　　　图4-6　开关

r．依次打开"POWER"开关、超温报警温度设置仪开关及烘箱温度设置仪开关，并将报警温度设置为300℃，烘箱温度设置为200℃。若不符合要求，及时通知技术人员或部门主管进行调整。

s．在烘箱中烘烤90分钟后，依次关掉烘箱温度设置仪开关、超温报警温度设置仪开关及"POWER"开关。

t．保持通氮气状态，直到下一个工作日早上，打开烘箱门将清洗架取出，送交粘片人员。并填写现场记录表QGC.L.03.00.0.204。

u．关闭烘箱门后，将氮气流量调回"0"。

注：整个清洗过程注意轻拿轻放，避免划伤。

4.1.3　半导体芯片的清洁处理知识（干法、湿法）

芯片的清洗主要有两种方法：超声清洗（湿法）和等离子清洗（干法）。芯片清洗这道工序一般放在划片后进行，在键合前将芯片连同框架一起进行等离子清洗。

4.1.4 工艺参数范围

各工艺参数控制范围实例，如表 4-1 所示。

表 4-1 各工艺参数控制范围实例

序 号	工艺控制要点	控 制 范 围
XX	plasma 工艺参数	氩氧混合气体容器压力：0.01～0.1MPa 清洗功率：450×（1±3%）W 基础负压：（18.66±6.67）Pa 清洗时间：45s 气体流量：（10±1）cm³/min

4.1.5 对清洁焊盘使用气体的要求

通常使用惰性气体和氧气的混合气体。

4.1.6 干法清洗处理的基本工艺原理

干法清洗一般指不采用溶液的清洗技术。根据是否完全不采用溶液，干法清洗又可分为全干法清洗和半干法清洗。目前常采用的干法清洗技术有等离子清洗、气相清洗等。等离子清洗属于全干法清洗，气相清洗属于半干法清洗。

1. 等离子清洗

等离子清洗技术比较成熟的应用是等离子去胶。

2. 气相清洗

气相清洗是指利用液体工艺中对应物质的气相等效硅片表面的沾污物质作用去除杂质的一种清洗方法。

4.1.7 焊盘质量对键合质量的影响

（1）对首次进行等离子清洗的物料，应每盒物料各抽取一件产品进行水滴角测量。测量结果合格后在基板右侧用黑色记号笔做标记 pl01。

（2）抽取一件产品进行水滴角验证。基板水滴位置要清晰。

（3）测量结果小于 40°且基板表面无泛白现象，则表明产品清洗无异常，可进行生产。

（4）如果测量结果大于 40°或基板表面有泛白现象，需要通知技术人员对设备进行相应检查。

4.1.8 清洁焊盘设备安全操作规程

（1）将清洗完的产品放置在产品架上。

（2）每盒物料要按产品检验规范抽样进行外观检验。

（3）在检查的过程中一定保持料盒放在平整的台面上。

（4）清洗过的基板表面的颜色要和清洗之前的颜色保持一致，目的是确保没有进行过度等离子清洗。与正常清洗相比较，清洗过度后基板表面发白，如图 4-7 所示。

(5) 若基板出现反常的颜色，应通知当班负责人采取相应的改善措施。

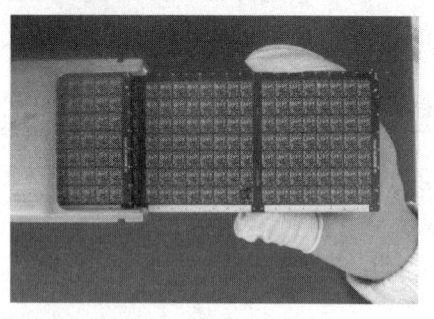

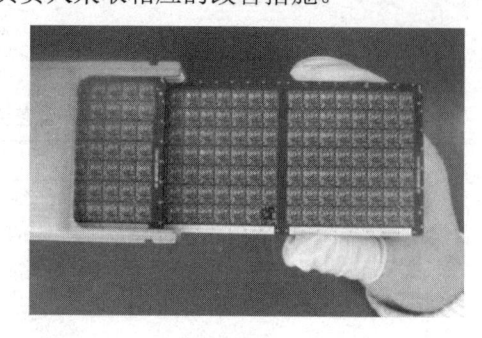

正常情况　　　　　　　　　　　　泛白情况

图 4-7　表面正常与泛白的对比

4.1.9　清洁焊盘的工艺原理

当腔室内部压力低到某一程度（约 13Pa）时，气态正离子开始往负电极移动，由于受电场作用会加速撞击负电极板，产生电极板表面原子、杂质分子和离子及二次电子（e-）等，此 e-又会受电场作用向正电极方向移动，移动过程中会撞击腔室内的气体分子（如 Ar 原子等），产生 Ar+等气态正离子，此 Ar+再受电场的作用去撞击负电极板，又产生表面原子及二次电子（e-）等，如此周而复始即为等离子产生的原理，如图 4-8 所示。

通过等离子清洗基板表面的有机污染物，可以显著加强基板表面的黏性及焊接强度。

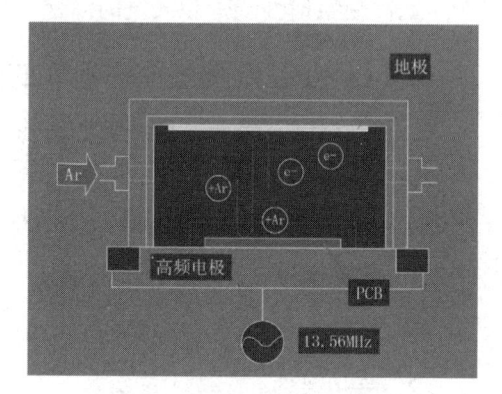

图 4-8　等离子产生的原理

4.1.10　清洁焊盘操作常见质量问题及解决方法

清洗过度：不允许有烧焦现象。如果存在该缺陷，请联系工程师并扣留该批次。

4.2　检　　查

4.2.1　过程检查基础知识

（1）首件检验：包括与产品有关的所有特性及其过程的要求。对开机、改机、修机、保养后、更换批次后生产的首件产品都要进行检验。

（2）自主检验：生产过程中参数更改、更换劈刀、自检及其他规定的检验。作业人员对生产完成的产品应及时进行抽检。

（3）外观检验。

① 在检查的过程中一定保持料盒放在平整的台面上。

② 清洗过的基板表面的颜色要和清洗之前的颜色保持一致，清洗过度后基板表面会泛白。

4.2.2　工艺过程参数监控方法

（1）每天开班做设备日常检查，填写焊线设备日常检查表。

（2）每天开班做设备日常检查，填写焊线前等离子清洗机日常检查表。

习　　题

1. 清洗焊盘的目的是什么？
2. 焊盘有哪两种形式？
3. 简述等离子清洗和超声清洗的原理。
4. 简述清洗零部件的步骤。
5. 请写出清洁焊盘的工艺原理。
6. 过程性检查包括哪些内容？

第 5 章 键合设备调整

5.1 操 作

5.1.1 键合设备操作使用说明书

1．生产前准备

（1）确认设备的压缩空气压力表（见图5-1）显示数值在工艺参数范围内（根据设备动力要求），并填写压焊日常点检记录。

（2）确认温度显示符合工艺要求并填写压焊日常点检记录。

2．上/下料

按键盘（见图5-2）上大写字母"L"开头按键更换左边料盒，按大写字母"R"开头按键更换右边料盒。

图 5-1 压力表 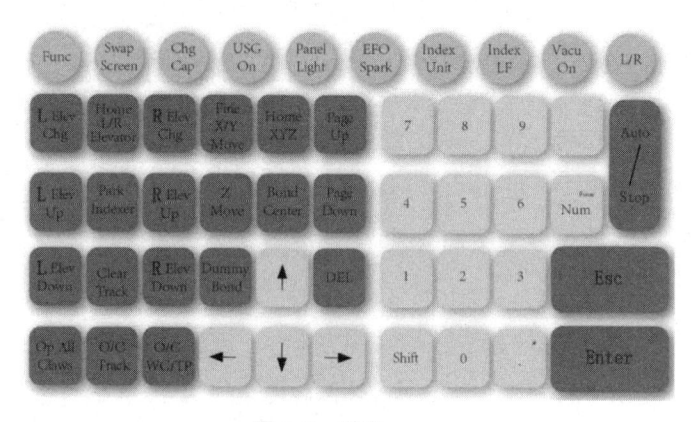　　　　　　　图 5-2 键盘

3．调用程序

（1）选择 PROGRAM→Program Management 命令，如图5-3所示。

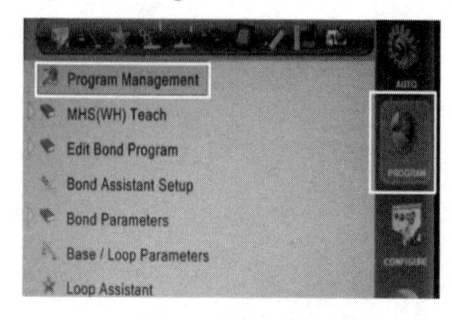

图 5-3 程序菜单

（2）勾选"Load Bond Program"复选框，单击"Start"按钮，如图 5-4 所示。

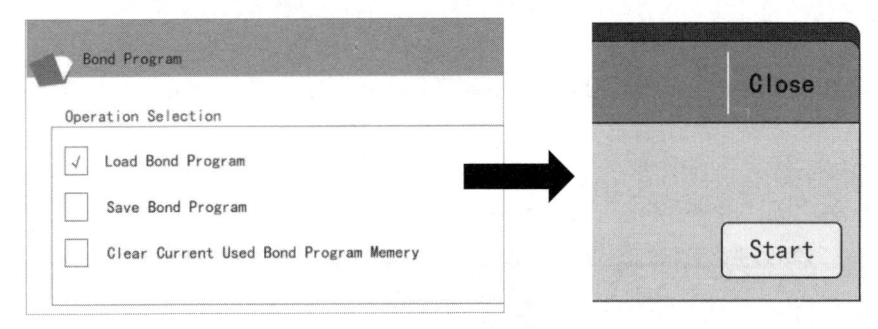

图 5-4　导入程序

（3）选择所需程序，如图 5-5 所示，单击"OK"按钮继续。

图 5-5　选择程序界面

（4）显示图 5-6 所示的提示信息（中文含义为设备中现有的程序将会删除，是否继续），单击"Continue"按钮。

（5）显示图 5-7 所示的提示信息（中文含义为没有确认的程序存在），单击"Continue"按钮。

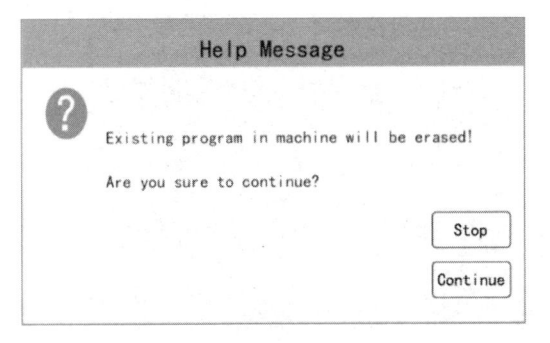

图 5-6　系统提示信息（1）　　　　　图 5-7　系统提示信息（2）

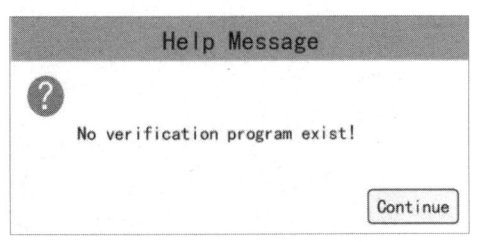

（6）显示图 5-8 所示的信息（中文含义为载入 EagleXtreme 压焊程序）。
（7）程序载入后会在窗口左侧显示程序名称，确认程序是否正确，如图 5-9 所示。

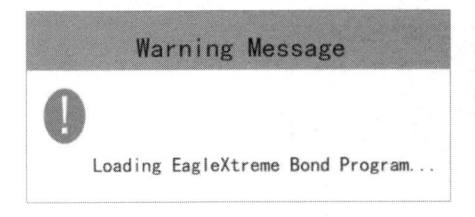

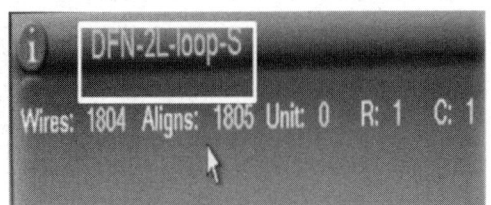

图 5-8　系统提示信息（3）　　　　　图 5-9　确认程序是否正确

5.1.2 键合设备操作基本知识

1. 选择打线方式

（1）选择 Program→Edit Bond Program→Edit Master Bond Program→Edit Wire 命令，如图 5-10 所示。

（2）下面以正打方式为例进行介绍。选择"Bond On"选项，再选择"Die 1"选项，表示第一个点打在晶片上，单击"OK"按钮继续，如图 5-11 所示。

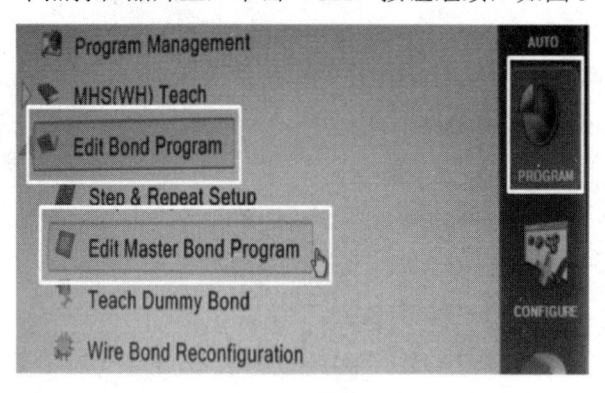

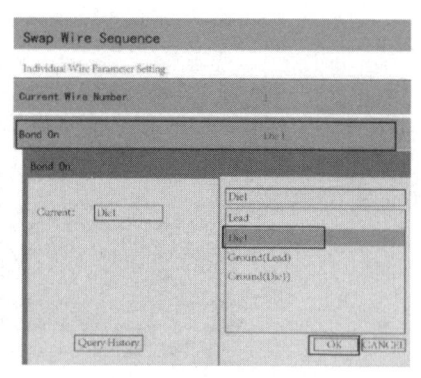

图 5-10　菜单　　　　　　　　图 5-11　选择芯片

（3）用鼠标将十字光标移至晶片焊点位置，如图 5-12 所示，右击确认。

（4）选择"Bond On"选项，再选择"Lead"选项（见图 5-11），表示第二个点打在框架上，单击"OK"按钮继续。

（5）用鼠标将十字光标移至框架焊点位置，如图 5-13 所示，右击确认。

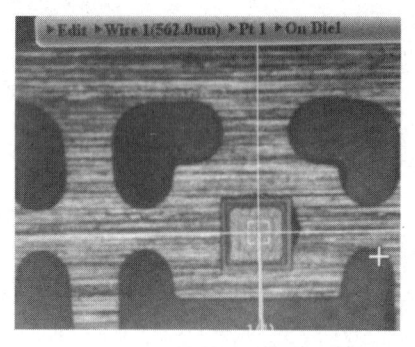

图 5-12　移至晶片焊点位置　　　　图 5-13　移至框架焊点位置

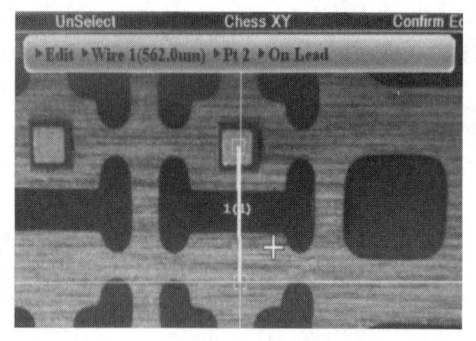

2. 更换劈刀

（1）核对劈刀型号，并填写压焊工序劈刀更换使用记录，如图 5-14 所示。

图 5-14　核对劈刀型号

（2）单击按键区的"Chg Cap"按钮，显示更换劈刀界面，单击"Start"按钮，如图 5-15 所示。

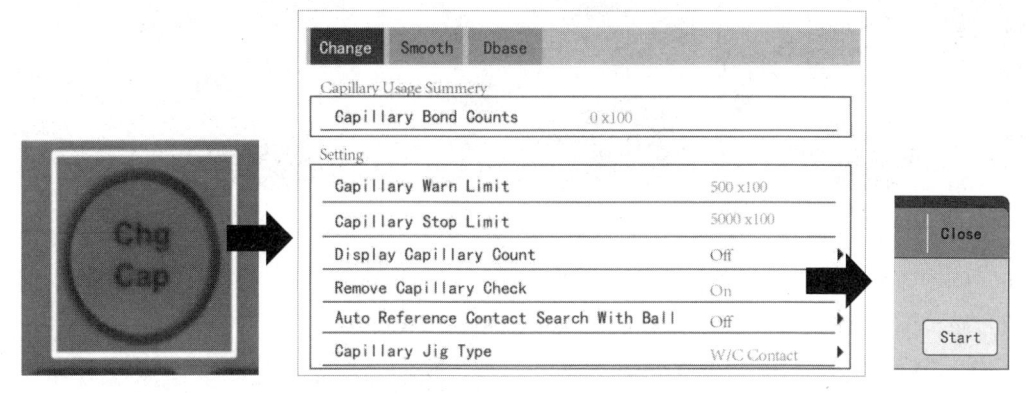

图 5-15　更换劈刀界面

（3）显示 Change Capillary（更换劈刀）信息，用户开始更换劈刀，更换劈刀后单击"Next"按钮，如图 5-16 所示。

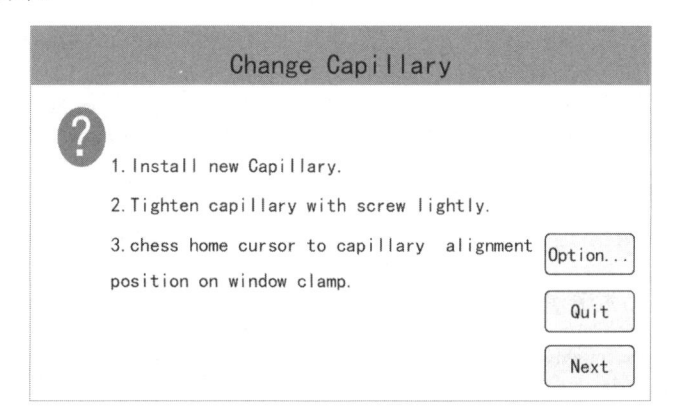

图 5-16　显示更换劈刀信息

（4）用镊子夹住要更换劈刀的中间部分，使用专用扭力扳手松开固定螺钉（扭力扳手的扭力大小为 15～20N），取下旧劈刀，如图 5-17 所示。

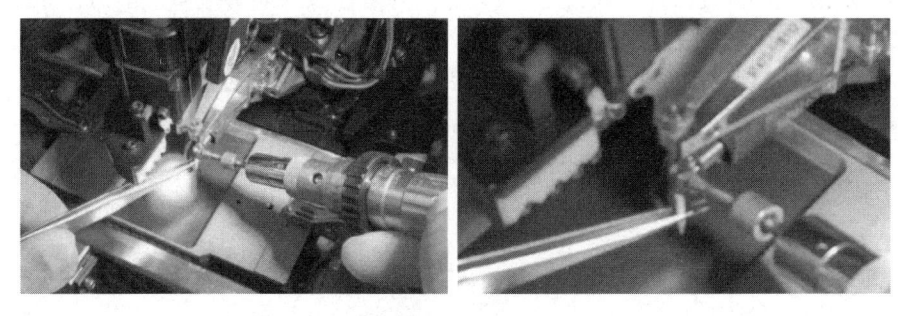

图 5-17　拆下劈刀

（5）用镊子将新劈刀取出并穿入压焊头至顶端，再使用专用扭力扳手进行固定（扭力扳手的扭力为 15～20N），待扭力扳手发出三声响后表示劈刀固定完毕，如图 5-18 所示。

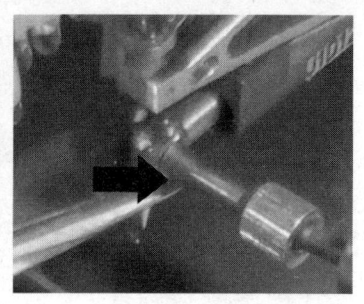

图 5-18　安装新劈刀

（6）单击"Next"按钮继续，如图 5-19 所示。

（7）显示图 5-20 所示的提示信息，单击"Next"按钮继续。

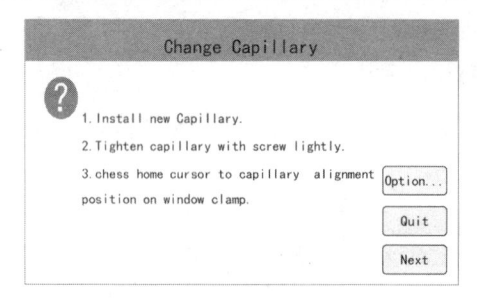

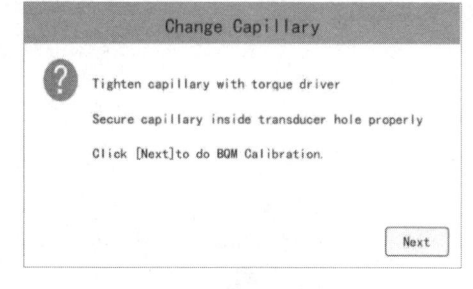

图 5-19　系统提示信息（1）　　　　图 5-20　系统提示信息（2）

（8）显示图 5-21 所示的提示信息（中文含义为正在进行 BQM 校准，请等待）。

（9）显示图 5-22 所示的提示信息（中文含义为 USG 能量校准完成），单击"OK"按钮。

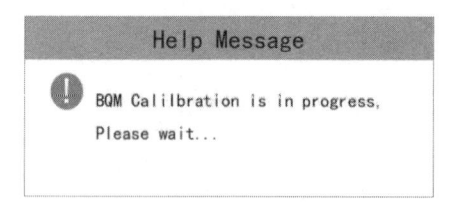

图 5-21　系统提示信息（3）　　　　图 5-22　系统提示信息（4）

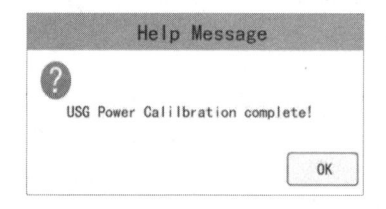

（10）显示图 5-23 所示的提示信息（中文含义为请检查换能阻抗）。单击"Next"按钮，如图 5-23 所示。

（11）显示图 5-24 所示的提示信息，单击"Reset"按钮将重置劈刀数量，单击"Next"按钮将跳过重置劈刀数量步骤。这里单击"Reset"按钮，如图 5-24 所示。

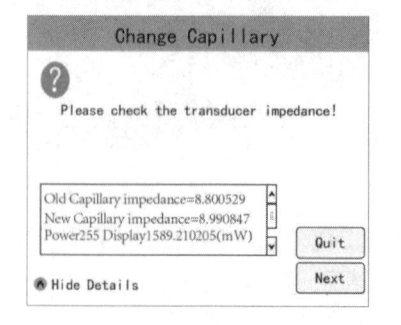

图 5-23　系统提示信息（5）　　　　图 5-24　系统提示信息（6）

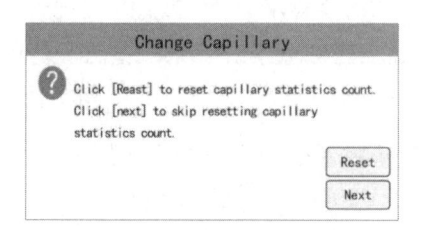

（12）显示 Change Capillary 信息，劈刀压焊数默认为 0，单击"OK"按钮，如图 5-25 所示。

（13）显示调整压焊点中心位置，如果需要，按键 1 将框架传至轨道，在框架区域单击鼠标中键选择一个打点位置，然后右击或单击"Next"按钮，如图 5-26 所示。

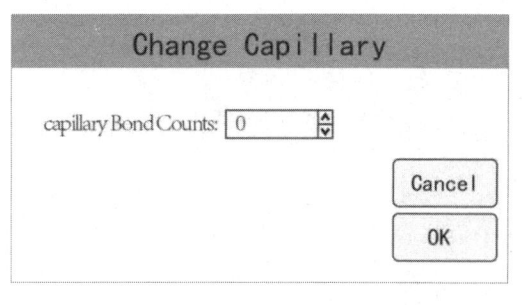

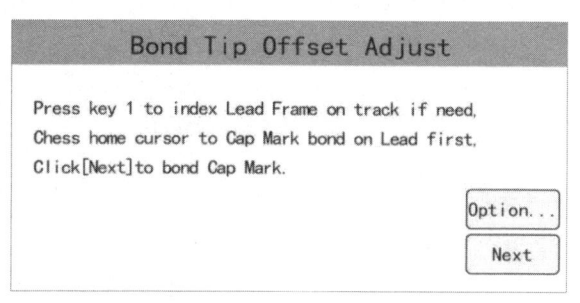

图 5-25 设置参数值 　　　　　　　　　图 5-26 单击"Next"按钮

（14）此时屏幕左侧会显示一个压点，移动圆圈到压点。按住鼠标左键移动鼠标，改变圈定的区域，右击确认，如图 5-27 所示。

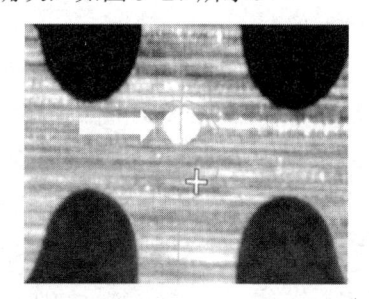

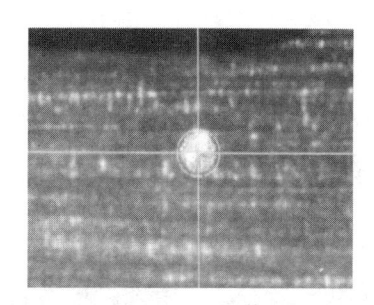

图 5-27 改变圈定的区域

（15）显示提示信息，单击"Redo"按钮表示重新调节点中心位置，单击"Next"按钮表示确认之前调好的位置，这里单击"Next"按钮，如图 5-28 所示。

（16）显示点中心位置，确认后单击"Next"按钮继续，如图 5-29 所示。

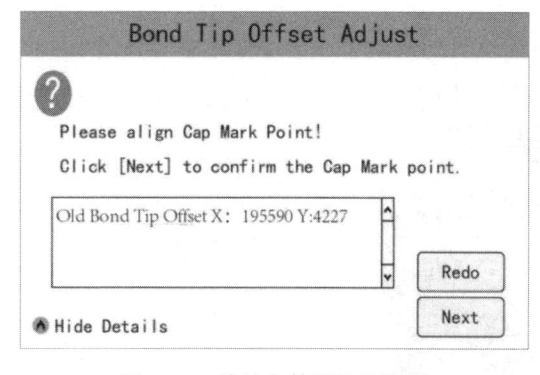

图 5-28 确认之前调好的位置 　　　　　　图 5-29 显示点中心位置

（17）显示调整接触高度信息（中文含义为单击选择测量芯片或框架的高度，右击开始测高，单击"Continue"按钮将跳过或完成接触高度调整），单击"Continue"按钮继续，如图 5-30 所示。

显示图 5-31 所示的提示信息（中文含义为劈刀更换完成），单击"Finish"按钮。

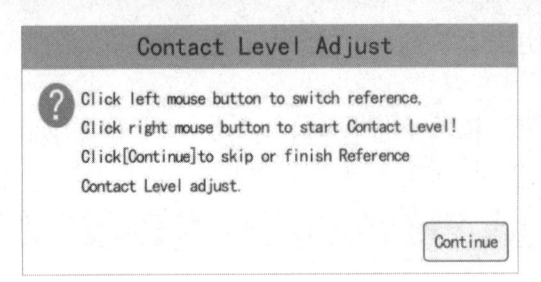

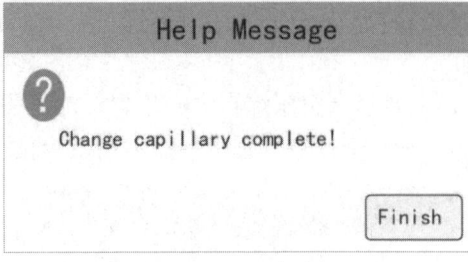

图 5-30　显示调整接触高度信息　　　　图 5-31　劈刀更换完成

3. 换金丝

（1）核对金丝的型号及规格（见图 5-32），并填写压焊工序金丝更换使用记录。

图 5-32　金丝的型号及规格

（2）取出金丝，使用镊子将金丝头部（绿色标记）挑出，按照金丝头部向外（绿色标记）、尾部向里（红色标记）的方向将其套入金丝安装轴并将尾部接地，如图 5-33 所示。

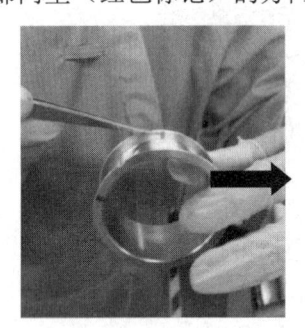

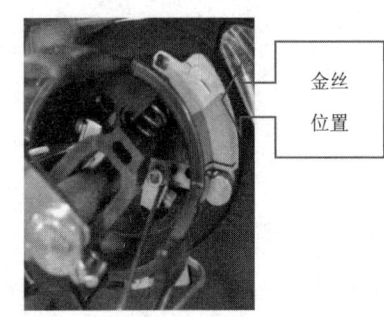

图 5-33　装金丝

（3）将金丝头部移至穿线位置，使用镊子将金丝头部依次穿过金丝导流器（见图 5-34），在穿过张力器时需按下"Thread Wire"键，如图 5-35 所示。

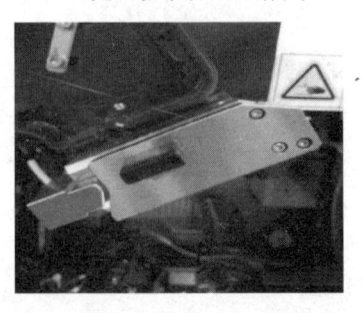

图 5-34　将金丝头部依次穿过金丝导流器

（4）使用镊子将金丝依次穿过线夹和劈刀（见图 5-36），此过程需要持续按下"WCL Open"键（见图 5-35）。

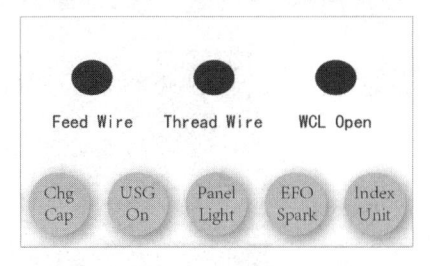

图 5-35　键盘　　　　　　　　　　　图 5-36　将金丝依次穿过线夹和劈刀

（5）按"Dummy Bond"键，待显示图 5-37 所示提示信息时，将十字光标移至图 5-38 所示位置，单击"Confirm"按钮，进行切丝。

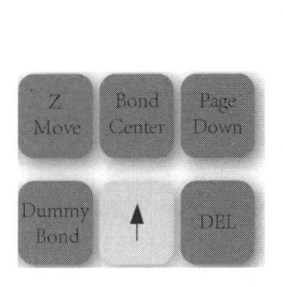

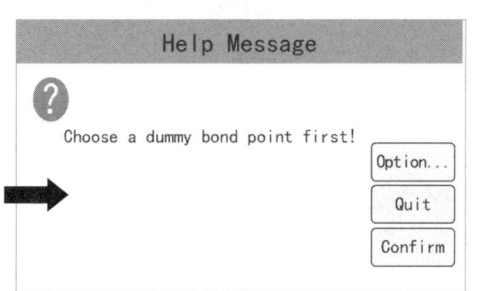

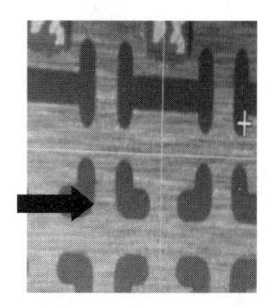

图 5-37　系统提示信息（1）　　　　　图 5-38　将十字光标移至切丝位置

（6）用镊子将切下的金丝夹走并放进键合丝收集盒中，如图 5-39 所示。

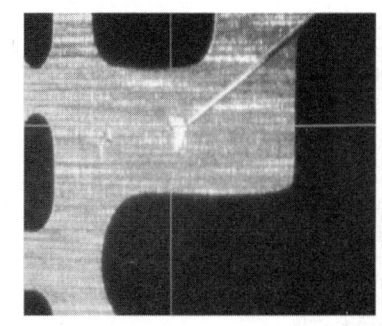

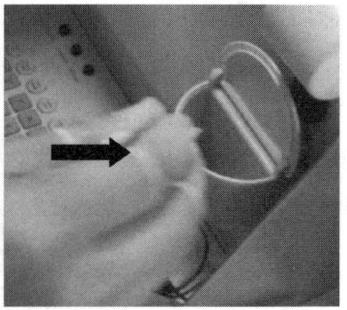

图 5-39　夹走金丝放入盒中

（7）显示提示信息，单击"Redo"按钮重新打点，如图 5-40 所示。

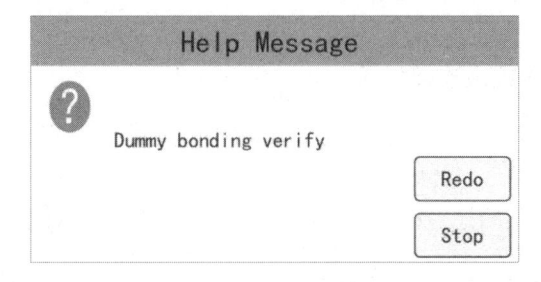

图 5-40　系统提示信息（2）

（8）显示提示信息，在框架上选一个位置右击或单击"Confirm"按钮。看到有金球出现后结束，如图 5-41 所示。

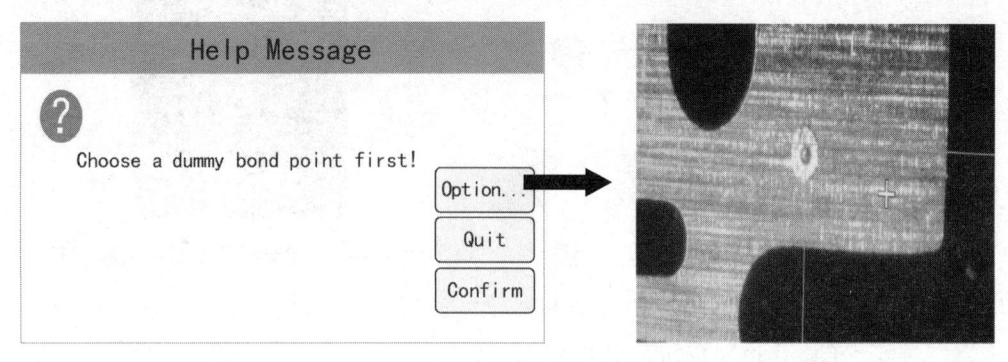

图 5-41　打点

5.1.3　芯片微连接基础知识

1．定义和分类

由于连接对象尺寸小，在传统焊接技术中可以忽略的因素，如溶解量、扩散层厚度、表面张力、应变量等将对材料的焊接性、焊接质量产生不可忽视的影响。这种必须考虑接合部位尺寸效应的焊接方法称为微连接。

（1）微连接主要应用于微电子器件内部的引线连接和电子元器件在印制电路板上的组装。

（2）微连接涉及的主要焊接工艺为压焊和软钎焊。

2．微电子焊接研究的特点

（1）连接材料的尺寸变得极其微小，在常规焊接中被忽略或不起作用的一些影响因素此时却成为决定连接质量和可焊性的关键因素。

（2）微电子材料结构和性能的特殊性要求采用特殊的连接方法。

3．微电子器件内引线连接中的微连接技术

（1）丝材键合。把普通的焊接能源（热压、超声或两者结合）与键合的特殊工具及工艺（球-劈刀法、楔-楔法）相结合，形成了不同的键合方法。

（2）梁引线技术。采用复式沉积方式在半导体硅片上制备出由多层金属组成的梁，以这种梁来代替常规内引线与外电路实现连接，主要在军事、宇航等要求长寿命和高可靠性的系统中得到应用。

4．印制电路板组装中的微连接技术

印制电路板组装是指微电子元器件信号引出端（外引线）与印制电路板上相应焊盘之间的连接。其技术主要是软钎焊，与传统的软钎焊焊接原理相同（常见的软钎焊工艺为波峰焊和再流焊），只是由于连接对象的尺寸效应，在工艺、材料、设备上有很大不同。

5.1.4　芯片与壳体或基片的互连方式

芯片与壳体或基片的互连方式有三种，如图 5-42～图 5-44 所示。

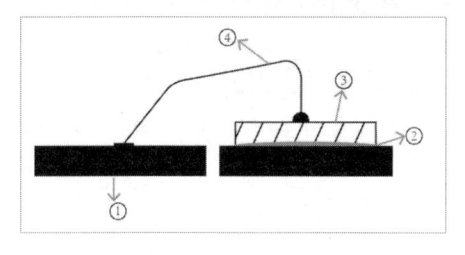

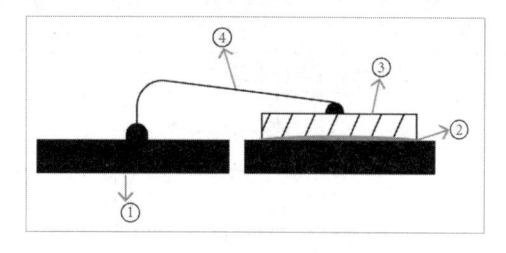

图 5-42 标准互连示意图

图 5-43 BSOB 互连示意图

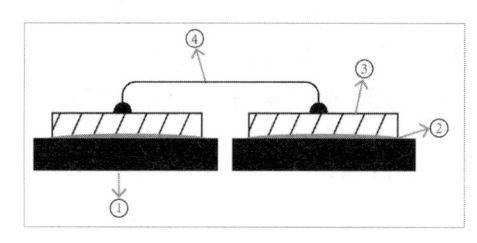

图 5-44 双芯片 BSOB 互连示意图

5.1.5 金属化体系对键合设备的基本要求

1. 环境要求

温度：（24±4）℃。

湿度：（50±20）%RH。

净化等级：10000 级。

2. 设备工艺参数

打线方式为标准方式时的工艺参数控制要求，如表 5-1 所示。

表 5-1 工艺参数控制要求

序号	（BSOB）工艺控制点		控 制 范 围			
1	温度控制	预热	（180±10）℃			
2		键合头温度	（200±10）℃			
3		回温	（110±10）℃			
4	金丝直径	—	18 μm	2 5 μm	30 μm	38 μm
5	打火参数	打火电流	40mA	40mA	50mA	50mA
6		打火时间	0.3～0.6ms	0.8～1.1ms	1～1.2ms	1.2～1.8ms
7	线接触	时间	第一点	1～5ms		
8			第二点	1～5ms		
9		功率	第一点	10～40DAC		
10			第二点	10～30DAC		
11		压力	第一点	10～60g		
12			第二点	10～30g		
13	线基础时间		第一点	8～20ms		
14			第二点	8～20ms		
15	线基础功率		第一点	50～100DAC		70～100DAC	
16			第二点	10～40DAC	20～40DAC	30～50DAC	40～65DAC

续表

序号	（BSOB）工艺控制点		控制范围			
17	线基础压力	第一点	20～40g		30～60g	
18		第二点	10～30g	20～40g	20～45g	25～55g

5.1.6 键合设备工作基本原理

超声波热压焊的工作原理是将管芯与引线引脚连接。超声压焊技术，是利用压焊台的换能器将电能转化为机械能的。超声机械能通过劈刀使铝丝和焊接面摩擦，除去焊接表面的氧化层并使焊接面发生塑性变形，同时互相扩散，形成良好的分子键合，完成铝丝和焊接面的焊接。

5.1.7 键合设备工艺验证方法

设备的工艺验证通常采用实验设计法进行验证，主要包含产品的性能测试项目，包括推力、拉力、球径、球厚、弧高等。设备的重点监控参数全部需要进行验证，最终制定出工艺参数的范围。

除上述验证方法外，在日常的生产过程中需要进行统计过程控制的数据跟踪，重点是看监控的测试项目是否稳定。这个数据可以直接反映键合设备的工艺参数是否在控制范围内，是否需要进行保养与维护。

5.2 调整操作

5.2.1 键合设备工作程序明细表

以铜丝打线方式（BBOS）为例，说明工艺参数控制要求，如表 5-2 所示。

表 5-2 铜丝打线方式（BBOS）工艺参数控制要求

序 号	工艺控制点	控制范围（铜丝直径：38μm）
1	打火电流	100～180mA
2	打火时间	0.6～1.2ms
3	线接触时间	第一点：1～5ms 第二点：1～5ms
4	线接触功率	第一点：0～50DAC 第二点：0～50DAC
5	线接触压力	第一点：100～220g 第二点：0～100g
6	线基础时间	第一点：10～25ms 第二点：10～25ms
7	键合功率	第一点：40～120DAC 第二点：60～200DAC
8	键合压力	第一点：50～200g 第二点：100～200g

5.2.2 键合设备调整作业指导书的设备调整要求

1. 键合温度

不同的工艺控制点，对温度有不同的要求，如表5-3所示。

表5-3 键合温度

序 号	工艺控制点	控 制 范 围
1	预热温度	(180±10) ℃
2	键合温度	(200±10) ℃
3	回温	(110±10) ℃

2. 铜丝产品氮气和氢气流量要求

通道1：(0.5±0.1) L/min。通道2：(0.8±0.1) L/min。通道3：(0.6±0.1) L/min。

3. 金丝打线方式为BSOB时工艺参数控制要求

金丝打线方式为BSOB时工艺参数控制要求，详见表5-4。

表5-4 工艺参数控制要求

序 号	工艺控制点	控制范围（金丝直径：18μm、25μm、30μm、38μm）
1	打火电流	(35~50) mA；(50~60) mA
2	打火时间	(0.3~0.6) ms；(0.4~0.8) ms；(1~1.2) ms；(1.2~1.8) ms
3	线基础时间	第一点 (8~20) ms
		第二点 (8~20) ms
4	线键合功率	第一点 (40~100) DAC；(70~100) DAC
		第二点 (10~40) DAC；(20~40) DAC；(30~60) DAC；(40~70) DAC
5	线键合压力	第一点 (10~40) g；(20~60) g
		第二点 (10~30) g；(10~40) g；(20~55) g；(25~65) g
6	球基础时间	第一点 (8~20) ms；(10~30) ms
		第二点 (4~8) ms
7	球键合功率	第一点 (40~100) DAC；(50~100) DAC；(70~100) DAC；(80~100) DAC
		第二点 (0~40) DAC
8	球键合压力	第一点 (10~40) g；(15~50) g；(20~50) g；(30~80) g
		第二点 (10~40) g

5.2.3 键合参数

1. 键合温度

键合工艺对温度有较高的控制要求。过高的温度不仅会产生过多的氧化物影响键合质量，而且由于热应力应变的影响，图像监测精度和器件的可靠性随之下降。在实际工艺中，温控系统都会添加预热区、冷却区，提高控制的稳定性。键合温度指的是外部提供的温度，工艺中更注重实际温度的变化对键合质量的影响，因此需要安装传感器监控瞬态温度。一般使用金-镍热电偶，但有时会对工艺条件产生限制。

2. 键合时间

通常的键合时间都在几毫秒，并且键合点不同，键合时间也不一样。一般来说，键合时间越长，引线球吸收的能量越多，键合点的直径就越大，界面强度增加而颈部强度降低。但是过长的时间，会使键合点尺寸过大，超出焊盘边界并且导致空洞生成概率增大，发现温度升高会使颈部区域发生再结晶，导致颈部强度降低，增加了颈部断裂的可能。因此，合适的键合时间显得尤为重要。

3. 超声功率与键合压力

超声功率对键合质量和外观影响最大，因为它对键合球的变形起主导作用。过小的功率会导致过窄、未成形的键合或尾丝翘起；过大的功率导致根部断裂、键合塌陷或焊盘破裂。研究发现，超声波的水平振动是导致焊盘破裂的最大原因。超声功率和键合力是相互关联的参数。增大超声功率通常需要增大键合力，使超声能量通过键合工具更多地传递到键合点，但过大的键合力会阻碍键合工具的运动，抑制超声能量的传导，导致污染物和氧化物被推到键合区域的中心，形成中心未键合区域。

5.2.4 键合设备调整工艺记录的填写方法

更换品种后，设备人员需对设备参数进行确认，并填写《压焊工序设备参数更改记录》。设备维修后需在报修单上填写参数更改记录。

工艺工程师每月对设备工艺参数进行点检，并填写《压焊工序工艺参数点检记录》。

5.2.5 不同金属化体系键合对器件可靠性的影响

1. 金丝

金丝是应用最广泛的键合丝。

（1）金丝本身的化学性能是很稳定的，但当它与铝电极相键合的温度达210℃时会形成紫斑（$AuAl_2$）和白斑（Au_2Al），这是两种金属间化合物，它们都是很脆弱的绝缘体。这些金属间化合物晶格常数不同，力学性能和热性能也不同，发生反应时会产生物质迁移，从而在交界层形成可见的柯肯德尔空洞，使键合处产生空腔，电阻急剧增大，破坏了集成电路的欧姆接触，导电性被严重破坏或产生裂缝，易在此引起器件焊点脱开而失效。

（2）金丝的耐热性差，金丝的再结晶温度较低（150℃），导致高温强度较低。球焊时，焊球附近的金丝由于受热而形成再结晶组织，若金丝过硬会造成球颈部弯折；焊球加热时，金丝晶粒粗大化会造成球颈部断裂。

（3）金丝还易造成塌丝现象和拖尾现象，严重影响了键合的质量。

（4）金丝的价格昂贵，导致封装成本过高。

2. 铝丝

铝丝是超声波键合最常见的线材，纯铝的线材因为材质太软极少使用，标准的铝线材是含有1%硅的硅铝丝。硅铝丝作为一种低成本的键合丝受到人们的广泛重视，国内外很多科研单位都在通过改变生产工艺来生产各种替代金丝的硅铝丝。

（1）普通Al21%Si丝在球焊时加热易氧化，生成一层硬的氧化膜，此膜阻碍球的形成，而

球的稳定性反映了 Al21%Si 丝的键合强度。实验证明,金丝球焊在空气中焊点圆度高,Al21%Si 丝球焊由于表面氧化的影响,空气中焊点圆度低。

(2) Al21%Si 丝的拉伸强度和耐热性不如金丝,容易发生引线下垂和塌丝。

(3) 同轴 Al21%Si 丝的性能不稳定,特别是伸长率波动大,同批次产品的性能相差大,且产品的成材率低,表面清洁度差,并较易在键合处产生疲劳断裂。

3. 铜丝

多年前,铜丝球焊工艺就作为一种降低成本的方法应用于晶片上的铝焊区金属化。但在当时,行业的标准封装形式为 18～40 个引线的塑料双列直插式封装(塑料 DIP),其焊区间距为 150～200μm,焊球尺寸为 100～125μm,焊丝的长度很难超过 3 mm。所以在大批量、高可靠性产品中,金丝球焊工艺要比铜丝球焊工艺更稳定、更可靠。然而,随着微电子行业新工艺和新技术的出现及应用,当今对封装尺寸和形式都有更高、更新的要求。首先要求键合丝更细,封装密度更高而成本更低。因此,铜丝又引起了人们的重视。有的厂家采用新型工艺生产的单晶铜,利用专利工艺技术拉制成的铜丝完全解决了线径太小、容易氧化的问题。单晶铜丝有如下特点:

(1) 良好的力学性能:较高破断力和较好伸长率的铜丝更利于键合,详见表 5-5。

表 5-5 铜(Cu)、金(Au)丝力学性能对照

	长度(mil)	0.8	1.0	1.1	1.2	1.5	2.0
Cu	伸长率(%)	8～16	8～16	10～20	10～20	10～20	15～25
	断裂载荷(g)	5～10	8～15	10～20	12～22	20～30	40～55
Au	伸长率(%)	2～8	2～10	2～11	2～12	2～13	2～16
	断裂载荷(g)	3～7	6～12	7～15	8～18	12～24	20～40

注:1 mil=0.0254mm。

(2) 优异的电学性能:封装材料的电学性能直接决定了芯片的性能指标,随着芯片频率的不断提高,对封装中的导体材料的电性能提出了更高的要求。铜的电导率比金高出近 40%,比铝高出近 2 倍。

(3) 出色的热学性能:铜键合丝的热学性能显著优于金和铝,因此能够以更细的焊丝直径达到更好的散热性能及更高的额定功率。随着芯片密度的提高和体积的缩小,芯片制造过程中的散热是设计和工艺考虑的一个重要内容。在常用封装材料中,铜比金和铝的传热性能都要好,广泛用于电子元器件的生产制造中。在对散热要求越来越高的高密度芯片封装工艺中,选用铜丝来代替金丝和铝丝是非常有意义的。并且,铜的热膨胀系数比铝低,因而其焊点的热应力也较低,大大提高了器件的可靠性。

(4) 性能稳定:与金键合丝相比,铜键合丝金属间化合物生长速度慢,这就降低了电阻增加量,减小了产热,提高了器件的可靠性。

金丝与铜丝作为键合丝,不同性能的比较详见表 5-6。

表 5-6 金丝和铜丝的不同性能比较

特 性	金 丝	铜 丝
拉伸强度(MPa)	18	25
硬度	61	70～76

续表

特　性	金　丝	铜　丝
纯度（%）	99.99	99.997
杂质	Be、Ca	Ti、Yt、B
焊球剪切（N）	80	120
球剪模式	球剪切	
焊线拉伸（N）	8	22
拉伸模式	颈缩裂	

5.2.6　引线键合对键合引线长度、高度、弧高的要求

（1）弧高控制标准，详见表 5-7。

（2）线弧允许倾斜，但倾斜不能超出焊球边缘，如图 5-45 所示。若超过该范围需要对产品进行拉力测试，合格后方能正常生产，不合格需设备人员进行调试。

表 5-7　弧高控制标准

弧高范围（μm）	互　连　方　式	其他 1	其他 2
	Normal（标准方式）：160～205 BSOB：140～205 双芯 BSOB：120～150	160～350	220～350

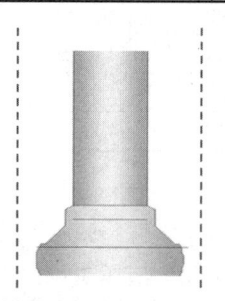

图 5-45　线弧倾斜不能超出焊球边缘（虚线所示位置）

5.2.7　键合设备日常维护保养基本要求

键合设备日常维护保养基本要求如表 5-8 所示，其中保养频度根据设备类型、生产量等确定。

表 5-8　键合设备日常维护保养基本要求

保 养 项 目	保 养 频 度
检查键合头线路及气管是否磨损	1 次/周
清洁键合头表面异物	1 次/周
导流器的清洁	1 次/周
线夹的清洁	1 次/周
清洁鼠标、键盘	1 次/周
清洁轨道及附近异物	1 次/周
上/下料部位检查与调节	1 次/周
检查设备的完整性及安全性	1 次/月

续表

保 养 项 目	保 养 频 度
喷嘴位置及打火杆的检查	1次/月
张力器的清洁	1次/月
插卡架及机箱内外的保养	1次/季
清洁并润滑升降台 $X/Y/Z$ 向丝杠	1次/季
喷嘴的清洁	1次/季
清洁润滑 Indexer LM 滑轨	1次/季
气路保养	1次/季
推杆的检查与保养	1次/季
轨道工作区温度的校准与调整	1次/季
键合头阶校准	1次/年
键合头 Z 轴压力校准	1次/年

5.2.8 键合设备易损部件更换及调整方法

（1）检查键合头线路气管是否磨损：用手将键合头上线路移开，观察表面是否有破皮或断开现象，若有破皮现象，应及时用绝缘胶带将其缠好，如果有断开现象，需及时进行更换。用手将键合头上气管摸一遍，检查是否有漏气现象，如果有漏气现象，应及时更换。将线路或气路检查完毕后，将其位置重新排好并用绑线固定好。

（2）轨道工作区温度的校准与调整：打开点温计分别测量轨道预热区、压焊区、散热区。进入温度设定菜单，查看轨道设定温度与实测温度的误差。若误差超出-10~+10℃，调节菜单中的温度补偿值。重新测量，直至测量每个点的温度差都在-10~+10℃范围内。

5.2.9 键合设备调整操作常见质量问题及解决办法

1．现象分析

弧高不合格原因调查：① 劈刀异常；② 线弧参数异常；③ 线夹异常；④ 高度异常。

2．产品处理

异常产品弧高低于标准值时需进行弧高、外观（线弧与芯片的距离）及拉力确认，若均合格则放行，其中一项不合格则报废；异常产品弧高高于标准值时，对产品进行试包封，包封无透丝则放行，有透丝则报废。

5.3 检 查

5.3.1 键合过程检查基础知识

（1）外观检验：焊球外观、芯片外观、线弧外观、框架外观等。

（2）首件：变更项目需停机检验的首件产品。

（3）首检：变更项目无须停机检验的首件产品。

（4）生产过程：生产过程中对产品进行检验。

（5）结批检验：当批产品生产完成后对产品进行检验。

5.3.2 键合设备参数控制

键合设备工艺控制点与控制范围详见表5-9。

表5-9 设备参数控制表

序 号	BSOB工艺控制点		控 制 范 围			
1	温度控制	预热温度	(180±10) ℃			
2		键合温度	(200±10) ℃			
3		回温	(110±10) ℃			
4	金丝直径	—	18 μm	25 μm	30 μm	38 μm
5	打火参数	打火电流	40mA	40mA	50mA	50mA
6		打火时间	(0.3~0.6) ms	(0.8~1.1) ms	(1~1.2) ms	(1.2~1.8) ms
7	线接触	时间	第一点	(1~5) ms		
8			第二点	(1~5) ms		
9		功率	第一点	(10~40) DAC		
10			第二点	(10~30) DAC		
11		压力	第一点	(10~60) g		
12			第二点	(10~30) g		
13	键合	时间	第一点	(8~20) ms		
14			第二点	(8~20) ms		
15		功率	第一点	(50~100) DAC		(70~100) DAC	
16			第二点	(10~40) DAC	(20~40) DAC	(30~50) DAC	(40~65) DAC
17		压力	第一点	(20~40) g		(30~60) g	
18			第二点	(10~30) g	(20~40) g	(20~45) g	(25~55) g

5.3.3 键合过程检验抽样规定

（1）在生产过程中操作员为确保产品质量，应该在每个料盒中（大于3条基板）至少抽检3条基板（分别由上、中、下三个区域抽取）。

（2）对于基板数量小于或等于3条的料盒可抽检1条。

（3）操作员检验时应至少查看一条基板中的三部分：基板顶部区域的第一行；基板中部的一行；基板下部区域的最下面一行。

（4）在生产过程中换刀或出现问题而调整设备后，若重新校准过PR或调整过十字线，必须在焊线设备的显示器上检查焊点，对重新生产后的第一条基板需取出在显微镜下进行全检。

5.3.4 键合设备调整后状态确认方法

1. 线夹的清洁

（1）将线夹纸浸入酒精2分钟左右。

（2）利用按键打开线夹（见图5-46和图5-47），将线夹纸插入线夹。

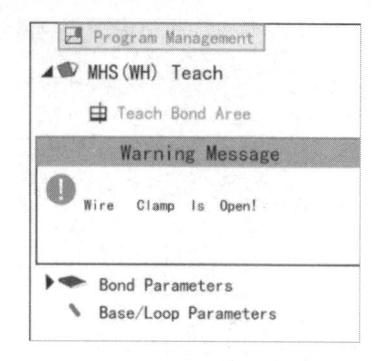

图 5-46　按键　　　　　　　　　　　图 5-47　线夹提示

（3）关闭线夹，并用镊子夹住线夹纸清洁线夹，如图 5-48 所示。

（4）取出线夹纸观察是否有灰尘，如果有灰尘，则换另外一张线夹纸进行清洁直至取出的线夹纸干净为止。

2．导流器的清洁

（1）用扳手拆下导流器盖板（见图 5-49）并移走。

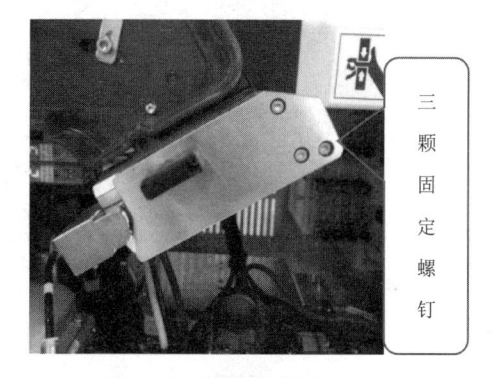

图 5-48　清洁线夹　　　　　　　　　图 5-49　导流器盖板

（2）用酒精棉清洁导流器盖板直至表面无灰尘，如图 5-50 所示。

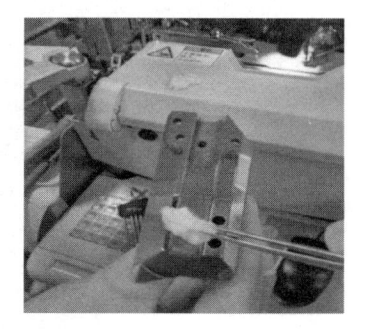

图 5-50　清洁导流器盖板

（3）清洁完成后，装回导流器盖板并且传感器显示数值 3（仅限 IHAWK XTREME 设备）或传感器两红点处于最下端（仅限 IHAWK XTREME GOCU），然后拧紧固定螺钉，如图 5-51 和图 5-52 所示。

图 5-51 传感器显示数值   图 5-52 传感器显示状态

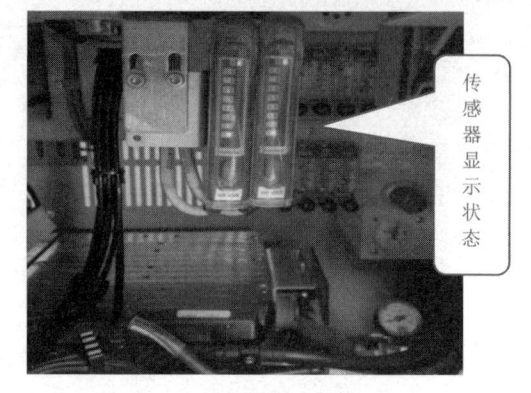

3．张力器的清洁

（1）对图 5-53 所示张力器，用扳手拆下固定螺钉，拔掉相连的气管。

（2）拆下张力器各部件，如图 5-54 所示。

图 5-53 张力器   图 5-54 张力器各部件

（3）用酒精浸泡 20 分钟后用无毛纸擦干所有部件，然后用钨丝清洁直至钨丝能顺利通过，如图 5-55 所示。

图 5-55 用钨丝清洁各部件

（4）装回所有部件并将其固定好。

4．清洁键盘及鼠标

用吸尘器和无尘布擦拭键盘及鼠标，如图 5-56 所示。

5. 上/下料部位检查与调整

（1）检查上/下料部位料盒底托是否松动，如有松动，用六角扳手拧紧固定螺钉，如图 5-57 所示。

图 5-56　键盘及鼠标　　　图 5-57　上/下料部位料盒底托

（2）检查料盒进/出料口是否与轨道对齐，若没有对齐，调节 Z 轴参数，如图 5-58 所示。

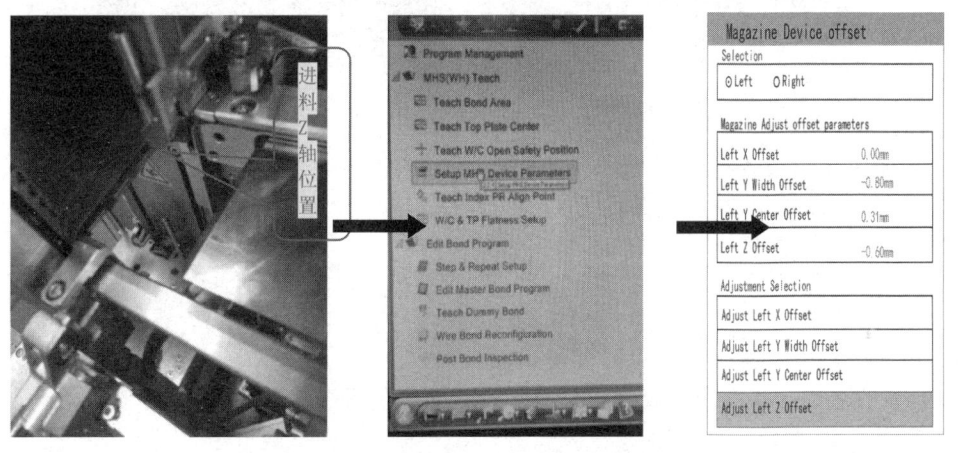

图 5-58　进料 Z 轴位置及 Z 轴参数调整

（3）在上/下料部位放上料盒，手持料盒上下运动检查料盒松紧度，如果不合适，可调整 X、Y 轴参数，如图 5-59 所示。

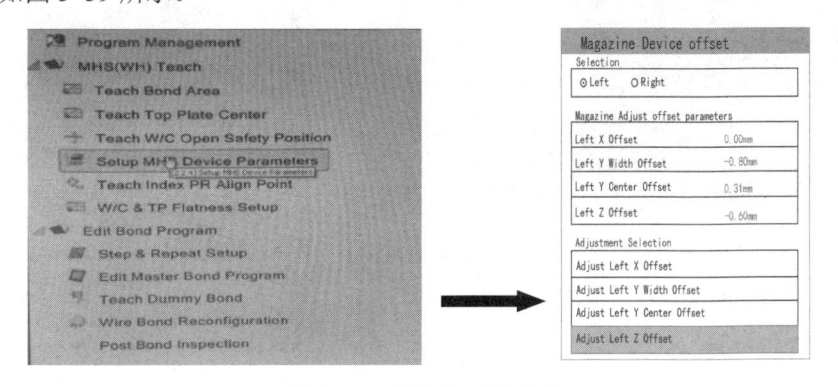

图 5-59　调整 X、Y 轴参数

6. 插卡架及机箱内外的清洁

（1）关闭设备电源，打开设备前面盖板，用吸尘器清洁插卡架并用无尘布擦拭，如图 5-60 所示。

（2）打开设备所有盖板，用吸尘器清洁机箱内外灰尘并用无尘布擦拭直至表面没有灰尘。

7. 清洁并润滑升降台 X、Y、Z 向丝杠

（1）关闭电源，用扳手拧下紧固螺钉，移出上、下料两侧盖板，如图 5-61 所示。

图 5-60　插卡架 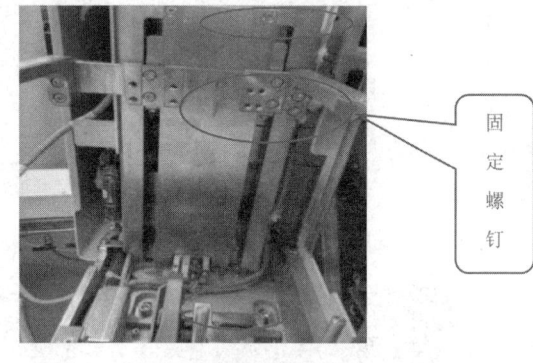　　　图 5-61　上/下料两侧盖板

（2）用无尘布清洁 X、Y、Z 向丝杠，除去所有旧的润滑油。
（3）给丝杠添加润滑油且使其均匀分布在丝杠上。
（4）完成后重新装回盖板。

8. 气路的保养

（1）用手检查压缩空气管是否漏气，如果漏气应及时更换，如图 5-62 所示。

（2）拆开设备后下方盖板，检查压缩空气过滤器内是否干净，如不干净，向下拨动卡片（见图 5-63）拆下，用无尘布进行清洁。

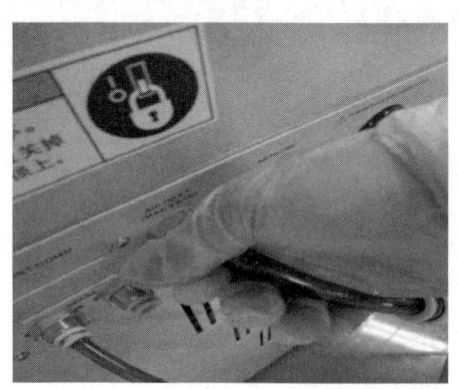

图 5-62　检查压缩空气管是否漏气 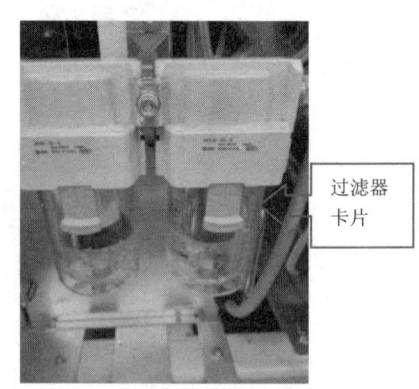　　　图 5-63　压缩空气过滤器卡片

9. 推杆的检查与保养

（1）用扳手拆下推杆的外盖（见图 5-64），拆下中间推杆。
（2）将推杆放在一水平面上，观察推杆是否平整，如果不平整，用钳子将其整平，如图 5-65 所示。

（3）拆下电动机，检查电动机的 O 形圈（见图 5-66）是否圆滑（没有毛边或缺角等），如果不圆滑，则更换 O 形圈。

（4）保养完成后将所有部件都装好。

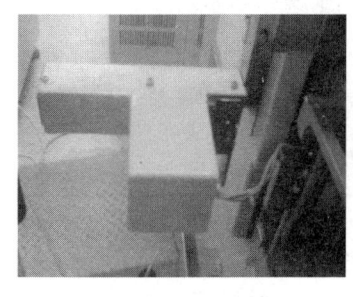

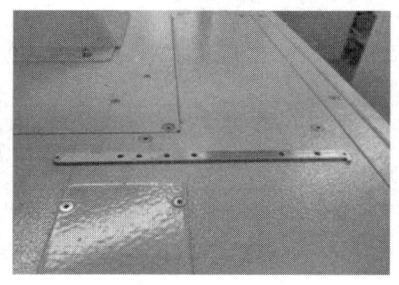

图 5-64　推杆的外盖　　　　图 5-65　推杆　　　　图 5-66　电动机的 O 形圈

10．打火杆的检查与调整

（1）关闭键合头 Z 轴电动机电源，在 25 倍显微镜下检查打火杆与劈刀的间隙是否在 0.1mm 左右，如图 5-67 所示。

（2）若不合适，用扳手调整固定螺钉位置直至合适，如图 5-68 所示。

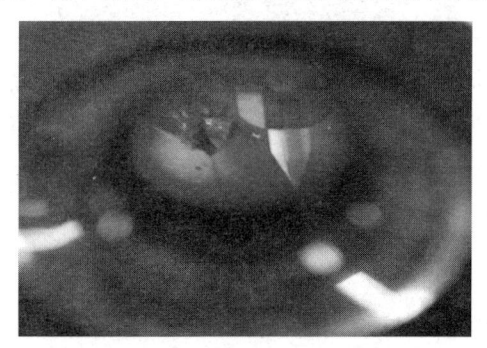

图 5-67　打火杆与劈刀的间隙　　　　图 5-68　固定螺钉的位置

（3）进入 Fire Level 界面（见图 5-69），调节打火杆尖部与劈刀尖部形成的角为 30°～45°，如图 5-70 所示。

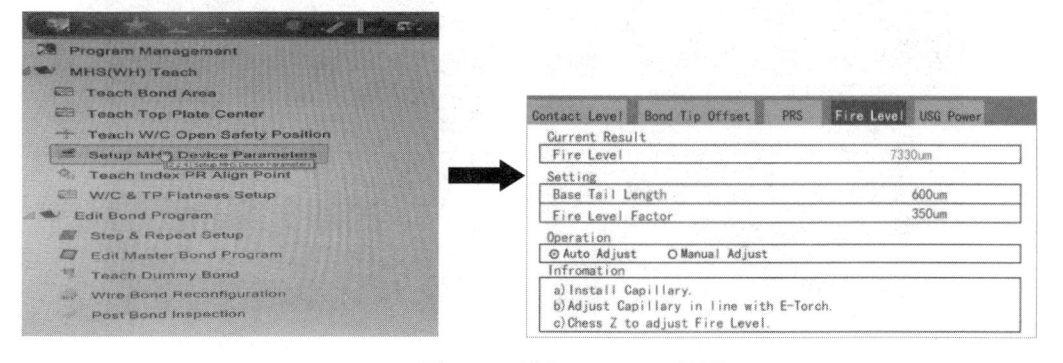

图 5-69　进入 Fire Level 界面

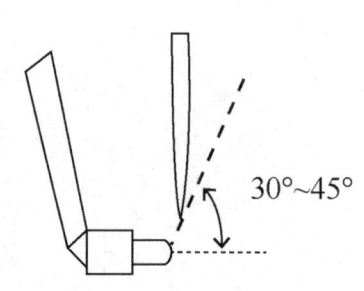

图 5-70　打火杆尖部与劈刀尖部形成的角

11．清洁润滑进料滑轨

（1）关闭电动机电源，如图 5-71 所示，用无尘布清理进料滑轨上旧的润滑油，如图 5-72 所示。

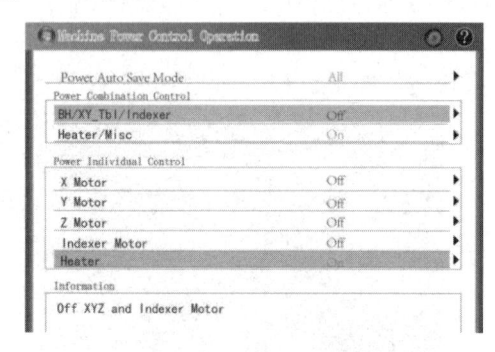

图 5-71　关闭电动机电源　　图 5-72　进料滑轨

（2）重新添加适量润滑油，用手滑动滑轨多次，保证润滑油均匀分布在滑轨上。

12．轨道温度的校准与调整

（1）打开点温计测量轨道温度，如图 5-73 所示。

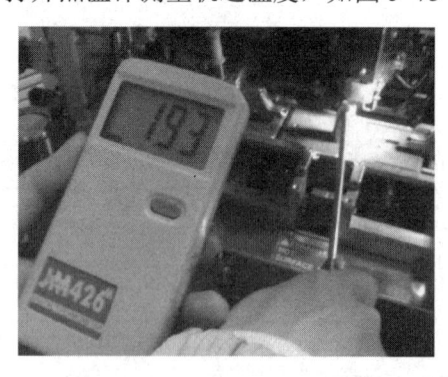

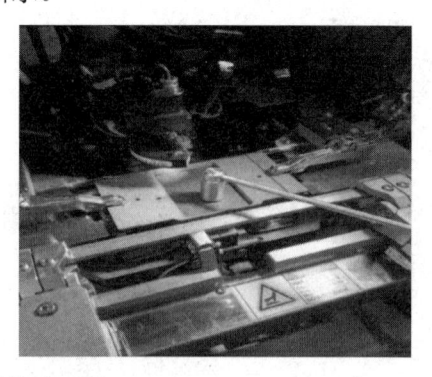

图 5-73　测量轨道温度

（2）进入温度设定界面，查看轨道设定温度（见图 5-74）与实测温度的误差。

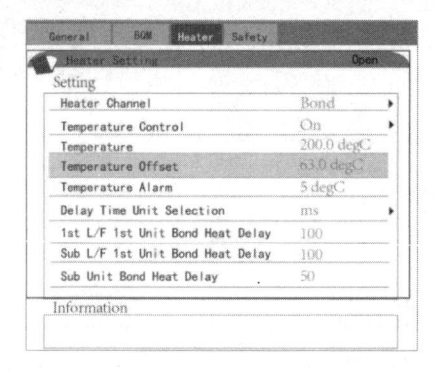

图 5-74　查看轨道设定温度与实测温度的误差

（3）若误差超出-3～+3℃范围，调节界面中的温度补偿值，如图 5-74 所示。

（4）重新测量，直至实测温度与设定温度之差在-3～+3℃范围内。

13. 键合头 91 阶校准

（1）关闭轨道加热电源，将轨道降温至室温，如图 5-75 所示。

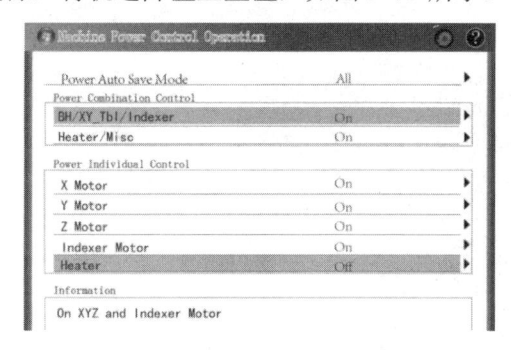

图 5-75　关闭轨道加热电源

（2）拆除压板、加热块和打火杆，如图 5-76 所示。

（3）打开轨道，安装 91 阶治具至加热块位置，如图 5-77 所示。

（4）进入校准菜单，如图 5-78 所示。

（5）进入键合头校准界面，选择 91 step Gauge 进行校准（见图 5-79）。先设定劈刀分别在 A、B 两点位置，再将其挪到 C 点（8mm 台阶边缘位置）（见图 5-80）。完成后，单击"Start"按钮，设备自动完成校准。

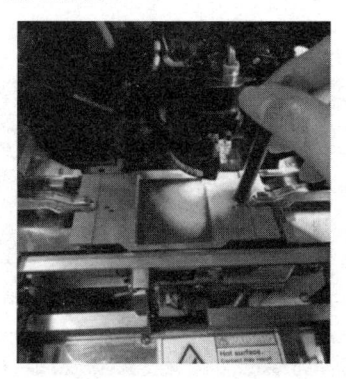

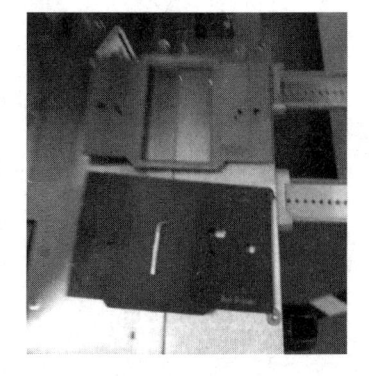

图 5-76　打火杆、压板与加热块

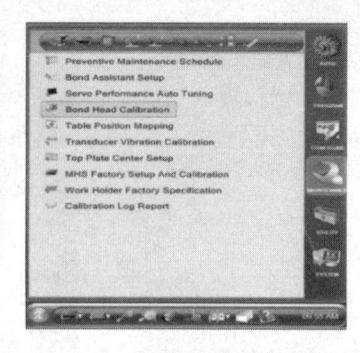

图 5-77　91 阶治具　　　　图 5-78　校准菜单　　　　图 5-79　键合头校准界面

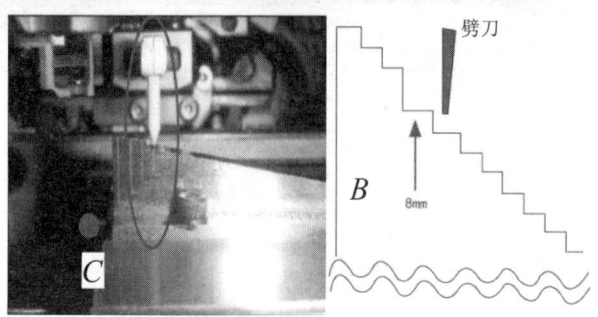

图 5-80　A、B、C 点位置示意图

（6）显示图 5-81 所示提示信息，表示校准成功。若校准三次仍不成功，则需找厂家进行维修。

14．键合头 Z 轴压力校准

（1）将轨道降温，如图 5-75 所示。

（2）拆除压板、加热块和打火杆，如图 5-76 所示。

（3）安装压力测量治具至原加热块位置，如图 5-82 所示。

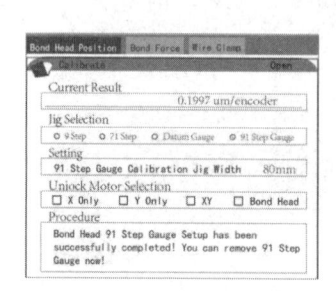

图 5-81　校准成功　　　　图 5-82　压力测量治具

（4）进入压力校准界面，进行相关设置。

（5）连接校准仪器与设备，输入压力校准仪器上的数值，如图 5-83 所示。

图 5-83　连接校准仪器与设备

（6）利用鼠标的滚轮将劈刀移至压力传感器中间正上方，如图 5-84 所示。打开测量仪器开关，单击"Start"按钮进行校准，直至校准完成。

注意：每测量一次数据前都要按一次清零按钮。

（7）显示图 5-85 所示提示信息，表示校准成功，若校准三次仍不成功，则需找厂家进行维修。

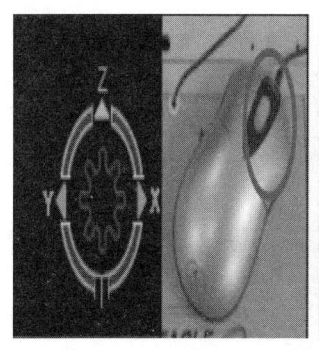

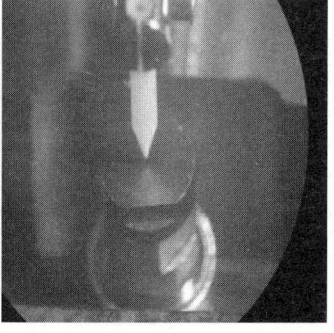

图 5-84　利用鼠标的滚轮将劈刀移至压力传感器中间正上方

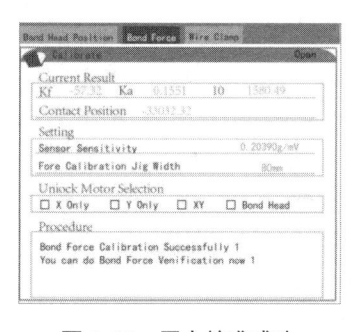

图 5-85　压力校准成功

习　题

1. 简述键合设备调整步骤。
2. 请说明更换劈刀的步骤。
3. 换金丝的步骤有哪些？
4. 芯片微连接指的是哪些部分的连接？其工艺主要有哪些？
5. 打线方式为 Normal（标准方式）时工艺参数有哪些？
6. 简述键合设备的基本工作原理。
7. 简述键合温度对键合质量的影响。
8. 简述键合压力对键合质量的影响。
9. 金丝作为键合丝，其对器件的可靠性有什么影响？

10. 铜丝作为键合丝，其对器件的可靠性有什么影响？
11. 键合设备易损件有哪些？
12. 对于键合过程抽样检验的规定是怎样的？
13. 叙述导流器清洁步骤。
14. 写出上/下料部位检查与调整步骤。

第 6 章　键合

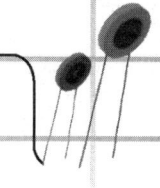

6.1　操　　作

6.1.1　芯片键合基础知识

1. 键合工艺的目的

用细金属丝（Al、Au 等）将芯片上的电极引线和底座外引线相连，这个过程称为键合。键合的方法较多，按原理可分为热压键合、超声键合、热压超声键合（热声键合）；按刀具结构可分为楔焊（劈刀焊）、针焊（空心劈刀焊）和金丝球焊；按内引线的材料可分为金丝焊、铝丝焊、金带焊（铝带焊）。另外，从早期的烧结镍丝法（合金管）和拉丝法（合金扩散管）逐步发展到热压键合法和超声键合法。随着集成电路和大规模集成电路的发展，现在已逐步采用生产效率更高、可靠性更好的金丝球键合法和平面键合法等。键合操作也由最初的手工键合发展到现在的半自动键合和全自动键合。

2. 楔焊（劈刀焊）介绍

楔焊是在早期键合机上使用的。其缺点是手工操作，不能用于大规模生产。但它有操作灵活、设备简单、可实现很小压点面积的优点，目前在微波器件和混合集成电路的装配中经常使用。楔焊的刀具形状简单，常用的是圆锥形，压焊面有球面和矩形平面两种。

目前生产常用的刀具是针焊刀（空心劈刀，见图 6-1）、球形楔刀、矩形刀。劈刀材料有：合金钢、碳化硅、陶瓷、蓝宝石等，劈刀除根据材料分类外，若干特征尺寸往往是型号分类的依据，包括丝的直径、丝塑性形变区（压点）的几何形状和尺寸要求。

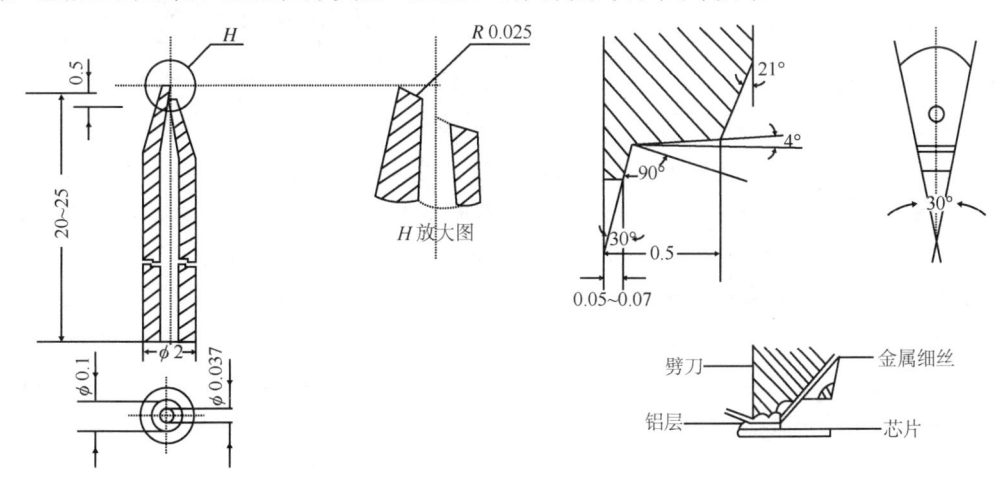

图 6-1　针焊刀的尺寸

3. 引线键合

引线键合工艺到现在已有几十年的历史，目前95%以上的芯片均采用这种工艺进行封装。引线键合根据其键合特点分为热压键合、热超声键合和超声键合。这几种键合方式各有特点，也有各自适用的范围。

1）热压键合

热压键合是最早用于内引线键合的方法。热压键合不利用中间金属或熔化，而是利用热和压力导致的材料的塑性流动，通过压力与加热使接头区产生典型的塑性变形。热量与压力通过加热工具直接或间接地以静载或脉冲方式施加到键合区，键合时承受压力的部位，在一定的时间、压力和温度下，接触的表面就会发生塑性变形和扩散。典型参数：时间 20~80ms，压力 0.98N，平台温度 300~350℃，劈刀温度约 100℃。该方法对键合金属表面和键合环境的洁净度要求较高。而且只有使用金丝才能保证键合的可靠性，但对于 Au-Al 内引线键合系统，在焊点处极易形成导致焊点机械强度减弱的"紫斑"（紫色的金属间化合物 $AuAl_2$）、"白斑"（白色的金属间化合物 Au_2Al）缺陷，有一定的局限性，一般用于玻璃板上芯片。

2）热超声键合

热超声键合是指先用高压电火花使金属丝端部受热熔化形成球形，然后在 IC 芯片上球焊，再在基板或引线框架上楔焊，故又称球楔键合。球焊在引线键合中是最具代表性的焊接技术，现在的半导体 CMOS 器件封装大都采用金丝球焊。加超声可降低热压温度，提高键合强度，有利于提高器件的成品率。热超声键合已逐步取代了热压键合，其时间、温度都比热压键合小很多。热超声键合的原理是：对金属丝和压焊点同时加热加超声，接触面便产生塑性变形，并破坏了界面的氧化膜，使其活性化，通过接触面两金属之间的相互扩散而完成连接。其主要键合材料为金丝，焊头为球形，故称球焊。由于在工作过程中需要加热，对环境要求较严格。图 6-2 所示就是焊接形成的球形焊点。

3）超声键合

超声键合利用超声波的能量，使金属丝与铝电极在常温下直接键合，由于键合工具头呈楔形，故又称

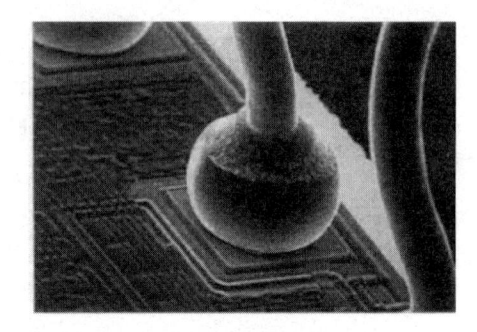

图 6-2 球形焊点

楔压焊。其原理是：利用超声波发生器产生的能量，通过换能器的弹性振动，在劈刀上施加一定的压力，于是劈刀在这两种力的共同作用下，使铝丝和铝膜表面产生塑性变形，这种形变也破坏了铝层界面的氧化层，使两个纯净的金属表面紧密接触达到原子间的结合，从而形成键合。主要焊接材料为铝，线焊头一般为楔形。超声键合适应性较好，对外界环境要求不高，因而应用范围广泛。

由于其低成本和高适应性，引线键合目前仍被广泛采用。所有动态随机存储器（DRAM）芯片和大多数商业芯片在封装中一直采用引线键合。因此，引线键合的机理探讨和引线键合过程的参数优化仍是学术界和产业界的重要研究方向之一。图 6-3 所示为超声键合机示意图。

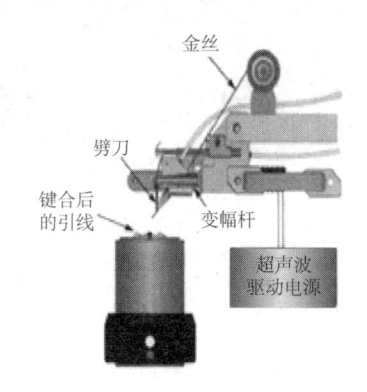

图 6-3　超声键合机示意图

6.1.2　键合设备调节基础知识

见第 5 章。

6.1.3　显微镜的使用

在显微镜下检查是否存在铝挤或其他焊线缺陷（检查焊球和楔形焊缺陷时使用显微镜最大倍数查看，或使用三轴显微镜 50 倍检查）。

检验过程中发现焊球线弧异常，需在 50 倍以上显微镜下检查焊球位置以及需要倾斜 45°检查芯片线弧情况。

使用显微镜最高倍数检查基板左下角和右上角的两个物料（遇到次品，检查相邻的）。

6.1.4　键合工艺记录的填写方法

（1）更换品种后，设备人员需对设备参数进行确认，并填写 YD/SP-TG-WB-0001 R1《压焊工序设备参数更改记录》。设备维修后需在报修单上填写参数更改记录。

（2）工艺工程师每月对设备工艺参数进行点检，并填写 YD/SP-TG-WB-0001 R2《压焊工序工艺参数点检记录》。

6.1.5　键合方式及键合工艺方法

图 6-4 所示为热压键合过程，对每一步的详细说明，有助于学习者深入理解键合的工艺方法、工艺参数等。

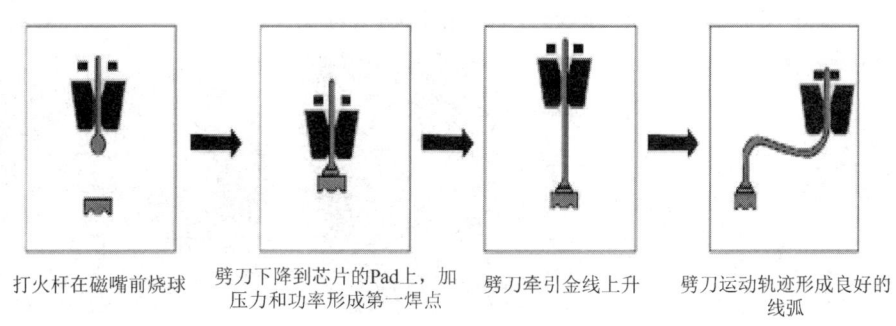

打火杆在磁嘴前烧球　→　劈刀下降到芯片的 Pad 上，加压力和功率形成第一焊点　→　劈刀牵引金线上升　→　劈刀运动轨迹形成良好的线弧

图 6-4　热压键合过程示意图

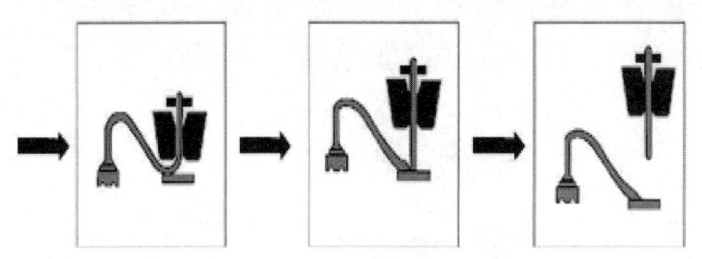

劈刀下降到引线框架　　　劈刀侧向划开，将金线　　劈刀上升，完成一次动作
　　形成焊接　　　　　　　　切断，形成鱼尾

图 6-4　热压键合过程示意图（续）

6.1.6　键合设备安全操作规程

1. 开气路

开启每台设备对应的压缩空气管道开关。开关把手的方向如图 6-5 所示为开启状态，如图 6-6 所示为关闭状态。

图 6-5　开启压缩空气管道开关 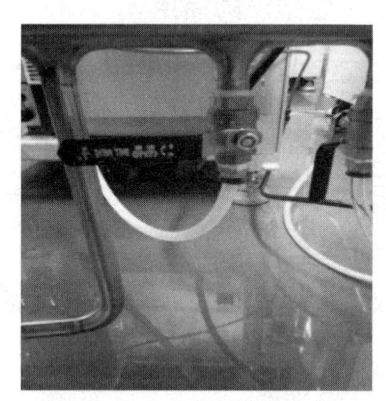　　　图 6-6　关闭压缩空气管道开关

2. 开电源

（1）开启压焊工序总电源及各个设备对应的分电源。如图 6-7 所示，总电源开关标有对应机台号。

（2）开启设备电源（位于设备背面右下角），如图 6-8 所示。

（3）按下电源开关的开机按钮（如图 6-9 所示，位于设备正面）及显示器开关，设备操作系统启动，显示图形用户界面，此时设备不会自动进行初始化。

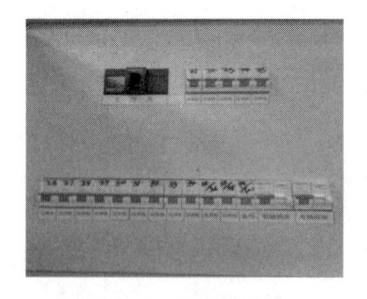

图 6-7　总电源开关 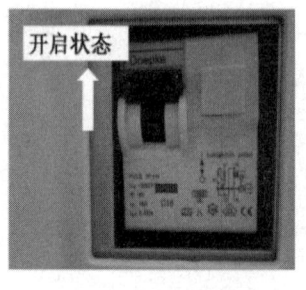　　　图 6-8　设备电源 　　　图 6-9　设备电源开关

注意：设备内部电源及配电柜等高压电源，除维修人员外不得随意打开，以免发生触电事故，若设备发出异响或异味，应立即按下 EMO 按钮。

（1）用户需输入用户名及密码

操作人员使用用户名"OP"，设备人员使用用户名"administrator"，登录系统，用户登录界面如图 6-10 所示。

（2）输入正确的用户名和密码后，设备开始六项主要的系统操作的初始化工作，界面右下角显示六个指示灯，表示初始化进程，待六个指示灯全部为绿色时，表示初始化完成，如图 6-11 所示。

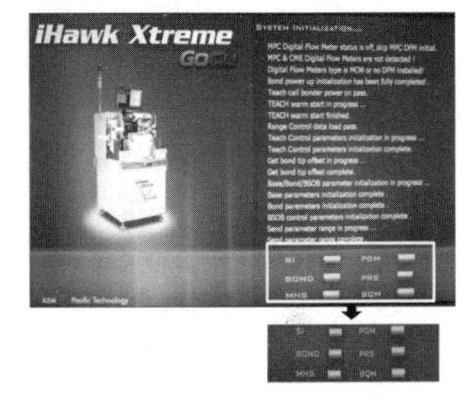

图 6-10　用户登录界面　　　　图 6-11　开机界面

注意：机器初始化过程中不要接触设备，以免发生意外。

6.1.7　键合用劈刀选用方法

不同线径、线材应选择不同型号的劈刀，如表 6-1 所示。

表 6-1　不同型号的劈刀

序　号	劈刀的型号	代　码	对应线径/μm	线 材 材 质
1	1551-11-437GM-55（4-8D-10）20D-CZ3	A	18	金
2	1572-15-437GM-20D-CZ8	B	25	
3	1551-20-437P-80（611D--20）20D-CZ3	C	30/38	
4	SU2-30180R-CF2	D	20	铜
5	SU-38165-585F-RU34	E	25/30	
6	SU2-51165-685F-RU34	F	38	
7	SU2-28120-465E-RU34TP（756 产品专用）	G	18	金
8	UTS-28FD-AZM-1/16-XL	H		

6.1.8　工艺异常情况报告流程

点检数值异常报修，对产品异常超出标准情况的上报 NCR（不合格品报告），其流程如图 6-12 所示。

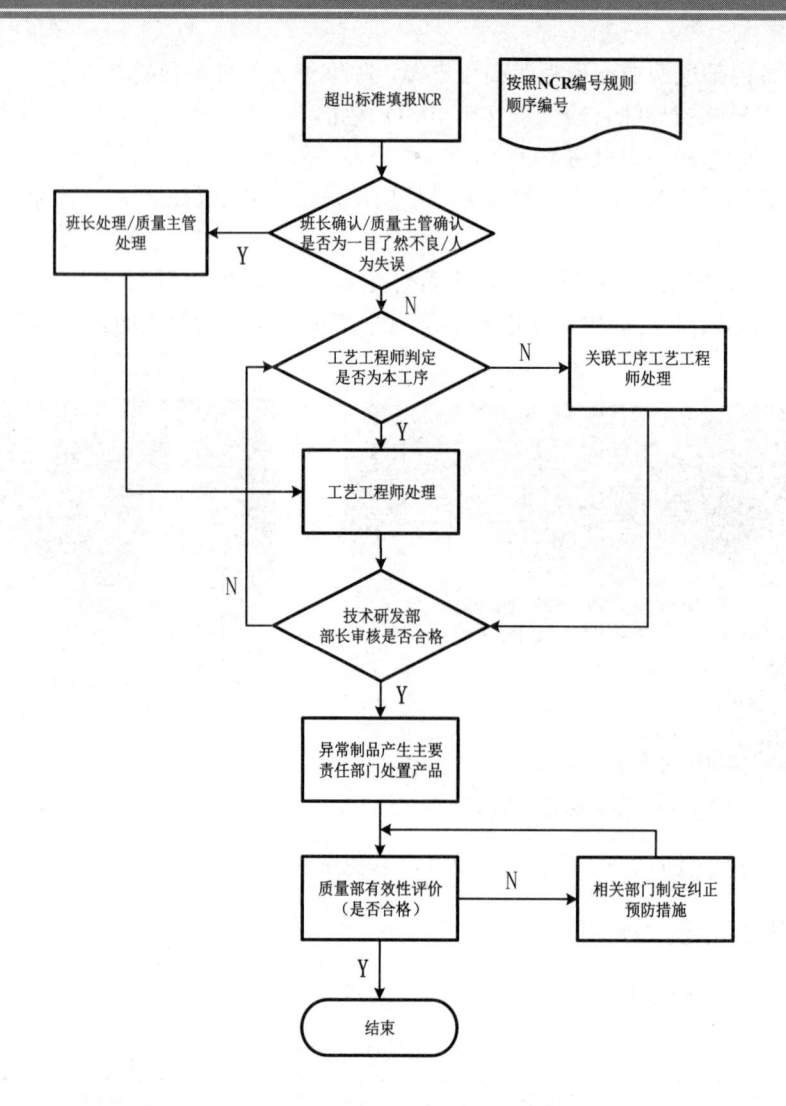

图 6-12　工艺异常情况报告流程图

1. NCR 发起、处理方法及注意事项

发起部门：生产制造部/质量部。

发起内容：产品信息、发生日期、发起日期、发起者、设备号、异常情况描述、波及范围初步确认。

发起时间：异常发现后 1 小时内。

NCR 发起后，由生产制造部班长/质量部质量主管进行确认。无误后交由技术研发部进行处理。

注意事项：

（1）异常描述时尽量使用数值、照片，以便技术研发部工程师准确判定异常波及范围及发生原因。

（2）由设备原因发起的 NCR，需要关停设备，设备调整完后，首条（盘）确认无问题后设备方可正常量产。

（3）如果是由原材料的原因导致的不合格，应立即停止生产，更换新的原材料，确认合格后，方可正常量产。

2．原因调查/制品处置阶段

处理部门：技术研发部/生产制造部/质量部。

处理内容：制品波及范围确认、发生原因调查、防止再发生对策、制品处置方法。

处置时间：接收到 3 小时内（正常工作出勤情况下），关联批次较多或严重异常时，需要提前与技术研发部、质量部、生产制造部联系。

一目了然的不良和人为失误发生原因调查及对策制定人：生产制造部大班长和质量部质量主管。

其他不良发生原因调查及对策制定人：技术研发部工程师。

异常制品处置方法指定人：技术研发部工程师。

注意：阶段性相同异常项目多发时，技术研发部工程师应召集相关人员进行问题点分析并讨论对策。

3．制品处置

处置部门：生产制造部/质量部。

处置内容：根据技术研发部工程师给出的处置方法进行处置，填写异常当批制品及波及制品的详细处置结果。

最终不良率：根据处置结果填写，如有波及，需按制品批次填写不良率。

制品处置时间：根据生产安排及时安排处置。

4．最终判定

判定部门：质量部。

判定内容：制品波及范围是否准确，发生原因是否为根本原因，对策是否合理，制品处置方法是否妥当，是否填写《纠正预防措施行动报告》。

判定时间：接收到 3 小时内给出结论。

判定人：质量主管。

6.1.9 键合工艺原理

引线键合的本质是在温度、压力和超声能量单独或共同作用一段时间后，在引线与基板之间形成冶金连接或固相连接。根据不同的键合能量（热或者超声能量），引线键合工艺可以分为三种：热压焊、超声焊、热超声焊，如表 6-2 所示。由表 6-2 可以看出，热超声焊在工作温度下比较合适，而且键合效果很好，适用于目前主流的金丝键合，因此获得了广泛的应用。超声焊的优点在于能在室温下实现键合，因此对于铝丝楔形键合是个很好的选择。球形键合和楔形键合的相关技术参数，如表 6-3 所示。

表 6-2 三种引线键合工艺

键合原理	压力	温度（℃）	超声能量	引线材料	焊盘材料
热压焊	高	300～500	无	金	铝、金
超声焊	低	25	有	金、铝	金、铝
热超声焊	低	100～150	有	金	铝、金

表 6-3 球形键合和楔形键合的技术参数

键合方式	键合原理	引线工具	引线材料	焊盘材料	速度（m/s）
球形键合	热压焊、热超声焊	毛细管劈刀	金	铝、金	10
楔形键合	热超声焊、超声焊接	楔形劈刀	金、铝	铝、金	4

6.1.10 不同金属之间的电化学反应基础知识

两种金属的原子按一定比例化合，会形成与原来两者的晶格均不同的合金组成物。

金属间化合物与普通化合物不同，其组成可在一定范围内变化，组成元素的化合价很难确定，但具有显著的金属结合键。

这类化合物虽然可以用一个分子式表示，但它和普通的化合物相比，具有以下不同的特点。

（1）大部分金属间化合物不符合原子价规则。例如，Cu-Zn 合金系中有三种金属间化合物 CuZn、Cu5Zn8 和 CuZn3。显然，这三种化合物都不符合化合价规则。

（2）大部分金属间化合物的成分并不确定，也就是说，化合物中各原子之比并非确定值，而是或多或少可以在一定范围内变化。例如，CuZn 化合物中 Cu 和 Zn 原子之比（Cu/Zn）可以在 36%~55%的范围内变化。

（3）原子间的结合键往往不是单一类型的键，而是混合键，即离子键、共价键、金属键、分子键（范德瓦耳斯力）并存。但不同的化合物占主导地位的键也不同。

（4）由于存在离子键或共价键，故金属间化合物往往硬而脆（强度高、塑性差）。但又因存在金属键，或多或少具有金属特性（如有一定的塑性、导电性和金属光泽等）。

（5）金属间化合物的结构是由原子价、电子浓度、原子（或离子）半径等多个因素决定的。

6.1.11 键合操作常见质量问题及解决方法

常见质量问题：颈部断裂。
原因调查：① 产品存在浮动；② 线弧异常；③ 劈刀损坏；④ 参数异常；⑤ 设备异常。
产品处理：报废。

6.1.12 键合操作质量控制知识

1. 过程检验判断标准

过程检验中，对首件/首检都有判断标准，详见表 6-4。

表 6-4 首件/首检判断标准

判定标准		首件/首检		处置方法
		发生数量	判定结果	
○		○	合格	产品放行
△		<1%	合格	产品放行
		≥1%	不合格	设备调整，产品放行
×	一般不良	<1%	不合格	设备调整，不良品剔除
		≥1%	不合格	设备调整，发行 NCR
	严重不良	1	不合格	设备调整，发行 NCR

2. 结批检验判断标准

对结批检验有判断标准，详见表 6-5。

表 6-5 结批检验判断标准

判定标准	首件/首检 发生数量	首件/首检 判定结果	处置方法
○/△	—	合格	产品放行
×	一般不良	单条<2% 合格	不良品剔除，产品正常流水
×	一般不良	单条≥2% 不合格	上报 NCR
×	严重不良	1 不合格	上报 NCR

6.2 检 查

6.2.1 键合原材料明细表

不同规格型号、不同材质键合线材的保质期和控制项如表 6-6 所示。

表 6-6 线材

序 号	规格型号	材 质	保 质 期	控 制 项
1	$\phi 20\mu m$	铜	自生产日期起 6 个月	接触键合丝需戴防静电指套，键合丝储存时应直立放置
2	$\phi 25\mu m$	铜	自生产日期起 6 个月	接触键合丝需戴防静电指套，键合丝储存时应直立放置
3	$\phi 30\mu m$	铜	自生产日期起 6 个月	接触键合丝需戴防静电指套，键合丝储存时应直立放置
4	$\phi 38\mu m$	铜	自生产日期起 6 个月	接触键合丝需戴防静电指套，键合丝储存时应直立放置
5	$\phi 18\mu m$	金	自生产日期起 12 个月	接触键合丝需戴防静电指套，键合丝储存时应直立放置
6	$\phi 25\mu m$	金	自生产日期起 12 个月	接触键合丝需戴防静电指套，键合丝储存时应直立放置
7	$\phi 30\mu m$	金	自生产日期起 12 个月	接触键合丝需戴防静电指套，键合丝储存时应直立放置
8	$\phi 38\mu m$	金	自生产日期起 12 个月	接触键合丝需戴防静电指套，键合丝储存时应直立放置

6.2.2 键合工艺检查规范

（1）用镊子夹住基板的定位孔将产品拉出到托板，注意镊子不要接触到基板有效区域，不要用手拉取产品。

（2）归还产品时将托盘对准料盒格槽，注意镊子不要划到基板有效区域，应平行放入。

（3）拿取托盘手法：用双手抓住托盘两端，禁止单手操作。

（4）在生产过程中操作员为确保产品质量，应该在每个料盒（大于 3 条基板）中至少抽检 3 条基板（分别由上、中、下三个区域抽取）。

（5）对于基板数量小于或等于 3 条的料盒可抽检 1 条。

（6）操作员检验时应至少查看一条基板中的三部分：基板顶部区域的第一行、基板中部区域的一行、基板下部区域的最下面一行。

（7）使用显微镜最高倍数检查基板左下角和右上角的两个物料（遇到次品，检查相邻的）。

（8）检查实际打线位置是否与装配图上打线位置一致。

（9）在显微镜下检查是否存在铝挤或其他焊线缺陷（检查焊球和楔形焊缺陷时使用显微镜最高倍数，或使用三轴显微镜50倍）。

（10）791X系列产品线弧跨元器件，需查看线弧与元器件之间是否有足够的间隙，若线弧与元器件的间距小于标准，需当班技术员做出调整。（线弧与元器件的间距标准参考YD/PA-CP-QC-0004-A/0 LGA产品缺陷标准作业指导书）。

（11）所有自检完、设备调机完的产品要在基板右侧短边（金边朝下）处写明设备号和班组。

（12）在生产过程中换刀或出现问题而调整过设备后，若重新校正过PR或调整过十字线，必须在焊线设备的显示器上检查所有焊点位置，对重新生产后的第一条基板需取出在显微镜下进行全检。

（13）如果抽检发现任何焊线次品，操作员需停止设备，在正面用记号笔标识出次品，通知技术员并追溯前两条基板是否有同样的缺陷。

（14）在焊线过程中发现异常导致不能继续焊线时，应立刻停机，将物料取下，通知技术员进行维修。

6.2.3 工艺问题的基本处置方法

（1）现象分析。

（2）原因调查。原因调查应包括人、机、料、法、环等。

（3）产品处置。工程师认为的其他有问题的工艺并可能对产品质量造成影响的，需触发NCR。

6.2.4 引线键合拉力检测方法

（1）拉力标准。不同金丝直径与拉力要求，如表6-7所示。

表6-7 不同金丝直径拉力标准

金丝直径（μm）	18	25	30	38
拉力（g）	≥3	≥7	≥10	≥16

（2）金丝拉力测试位置。钩针垂直于框架，且在焊线中间处下钩。

（3）金丝拉力模式判定。对于金丝来说，拉力模式的判定如表6-8所示，而且判定时需满足表6-7中的拉力标准。

表6-8 金丝拉力模式

拉 力 模 式	代 码	图 示	判 定
球颈部断	B		合格

续表

拉力模式	代码	图示	判定
中间断	C		合格
引脚侧断，有残留	D		合格
引脚侧断，无残留	E		不合格
球脱落	A		不合格

习　　题

1. 请写出键合工艺的目的。
2. 详细说明引线键合的方法及各种方法的工作原理。
3. 请叙述显微镜的调整方法及步骤。
4. 请详细叙述显微镜的观察方式及使用注意事项。
5. 请详细说明键合过程的步骤。
6. 叙述 NCR 处理方法及注意事项。
7. 如何处理不良品？
8. 详述键合工艺原理。
9. 什么是电化学反应？
10. 键合操作常见的质量问题有哪些？其原因有可能是什么？
11. 请详细说明键合工艺检查内容。

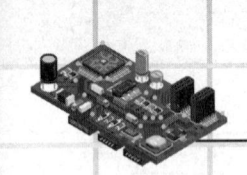

第7章 内部目检

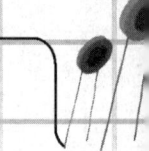

7.1 内部目检准备

根据《半导体分立器件和集成电路装调工》国家职业技能标准的要求，此部分内容包括对产品外观的检查；对内部目检规范更深入和具体的掌握并运用到实际生产的目检操作中；对半导体分立器件版图结构的介绍；对半导体分立器件制造工艺流程及工艺过程的介绍。

7.1.1 镜检操作规范

用显微镜检测微电路内部质量是必不可少的工艺步骤，也为下面的工艺步骤——封帽工艺做准备。在每一步工艺操作时，都必须按照操作规范进行，这是质量达标的保证。表7-1列出了《镜检操作规范》。

表7-1 《镜检操作规范》

内部目检
1. 检验目的
本检验旨在检查微电路的内部材料、结构和工艺操作是否符合规定的要求，查出可能导致器件在正常使用时产生失效的内部缺陷并剔除有缺陷的器件，保证产品的质量和可靠性，达到生产线产品质量可控的目的。
2. 设备器具
2.1 　显微镜：金相显微镜（50～200倍）。
体式显微镜（6.5～45倍）。
2.2 　真空泵：2X3。
2.3 　器具：塑料芯片盒、托盘、气镊子、防静电腕带、不锈钢镊子、废品分类盒。
3. 环境条件（仅对5.1～5.4要求）
洁净度：≤2500个颗粒/L（尺寸≥0.5μm）。
相对湿度：≤80％。
4. 场地条件
内部目检要在防静电工位上进行。
5. 适用范围
5.1 　芯片检验。
5.2 　粘片检验。
5.3 　压焊检验。
5.4 　封前镜检。
5.5 　DPA试验的内部目检。
5.6 　鉴定和质量一致性检验及B4分组的内部目检。
6. 显微镜选择
金相显微镜（高倍）：适用于5.1～5.6项。
体式显微镜（低倍）：适用于5.2～5.6项。

续表

7. 在高倍显微镜下的检验标准

检验过程中若发现以下情况，应判为不合格。

7.1 铝层缺陷。

7.1.1 铝层划伤：包括铝层表面探针痕迹在内的任何划痕称为划伤。

a. 除键合区和栅氧化层上方的铝条外，铝层划伤使未受破坏的部分小于原来铝条宽度的50%（见图1），台阶处小于原来铝条宽度的75%（见图2），应判定为不合格。

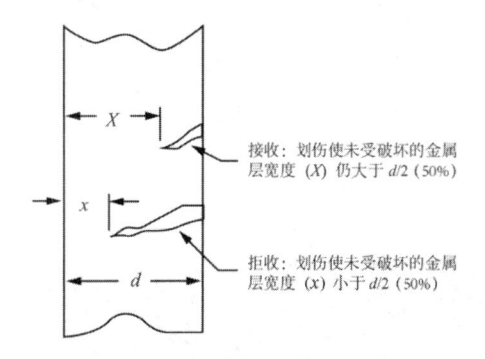

图1 铝层划伤　　　　图2 台阶处铝层划伤

b. 栅氧化层上方的铝条：条件A不允许有划伤；条件B铝层划伤使栅氧化层暴露，当未受破坏的部分小于源-漏扩散区之间的铝层长度或宽度的50%时，应判定为不合格。

c. 控制源-漏扩散区间的沟道长度为L，沟道宽度为W，如图3所示。

d. 在键合区的划伤（如探针痕迹等）暴露出衬底氧化层，使未破坏部分面积小于键合区的75%，或划伤影响正常键合，如图4和图5所示。

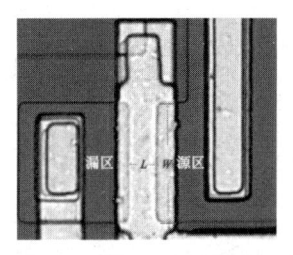

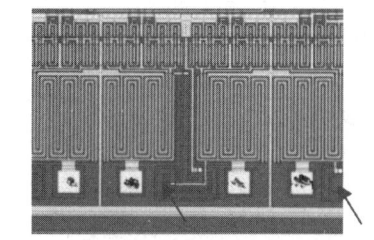

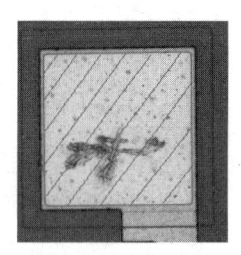

图3 源-漏扩散区间的沟道　　图4 探针划伤暴露衬底氧化层大于键合区面积的25%　　图5 键合区示意图

7.1.2 铝层缺损：铝层的缺损造成氧化层外露，它不是由划伤引起的。

a. 铝层缺损使未受破坏的部分小于原铝条宽度的75%（条件A）或50%（条件B），如图6所示。

b. 氧化层台阶处铝层缺损，其未受破坏的部分小于原铝条宽度的75%。

c. MOS管栅区铝层缺损，使未受破坏的部分小于原栅区铝层面积的75%（条件A）或60%（条件B）。

d. 键合区中铝层缺损，未破坏部分面积小于键合区的75%。

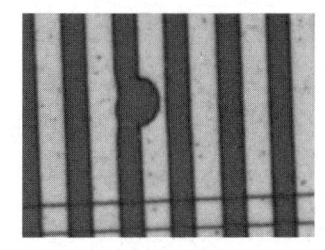

图6 铝层缺损使铝条宽度小于规范值，拒收

7.1.3 铝层变色：对于铝层的任何变色的局部区域应仔细检查，除非证明这种变色是由那些无害的薄膜、玻璃钝化层界面的其他作用所致，否则，应拒收这种金属化层。

7.1.4 铝层隆起、剥皮或起泡，如图7所示。

续表

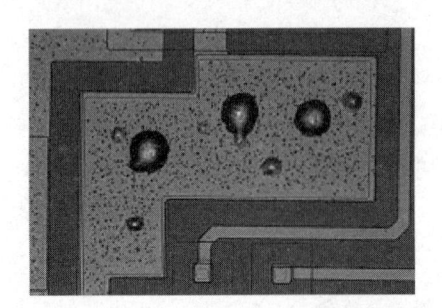

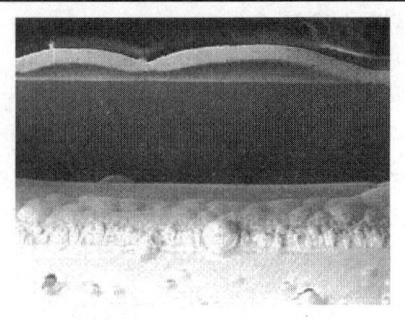

图7 铝层起泡现象及剖面照片

7.1.5 多铝：铝条的毛刺或半岛造成任何两个铝条之间的间隔小于原始设计的50%，如图8所示。

7.1.6 铝层对准（接触孔如图9所示）。

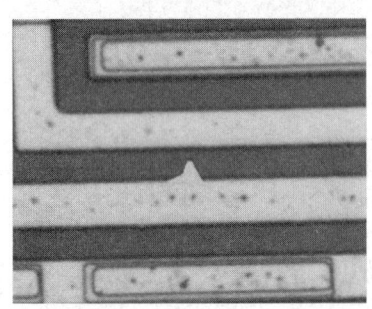

图8 多铝导致铝条间距小于50%，拒收　　图9 接触孔位置说明示意图

注：以下有关接触孔的判据均以覆盖图9所示位置接触孔为准。

  a. 铝层覆盖接触孔面积小于75%（条件A）或50%（条件B）。
  b. 铝层覆盖接触孔周长小于50%（条件A）或40%（条件B）。
  c. MOS管接触孔两个相邻边上被铝层覆盖的长度小于总长度的75%。
  d. MOS管栅区铝层未覆盖源-漏扩散区边界，暴露出栅氧化层，如图10所示。
  e. 对于含有扩散保护环的MOS结构，栅金属化层未与扩散保护环重合或超越保护环，如图10所示。
  f. 覆盖接触孔的铝层通路。

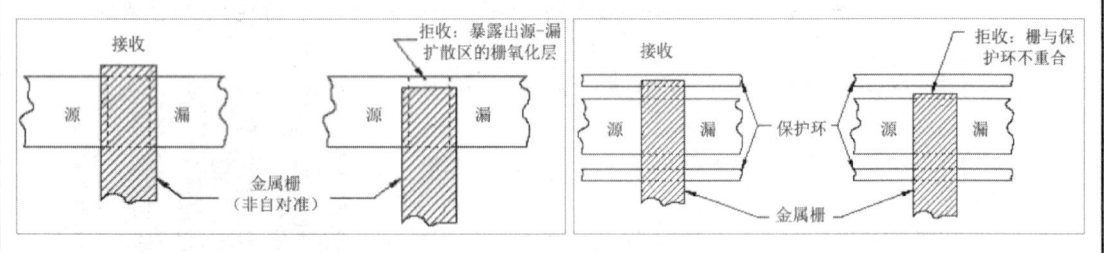

图10 栅氧化层的对准

7.2 扩散与氧化层缺陷。

  a. 两扩散区边界相接（非设计要求）（见图11）。
  b. 隔离扩散区不连续，MOS管源-漏区、二极管、三极管、扩散通道等关键部位扩散区宽度小于设计宽度的75%（电阻小于50%）（见图11）。
  c. 铝条边缘氧化层发花，有多条干涉条纹或有氧化层缺损，如图12所示。

续表

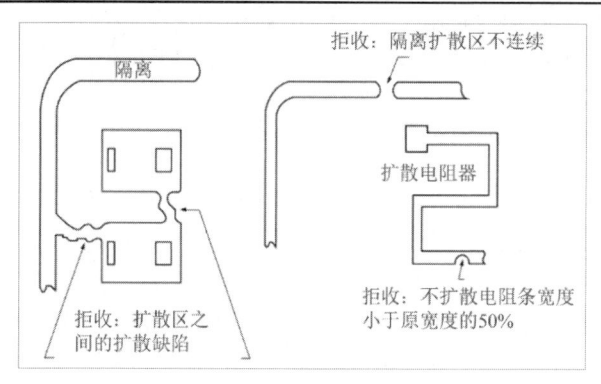

图 11 扩散缺陷 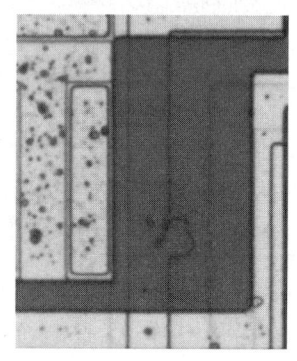　　　　图 12 扩散缺陷导致扩散区间距减小超过规定，拒收

    d. 出现非设计要求的有源区边界无氧化层覆盖。

    e. N 管栅氧化层的边缘没有搭上 N+隔离环（仅对抗辐照工艺适用），如图 13 所示。

7.3 划片和芯片缺陷。

    a. 有源电路区中出现缺损或裂纹，如图 14 所示。

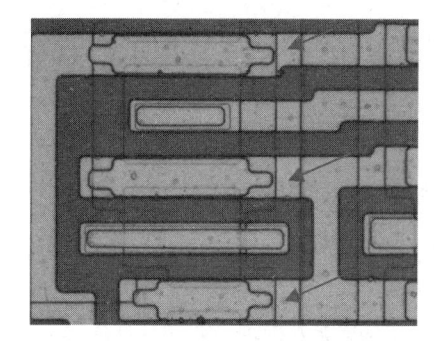

图 13 栅氧化层未搭上隔离环，拒收 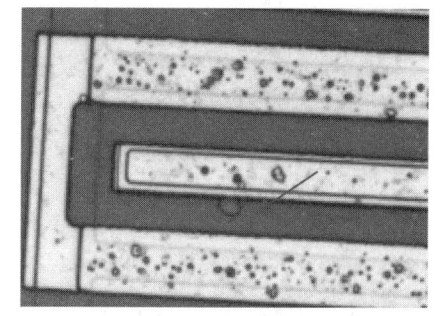　　　　图 14 有源区电路中存在缺陷，拒收

    b. 裂纹长度超过 76μm（条件 A，特殊产品）或 127μm（条件 B）或裂纹与任何工作金属化层、功能电路元件之间的距离小于 6.5μm（条件 A，特殊产品）或看不到明显间距线（条件 B，一般产品）。

    c. 工作铝层或键合区边缘与裸露半导体材料之间的距离小于 6.5μm（条件 A，特殊产品），或看不到明显间距线（条件 B，一般产品）。

    d. 终止于芯片边缘的半圆形裂纹，其弦长超过未被钝化层覆盖的最小间距（仅对特殊产品），如图 15 所示。

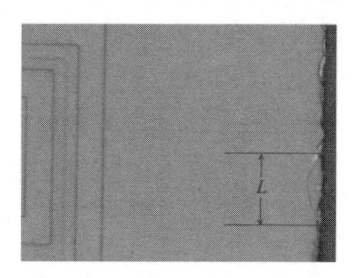

图 15 裂纹弦长超过未被钝化层覆盖的最小间距，拒收

    e. 位于划片线内且指向金属化层及功能电路元件的裂纹，其长度超过 25μm。

7.4 玻璃钝化层。

呈现下列情况的器件不得接收。

    a. 玻璃钝化层中出现裂纹或破损，使本条所要求的目检内容难以进行。

    b. 在有源区中玻璃钝化层起泡或剥皮或它们扩展过玻璃钝化层的设计周边超过 25μm。

续表

　　c. 除设计规定之外，玻璃钝化层中的空隙暴露出两条或两条以上的有源金属化层通路。

　　d. 除设计规定之外，在任意方向上被玻璃钝化层覆盖的区域暴露的区域尺寸超过 127μm。

　　e. 除设计规定之外，在键合区的边缘未被玻璃钝化层覆盖的区域暴露出半导体材料。

　　f. 由设计确定的键合区接触窗口的 25%以上被玻璃钝化层覆盖。

　　g. 玻璃钝化层中的划伤破坏了金属层，并跨接了几条金属化层通路。

　　h. 玻璃钝化层中的裂纹在相邻的金属化层通路间形成了闭合回路。

　　i. 玻璃钝化层中的空隙暴露出薄膜电阻器或熔连线。

8. 在低倍显微镜下的检验标准

装片后进行检验。常见的装片异常有：芯片背面无银膏或银膏量不足、芯片表面有银膏；引线框引出脚之间或芯片与引出脚之间有银膏；两只芯片装在一起，芯片不在引线框中间或芯片相对引线框平面倾斜超过 5º，芯片相对引线框旋转超过 5º 等。

　　8.1 粘片检验。

　　　a. 管壳内腔损伤、键合点锈蚀，如图 16 所示。

　　　b. 导电胶点胶量不足，导致芯片没有全部粘在导电胶上，如图 17 所示。

图 16　管壳键合锈蚀，拒收　　　　　图 17　导电胶点胶量不足

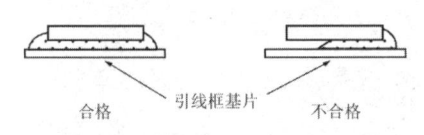

　　　c. 由于操作不慎，导电胶粘于芯片表面或粘于管壳键合区影响正常键合，或使不相连的键合区之间形成桥连。除上述情况外，腔体内部固定不动的导电胶多余物不作为不合格的判据。

　　　d. 导电胶沿芯片四周延伸到芯片表面，或沿腔壁延伸至距键合区距离小于 25μm。

　　　e. 在腔壁或腔体平面上导电胶与腔壁、腔底或芯片侧壁出现宽度大于或等于 51μm 的分离、裂缝。

　　　f. 导电胶自身的剥落、起皮、隆起或裂纹。

　　　g. 芯片粘接明显与管壳底座不水平（金相显微镜 100 倍下无法正常检查），如图 18 所示。

　　　h. 内腔有直径大于 8μm 的可动多余物（非开帽等操作引入）。

　　　i. 芯片与封壳腔体边缘明显不平行（偏离大于 10°）。

　　　j. 芯片定向或定位不符合器件装配图的要求，如图 19、图 20 所示。

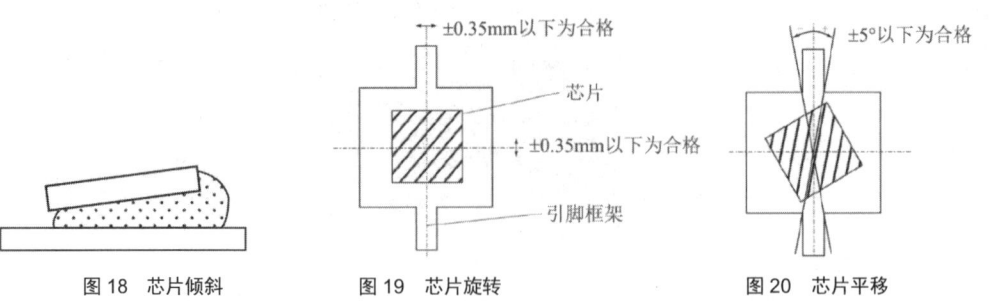

图 18　芯片倾斜　　　　　图 19　芯片旋转　　　　　图 20　芯片平移

　　8.2 压焊检验。

　　　8.2.1 键合。

　　　　8.2.1.1 键合点形貌：采用超声楔形键合，形貌如图 21 所示。

　　　　　a. 键合点的宽度小于硅铝丝直径的 1.2 倍或大于硅铝丝直径的 3 倍，其长度小于硅铝丝直径的 1.5 倍或大于硅铝丝直径的 6 倍，不得接收（见图 22、图 23）。

续表

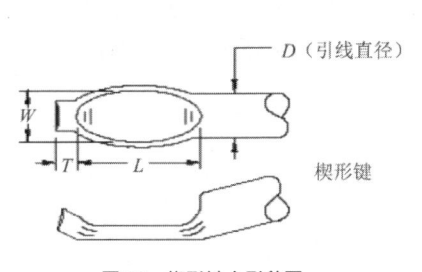

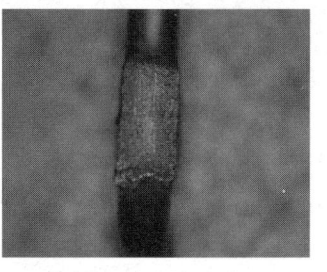

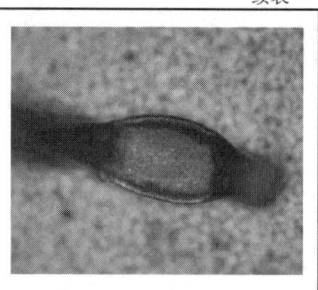

图 21　楔形键合形貌图　　　图 22　键合变形不够　　　图 23　合格的键合点

b. 直径为 51μm 或更大的硅铝丝，其键合宽度小于硅铝丝直径。

c. 键合点刀具压痕未完全覆盖整个硅铝丝宽度。

8.2.1.2　一般情况。

出现下列情况的器件，不得接收。

a. 管芯上的键，其 75% 以下部分在未被玻璃钝化的键合区内（特殊产品）或 50% 以下部分在未被玻璃钝化的键合区内（一般产品）。

b. 除公共导线和键合区外，键尾和无玻璃钝化层金属化层、另一条引线、引线键合、引线键尾之间没有呈现出一条分隔线。

c. 除公共导线外，键合尾部延伸到有玻璃钝化层上，而该玻璃钝化层呈现出明显的扩展到尾部下面的裂纹或断裂。

d. 管芯或在外引线端上键合尾部的长度超过引线直径的两倍。

e. 键没有完全在管壳键合区域内。

f. 键和有玻璃钝化层或无玻璃钝化层的非公共金属化层、划片线、另一条键合线或键之间水平距离小于 6.5μm（特殊产品）或没有呈现出一条明显的分隔线（一般产品）。

g. 键被割伤或蹭伤。

h. 键面积的 25% 以上位于管芯安装材料之上。

i. 在外来物上的键。

j. 键的边线暴露给与键合区相连的进入/引出键合区的未受破坏的金属化通路的部分小于 51μm，如图 24 所示。（注：若由于键尾的掩盖而看不见明显的连接通道，且邻近键尾处的金属化层已被破坏，则该器件不得接收。）

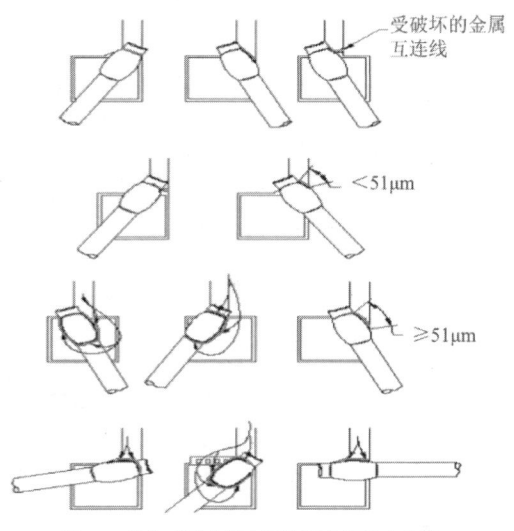

图 24　进入或引出键合区金属化通路上的键

k. 金球中心偏离的检验标准。

　　金球中心偏离内焊点超出球径的 1/4 为不合格,在内焊点上的键合球与内焊点的接触面积在 75% 以上为合格,图 25 所示为合格的极限情况。

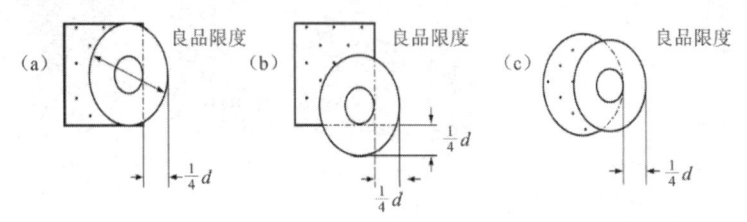

图 25　金球中心偏离限度

l. 引线弧高的检验。

　　根据芯片尺寸和压焊点距离定出金丝弧高标准,弧高 H 小于规定值或引线下垂均判定为不合格,如图 26 所示。不合格品视情况可由检验员用专用工具挑起或去掉金丝重新键合。

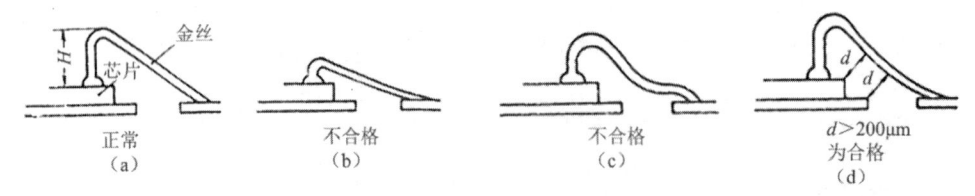

图 26　引线弧度要求

m. 键合点检验标准。

　　为保证键合强度、剥离强度等,对内压焊点、金丝球形、外焊点等有一定要求,具体如图 27 所示。

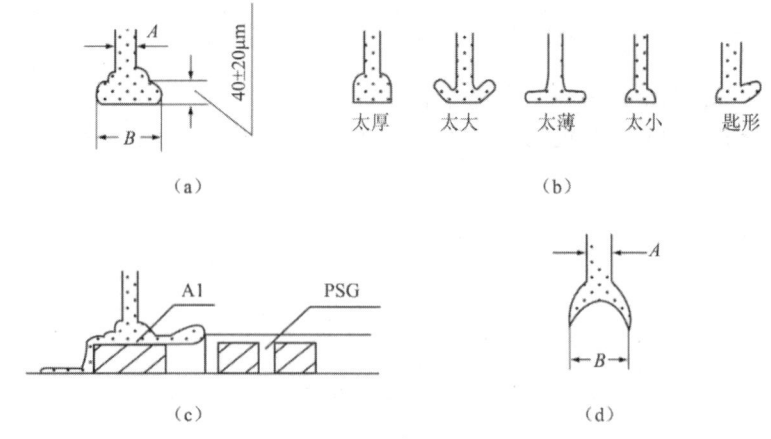

图 27　键合点检验标准

8.2.1.3　单片器件的重新键合

出现下列情况,不得接收。

a. 在暴露的钝化层上或在有明显起皮的金属上面的重新键合。在任意设计键合区上试图进行一次以上的重新键合。

b. 一个键完全或部分位于另一键、键尾或引线的残留物上。

c. 在微电路中重新键合的键超过了该电路全部键数目的 10%。

8.2.2　外来物质

a. 管芯表面的外来物质,超过未被玻璃钝化层覆盖的工作材料之间的最短距离。

续表

  b. 管芯表面上附着或嵌入的外来物质桥连了包括金属化层在内的有源电路元件。除非用暗场照明下的高放大倍数验证它仅是附着而不是嵌入。
  c. 管芯表面上的液滴、化学污斑、油墨或光致抗腐蚀剂跨接了未被玻璃钝化层覆盖的金属化层或裸露的半导体本体区域。
  d. 芯片侧面附着的外来物质和压焊点周边的外来物质。

9. 检验后的程序
 9.1 检验人员在认真填好随工单和有关表格后将检验合格的产品送至下一工序。
 9.2 检验人员将每次检验出的不合格品交给生产管理人员处理。
10. 检验结束
 检验结束后，做好整理、清洁工作。

7.1.2 净化及防静电要求

1. 净化

对净化的要求应由设计技术部门提出，由动力部门实施，由制造部门负责监督，以文件形式提出要求。

为了保证超纯水和气体的质量，企业会委托有质量检验资质的单位，定期做检测、分析，以确定其质量是否符合生产要求。

对生产环境进行控制，包括对进、出生产线的人员进行控制，以及工艺卫生管理和洁净区环境控制等。

1）人员控制

（1）日常进出洁净生产线的人员仅限于生产线操作人员、设备维修人员、检验人员及环境检测人员。

（2）凡进入洁净区的人员必须在规定区域更衣，换鞋，戴好口罩、工作帽（头发禁止露在帽外），按规范着装后经过风淋方可进入洁净区。

2）工艺卫生管理

（1）洁净服、鞋、帽要与外用服装严格分开，分别放在指定更衣柜里，保持清洁。

（2）洁净服、鞋、帽一律不许穿出规定区域。

（3）洁净服、鞋、帽应定期清洗。

（4）操作人员在本工序内操作，不得随意走动。严禁在洁净区内剧烈活动，大声喧哗。

（5）一切与生产无关的书本、报刊、杂物、生活用品禁止带入洁净区内。

（6）每天上班前对所使用的仪器、设备、工作台等进行清洁擦拭。按规定用专用毛巾擦拭地面。

（7）操作人员操作前必须按工艺规定戴好手套、指套。

（8）进入洁净区的设备、仪器、化工材料、石英制品、器皿等必须先擦拭干。

（9）对回风口进行定期清洁。

3）洁净区环境控制

封装部各工序洁净等级为万级，有多个检测点、多个检测区、多个采样点。

各部门、工序温湿度、洁净区洁净度按照时间、频次检测，检测结果符合相应的标准。

2. 防静电

（1）进入防静电工作区，必须穿戴好防静电工作服、工作鞋，不得快速行走。禁止穿一次性鞋套进入工作区域。

（2）各岗位员工操作前佩戴防静电腕带，并检查腕带与皮肤、插头与插座是否接触良好。发现腕带插座有松动、断线情况，立即停止操作，并报告生产计划办公室，修复后检测合格方可使用。

（3）每人每天早上、下午上岗前，用人体综合电阻检测仪，检查腕带的综合电阻（合格值为 $10^6 \sim 10^7 \Omega$）、防静电鞋的综合电阻（合格值为 $10^5 \sim 10^8 \Omega$）（检查防静电鞋时，两只脚要分别检测，一只脚站在地上的电极板上，合格后再换另一只脚站在电极板上），按照《人体综合电阻检测记录》的规范进行记录，由各工序负责人负责监督、检查。

7.1.3 配制溶液的安全知识

配制溶液必须注意安全，必须严格遵守操作规程。下面介绍配制溶液时应该注意的安全常识。

（1）试剂瓶、量筒、容量瓶等，绝对不能用灯焰或热水加热。加热烧杯、烧瓶时，下面应当垫上石棉金属网，以免局部过热、发生破裂。当用加热方法加速物质溶解时，必须不断搅拌溶液，使物质处于悬浮状态，因为底部有沉淀物的容器加热时容易发生破裂。

热的玻璃仪器不能突然接触冷的物体，特别是冷水；过冷的玻璃仪器则不能突然加热。

（2）溶解和稀释化学药品，特别是配制氢氧化钠、浓硫酸之类的溶液，只能在耐热的玻璃容器（如烧杯、烧瓶）中进行，切不可在玻璃瓶（试剂瓶）、量筒、蒸发皿或标本缸中配制，这些物质溶解时放出的热量会使这些容器破裂。溶解固体氢氧化钠、浓硫酸等必须在开口的耐热容器中进行，并用玻璃棒随时搅拌溶液。

（3）配制溶液时，取用一切化学药品均禁止用手直接拿取，这会造成试剂的污染或手的烧蚀。粉碎大块氢氧化钠（或其他腐蚀性试剂），必须戴上帽子、护目镜和橡胶手套，因为粉碎时弹出来的小块氢氧化钠若落入眼内，它能迅速溶解而引起眼球的化学烧伤。若落入头发内则会吸收从皮肤蒸发出来的水分和空气中的水分，逐渐使固体氢氧化钠变成浓溶液，开始时损伤头发，继而剧烈地损伤皮肤。

（4）搬动盛有强酸、强碱溶液（或其他有腐蚀性的液体，或易燃性液体）的瓶子，必须托住瓶底，只拿住瓶颈是很危险的，因为遗留在瓶口的溶液会使玻璃表面变得很滑。平时应将瓶口周围擦干净。储藏强酸时，须将容器密闭，并采取保护措施，以防容器破裂。盛有溶液的薄壁玻璃器皿（烧瓶、烧杯）搬动时也必须托住它们的底部。为了防止倾倒而发生事故，不要把盛有腐蚀性溶液的容器放在试剂架的顶层。

（5）倾倒浓硝酸、溴水和氢氟酸等腐蚀性溶液时，必须戴上橡胶手套。

（6）当打开装有挥发性液体（如乙醚、浓盐酸、浓硝酸、浓氨水等）的瓶子时，绝不可将瓶口对准自己或他人的脸部，特别是眼睛，因为瓶内液体由于蒸发会产生相当大的压力（尤其在夏天）。当开启瓶塞时，塞子会被骤然顶出，有时会喷出一部分液体，很危险。所以，遇此情况，最好戴上护目镜．或预先在瓶口包上湿布，用冷水冷却后，再开启瓶塞。

（7）从大瓶中取用浓酸时，应该用虹吸管吸取，因为倾倒法会洒出酸液造成事故。取用完毕，把虹吸管拿走。

（8）稀释浓硫酸时，会产生大量热量，为避免酸液飞溅，只能把酸缓缓地倒入水中，并不

断搅拌；绝不能把水注入酸中。大多数酸用水稀释时，都会产生一定的热量，因此，这一原则适用于一切酸类的稀释。

稀释硫酸时，如果硫酸量较大，为了安全，应该预先把盛水的烧杯放在冷水中，一旦发现温度过高，应停止继续注入硫酸，待冷却后，再行稀释，最好是分几次进行稀释。

（9）量取少量浓酸、浓碱或有毒液体，应尽可能使用量筒或滴定管。若要用移液管来量取上述危险性液体时，应使用洗耳球或其他代用装置。

（10）在实验中，酸碱溶液是常用的试剂，也最容易损伤皮肤和衣服。浓酸、浓碱和苯酚都会引起严重的烧伤。因此，皮肤或眼睛一旦沾上这些溶液，必须立即用大量水冲洗（这样可以大大减弱它们的伤害作用）。若为酸溶液，可用2%左右的碳酸氢钠溶液洗涤；若为碱溶液，可用1%醋酸溶液洗涤，再用水冲洗。

用水冲洗眼睛时，应张开眼睑，至少冲洗15 min。

无论如何，一旦受伤，均应请医生医治，但是，及时采取上述措施，可以减轻烧伤程度。

（11）浓酸溶液（浓硫酸、浓硝酸、浓盐酸）落在衣服上，特别是棉花、亚麻、人造丝和锦纶（聚己内酰胺纤维，又称尼龙6或卡普纶）等织物，都会受到破坏。一般人往往容易忽视稀释溶液对衣服的破坏性。事实上，一滴极稀的酸溶液落在衣服或袜子上，当它干燥时，将会使纤维素变为不牢固的水解纤维素，同样会使衣服遭到破坏。为此，当衣服上落有酸滴时，应立即用大量水冲洗，再用2%~3%碳酸氢钠溶液将残留的酸中和。揩抹过酸液的抹布也必须用水洗涤，不然很容易损坏。

碱溶液特别容易损坏毛织品和丝织品，落在衣服上也必须马上用水冲洗。

处理洒在桌面、地面的浓酸溶液，应撒以干燥的沙土，稀酸则可用木屑来吸收；浓碱溶液可用沙土或木屑来吸收。

（12）配制各种有毒或有腐蚀性的溶液时，应穿工作服。工作完毕，脱去工作服（要勤洗）盥洗后离开实验室。绝对不允许在实验室抽烟或吃喝，也不准带食品进实验室，以免发生不必要的事故。

（13）配制有毒试剂（如亚砷酸钠、硫化氢、氰化氢和溴水等）溶液应在通风橱中进行，以免逸出的毒气污染实验室空气，或直接造成伤害事故。

（14）用有机溶剂配制试剂（如指示剂溶液），若溶质溶解缓慢，应不时搅拌或在水浴上加热，切不可直接加热。

使用易燃溶剂时，应远离明火，并避免有机溶剂不必要的蒸发。

有机溶剂几乎都有毒，使用时应注意通风，最好在通风橱中操作。

（15）有些普通试剂，如邻联甲苯胺二盐酸盐、α-萘胺盐酸盐和3′-二氨基联苯胺盐酸盐等，有致癌性。使用这些芳香胺时要防止通过口、肺或皮肤引起人体中毒。

（16）提高警惕，有毒物质要严加保管。

7.1.4　产品外观检查

1. 外观检查内容

钎焊：管盖应平整；锡环应饱满；无翻锡；外观无划痕等表面损伤。

平行缝焊：盖板不歪斜，表面应无划痕；压痕均匀，无灼烧等暗点。

储能焊：环焊处必须连续密封；无划伤和缺口；无打火和无变色现象；封装位置端正，偏

离量不得大于 0.5mm；封装环处无毛刺、裂缝等。

塑封：产品外形应完整，无气孔、麻点、溢料、流痕、开裂。

2．外观检查方法

（1）检查人员戴上指套和防静电腕带。

（2）目检或用显微镜进行检验。

3．检验后记录

将检验结果和数据分别记录在随工单上并登记检验合格数和不合格数及检验日期和检验人签名，所有记录应清晰、准确、完整、规范，有检测日期和检验人签名，以便今后查阅和进行统计分析。

7.1.5　版图知识介绍

1．分立器件定义

单个芯片上只有某一种功能的电子器件，把这个芯片放到管壳中进行封装，与外部的连接靠引线完成。

2．版图定义

（1）根据元器件功能和性能要求及工艺水平来设计光刻用的掩膜版图，使器件满足最终输出要求。版图是一组相互套合的图形，各层版图对应于不同的工艺步骤，每一层版图用不同的图案来表示。版图与所采用的制备工艺紧密相关。

（2）版图实际上就是用来制作掩膜版的绘图。

（3）版图概念的举例说明。

版图是电路图的物理实现，包括两大组成部分：①元器件包括双极型晶体管和 MOS 型晶体管、电阻、电容和电感；②互连线包括金属线。

版图是一组不同层次图形的叠加，每层用不同颜色、不同图形来表示。

7.1.6　分立器件制造工艺流程及工艺过程

1．增强型 NMOS 管和 PMOS 管结构

图 7-1 和图 7-2 所示为增强型 NMOS 管和增强型 PMOS 管的结构图和图形符号。

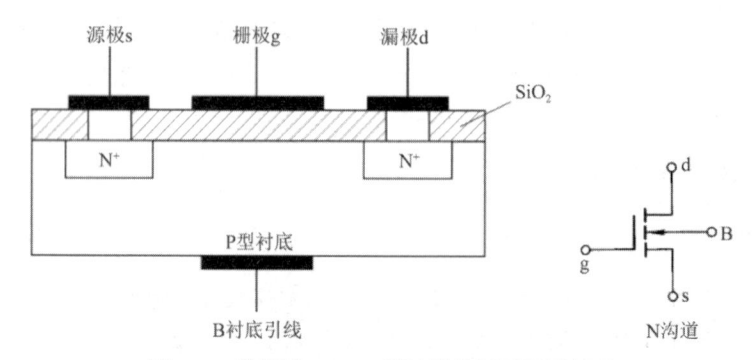

图 7-1　增强型 NMOS 管的结构图和图形符号

2．工艺流程及工艺过程

以反相器（见图 7-3）为例，说明其工艺流程、制造工艺目的及方法。

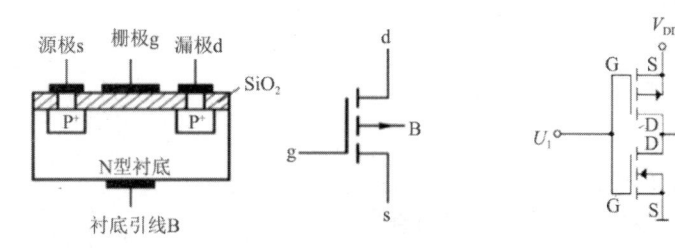

图 7-2　增强型 PMOS 管的结构图和图形符号　　图 7-3　反相器的组成

反相器的工艺流程如下：

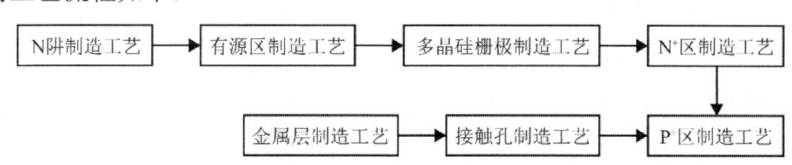

N 阱制造工艺 → 有源区制造工艺 → 多晶硅栅极制造工艺 → N⁺区制造工艺

金属层制造工艺 ← 接触孔制造工艺 ← P⁺区制造工艺

反相器由一个 NMOS 管和一个 PMOS 管组成，先画出两个尺寸正确的 MOS 管图形符号，然后对 MOS 管的四端进行连线。

反相器制造工艺流程如下。

（1）N 阱制造工艺。

工艺目的：制作 N 型材料注入的封闭图形。窗口注入形成 PMOS 管的衬底。

涉及工艺方法：氧化工艺、图形转移（光刻+刻蚀）工艺和扩散工艺。

氧化工艺作用：制造隔离氧化层。

光刻+刻蚀作用：形成窗口。

扩散作用：掺杂 5 价元素形成 N 阱。

（2）有源区制造工艺。

工艺目的：制作晶体管的 D、G、S、B 区域。

涉及工艺方法：光刻+刻蚀。

根据掩膜版图制造出有源区。

（3）多晶硅栅极制造工艺。

工艺目的：形成硅栅和多晶的连线。

涉及工艺方法：薄膜制备工艺、图形转移（光刻+刻蚀）工艺和氧化工艺。

薄膜制备作用：多晶硅层制造。

光刻+刻蚀作用：形成多晶栅极。

氧化工艺作用：生成氧化物。

（4）N⁺区制造工艺。

工艺目的：N⁺区的注入，漏-源连接区或衬底的注入。

工艺涉及方法：图形转移工艺和掺杂工艺。

光刻+刻蚀作用：形成 N⁺区窗口。

掺杂作用：加入 5 价元素形成 N⁺区。

（5）P⁺区制造工艺。

工艺目的：P⁺区的注入，衬底及漏-源连接区的注入。

工艺涉及方法：图形转移工艺和掺杂工艺。

光刻+刻蚀作用：形成 P⁺区窗口。

掺杂作用：加入 3 价元素形成 P⁺区。

（6）接触孔制造工艺。

工艺目的：制作有源区和外部的接触端子。

涉及工艺方法：图形转移工艺和薄膜制备工艺。

光刻+刻蚀作用：露出 Via 层。

薄膜制备作用：生成 Via 金属层。

氧化工艺作用：生成氧化隔离层。

光刻+刻蚀作用：形成接触孔。

（7）金属层制造工艺。

工艺目的：以铝为材料的金属连线。

涉及工艺方法：薄膜制备工艺。

薄膜制备作用：形成金属层。

7.2 内部目检操作

7.2.1 目检前清洁处理

就目前工艺要求而言，内部目检时，对芯片、外壳腔体内的可移动多余物用经过过滤的、有一定压强要求的洁净气流吹拂除去。

7.2.2 器件内部目检知识

根据《内部目检规范》，判断缺陷的种类，从而掌握判断标准。

1. 在低倍显微镜下可检验缺陷及标准

（1）请说出图 7-4 所示缺陷的名称和 X、d 的含义及 x 的数值。

（2）图 7-5 是什么区的示意图？对划伤面积的要求如何？

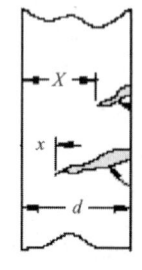

图 7-4 缺陷形式 1

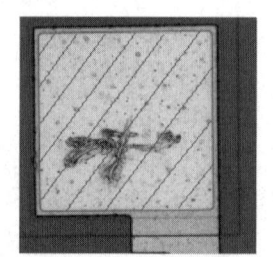

图 7-5 缺陷形式 2

（3）图 7-6 所示是什么缺陷？其规范值是如何规定的？出现超出规范值的情况，如何处理？

（4）图 7-7 所示是什么缺陷？如何处理？

（5）图 7-8 所示是什么缺陷？达到什么规范值时拒收？

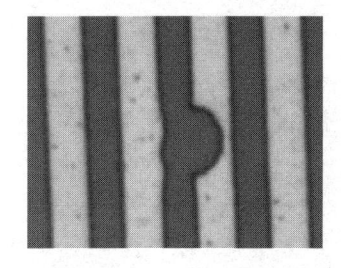

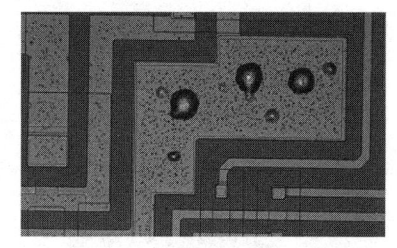

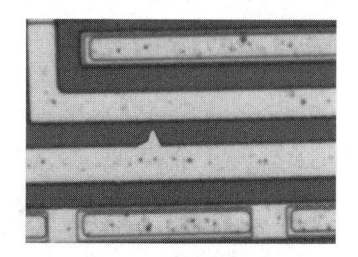

图 7-6　缺陷形式 3

图 7-7　缺陷形式 4

图 7-8　缺陷形式 5

（6）如图 7-9 所示，哪些是可以接收的？哪些是不可以接收的？

（a）

（b）

（c）

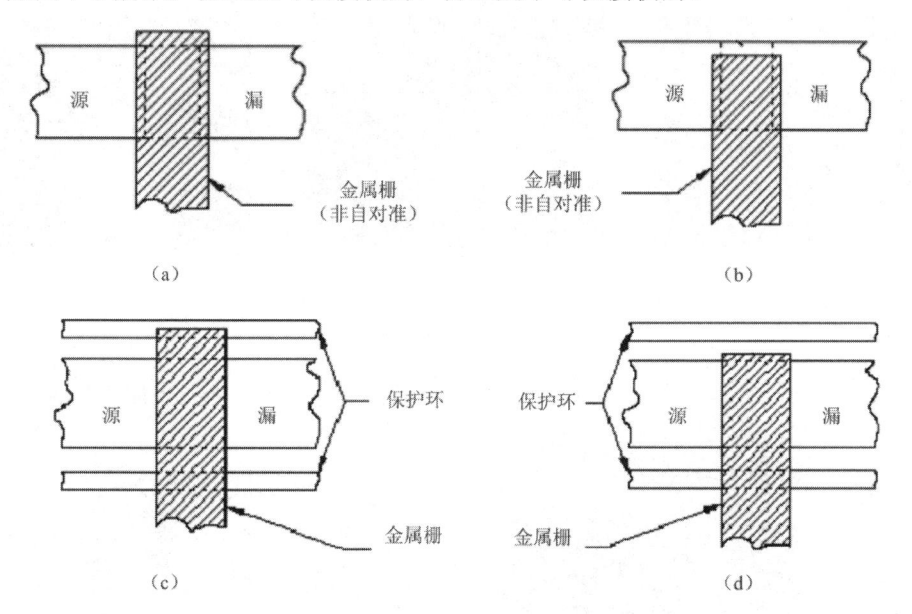

（d）

图 7-9　判断哪些器件能接收

（7）扩散与氧化层缺陷如图 7-10 所示，请指出缺陷问题。

（a）

（b）

（c）

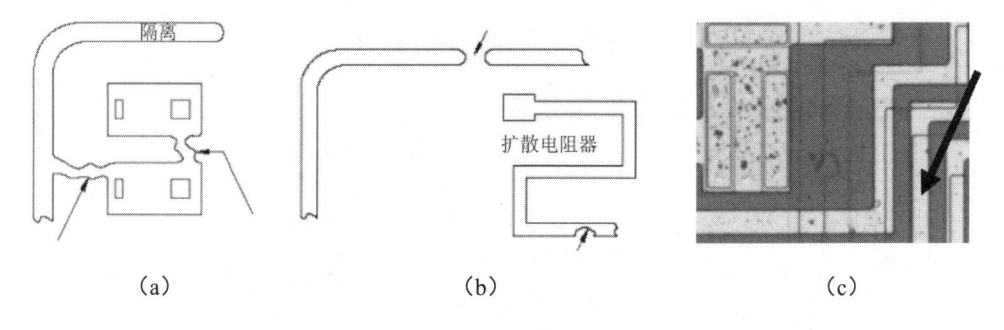

图 7-10　扩散与氧化层缺陷

（8）图 7-11 所示是什么缺陷？如何处理？

（9）图 7-12 中 L 达到什么尺寸时被拒收？此缺陷是什么缺陷？

2. 在高倍显微镜下可检验缺陷及标准

（1）请说出图 7-13 所示的缺陷名称，若出现此缺陷，应如何处理？

（2）观察图 7-14，箭头所指为什么缺陷？

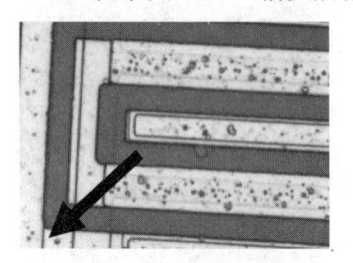

图 7-11　缺陷形式 6　　　图 7-12　缺陷形式 7　　　图 7-13　缺陷形式 8

（a）　　　（b）　　　（c）

图 7-14　缺陷形式 9

（3）图 7-15 所示为导电胶与芯片侧壁、腔壁间的裂缝，请分别指出属于哪种缺陷。

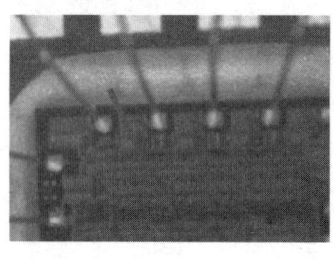

（a）　　　（b）

图 7-15　缺陷形式 10

7.2.3　内部目检设备、仪器使用知识

1. 显微镜的分类、参数

（1）显微镜可分为立体显微镜和金相显微镜，也可分为单目显微镜、双目显微镜等。

（2）显微镜的几个参数。

① 工作距离：成像最清晰时样品到物镜的距离。

② 放大倍数：等于目镜的放大倍数乘以物镜的放大倍数再乘以变焦部分参数，无变焦部分等于前两项乘积。

③ 数值孔径（NA）：与景深和分辨率有关。

④ 景深：成像清晰的 Z 轴高度。

2．设备的日常维护

设备的日常维护包括下列几方面的内容。

（1）开机前检查水、电、气各指示仪表的读数是否正常。

（2）开机后，要检查机器的响声，观察机械泵的油面是否正常。

（3）对运动导轨要经常或定期加润滑油，润滑油品种要合适，加润滑油要适量，过多会进入继电器或开关里导致电气故障，掉到光学镜头上会使光路出错。

（4）用完设备之后，对设备进行清洁，包括台面及设备内部。

3．对精密设备的使用和维护要求

（1）对使用电子束曝光机、图形发生器、精缩照相机、光刻机、外延炉等设备的人员，必须进行严格的操作培训，严格按操作规程进行操作。

（2）为保证精度和稳定性，除要较长时间停机外，一般自动控制系统24h不停机，即使要有较长时间的停机，真空室也应保持低真空状态，真空室不得放进大气，保证真空系统不被氧化腐蚀。

（3）设备的恒温控制系统必须保证灵敏和准确，不同温度下产生的几何形变是不一样的，所以操作者必须经常检查恒温控制系统是否正常。

（4）电控柜有冷却风扇，操作者在开机后15min内必须检查一遍，特别是使用多年的设备仪表，要注意冷却风扇轴及轴承有无磨损或润滑状况是否良好。

（5）水冷却系统不得有泥沙堵塞，操作人员应经常注意观察：水冷管道堵塞会大大缩短设备的寿命，进水管道前端最好安装水过滤器。新建厂房要保证水、气管路无污秽、无沙子、无铁锈。

（6）开机后，操作员需随时注意机柜各种仪表显示状况，静听设备有无异常声音，有情况及时处理，不得随意离开。

表7-2列出了BX53显微镜基础使用指南。

表7-2　BX53显微镜基础使用指南

一、显微镜各部分名称
显微镜各部分名称如图1所示。 图1

二、显微镜操作

1. 开关机

将显微镜机架的电源开关打开。打开电源开关时,指示灯 a 亮,如图 2 和图 3 所示。此外,如果组合使用了控制盒(BX3M-CB),会听见一声蜂鸣音。

2. 选择照明方式

如图 4 所示,位置 1 处为透射/反射光开关,可打开反射光照明的 LED 灯箱/透射光照明的 LED 灯箱,相关标识及含义如图 5 所示。相关标识及含义通过打开和关闭反射 LED 灯箱和透射 LED 灯箱即可选择反射光照明或透射光照明。

此功能仅适用于显微镜机架(BX53MTRF-S)。

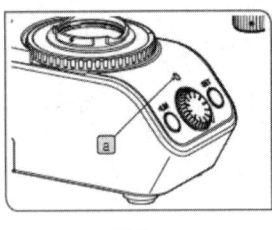

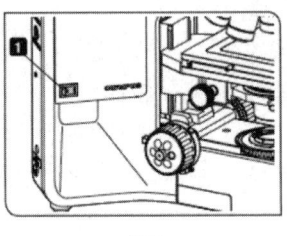

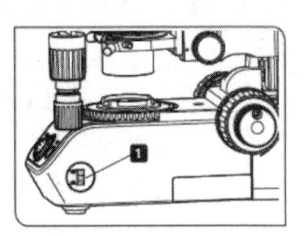

图 2   图 3   图 4

标识	含义
⩟	反射光照明的LED灯箱打开
⩝	透射光照明的LED灯箱打开

图 5

3. 选择观察方法

使用 BX3M-URAS-S 配置时,可通过观察方法切换旋钮(见图 6 中位置 1 处)、明场/暗场切换拨杆(见图 7 中位置 1 处)、旋转塔台(见图 8 中位置 1 处)来选择观察方法。观察方法切换旋钮、明场/暗场切换拨杆、旋转塔台的标识及含义如图 9、图 10 和图 11 所示。

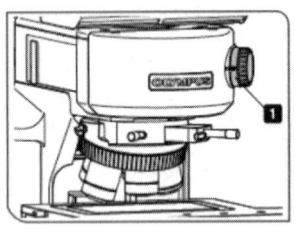

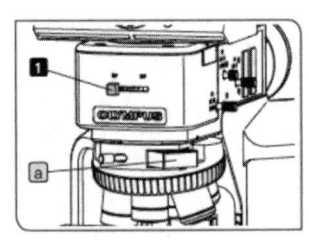

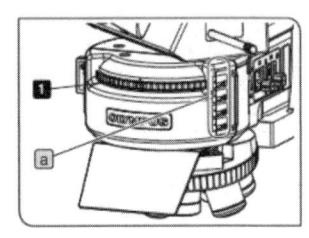

图 6   图 7   图 8

标识	含义
BF	选择明场观察
DF	选择暗场观察
DIC/PO	选择微分干涉差观察或偏光观察

图 9

标识	含义
BF	选择明场观察
DF	选择暗场观察

图 10

标识	含义
BF	明场观察
BFL	明场观察(使用汞灯箱时使用)
DF	暗场观察
DIC/PO	微分干涉差观察/偏光观察
FL(WBS)	蓝光激发的荧光观察
FL(WGS)	绿光激发的荧光观察
FL(WUS)	紫外光激发的荧光观察

图 11

续表

4. 切换目镜光路与相机光路

通过光路选择拉杆（图 12 中 1 处）可以选择通过目镜观察光路，或通过相机观察光路。

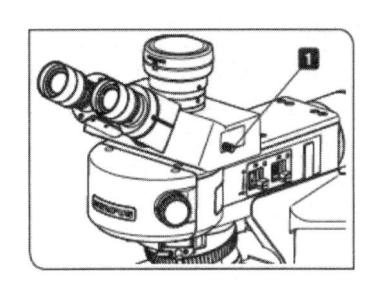

1 推拉三目镜观察筒的光路选择拉杆，选择光路。

三目镜筒	光路选择拉杆位置		
	推入	中间位	拉出
U-TR30-2 U-SWTR-3	目镜100%	目镜20% 相机80%	相机100%
U-STR30IR	目镜100%	目镜0% 相机0% （光闸）	相机100%
U-TTR-2	目镜50% 相机50%	目镜100%	相机100%
U-ETR-4 U-SWETR	目镜100%		相机100%
U-SWETTR-5	目镜100%		目镜20% 相机80%

图 12

5. 放置样品

放置样品，如图 13 和图 14 所示。

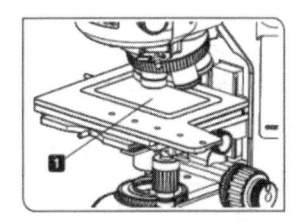

1 放置样品

1 观察前把样品放置在载物台板或托板上。

参考
- 如果样品不平或不平行，反射光就不会回到物镜，也就无法实施观察。
- 如果观察大尺寸的样品，取下载物台板，将样品直接放置在载物台上。

图 13

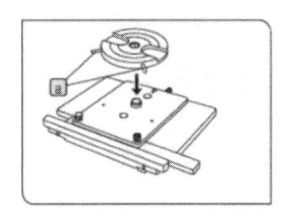

- 使用晶圆托板时，使用拨杆 **a** 旋转晶圆托板。
- 使用玻璃托板时，可以采用透射光照明进行观察。透射光照明观察需要使用BX53MTRF-S机架。

图 14

6. 载物台高低调节和 Y 轴锁定功能

载物台高低调节如图 15 所示，Y 轴锁定功能的使用如图 16 所示。

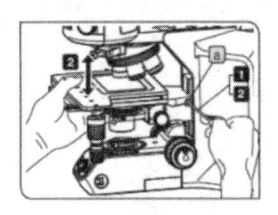

⚠ 警告　如果载物台托架的固定螺钉 **a** 松脱，载物台就可能坠落。拧松固定螺钉时，务必紧紧地握住载物台

1 务必握住载物台，然后用六角螺丝刀拧松载物台托架的固定螺钉 **a**。

2 上下移动载物台，找到所需要的位置，然后在所需位置处拧紧固定螺钉 **a**。

图 15

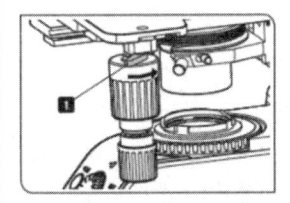

3 使用 Y 轴锁定功能

只有载物台U-SIC64和U-SIC4R2/SIC4L2才有Y轴锁功能。

1 如果按箭头方向锁定Y轴锁拨杆，即载物台在Y轴方向上被锁定，只能在X轴方向上移动载物台（从右到左）。

注意
- 如果要取消锁定，使锁定拨杆完全回到原位。
- 如果锁定拨杆没有充分解锁，可能导致拨杆磨损，以及锁不工作等问题，还可能产生磨屑。

图 16

续表

7. 物镜选择

选择物镜时，不要碰撞样品。可手动或使用物镜转换器选择物镜，如图 17 所示。也可使用电动物镜转换器选择物镜[按下电动物镜转换器的手动开关按钮（BX3M-HSRE）]，如图 18 所示。

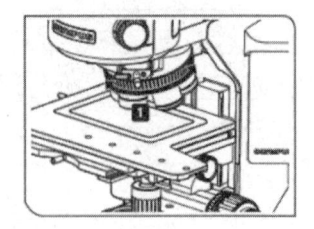

图 17 　　　　　图 18

8. 调焦机构 1

（1）垂直移动载物台。

按箭头方向旋转粗调焦旋钮 a 和微调焦旋钮 b，向上移动载物台，如图 19 所示。（样品靠近物镜。）

（2）调节粗调焦旋钮的张力。

注意务必使用张力调节环 a 来调节粗调焦旋钮的张力。

将粗调焦旋钮的张力调节到易于使用的张力，如果需要改变张力，则应按图 20 中箭头方向旋转张力调节环 a，增加张力；向相反方向旋转，减小张力。如果载物台因自身重力而下降，或用微调焦旋钮对焦后迅速离焦，张力设置可能太松。在此情况下请向箭头方向旋转张力调节环 a，增加张力。

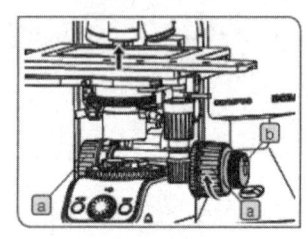

图 19 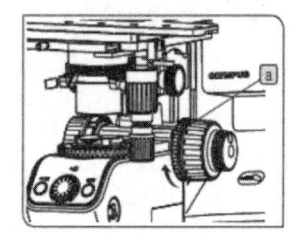　　　　　图 20

9. 调焦机构 2

设置粗调焦旋钮移动范围。此功能可以防止样品与物镜碰撞，还可以简化对焦。

用粗调焦旋钮对焦样品后，如果按箭头方向旋转预调焦拉杆 a（见图 21 和图 22），锁定拉杆，即将粗调焦旋钮的上限设置在锁定位置。

如果更换样品后再次对焦，用粗调焦旋钮抬高到停止位置即可大致对焦样品，再用微调焦旋钮进行微调。

请注意，微调焦旋钮不能锁定载物台。注意，如果锁定了预调焦拉杆，载物台不能降低到下限。

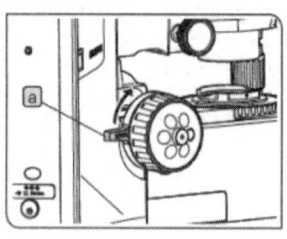

图 21 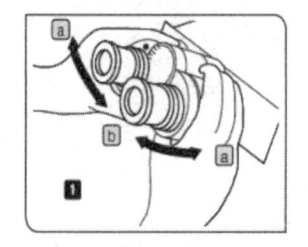　　　　　图 22

10. 调节瞳距

瞳距的调节是指调节两个目镜之间的距离，以适应双眼之间的距离。这样可以缓解用户在观察显微镜图像时眼部的疲劳。

设置左右目镜平行，同时向 a 或 b 方向移动双目镜筒，直到左侧视野和右侧视野完全重合。左侧目镜套筒上的指示点（●）指示的数字就是瞳距。请记住瞳距，以便在下次观察时轻松调节。

续表

11．调节屈光度

（1）通过配备有测微尺的目镜进行观察，同时旋转屈光度调节环 b，进行调节，使视场里目镜测微尺的刻度线清晰可见。在旋转屈光度调节环 b 时，请按住目镜的下部 a，如图 23 所示。

（2）放置样品。

（3）将 10 倍物镜转入光路。通过配备有测微尺（见图 24）的目镜进行观察，同时旋转粗调焦/微调焦旋钮，对焦样品。

（4）旋转不带测微尺的目镜的屈光度调节环 b，对焦样品。

（5）如果没有配备目镜测微尺，则旋转屈光度调节环 b，将刻度设置到"0"。

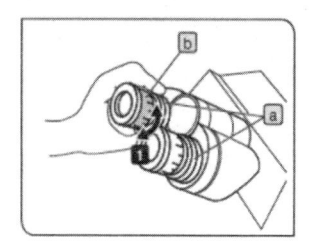

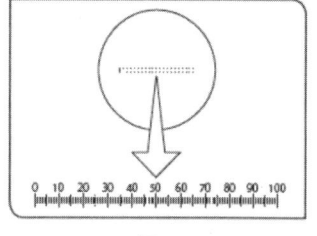

图 23

图 24

12．调节反射的视场光阑

通过拨动拨杆 a（见图 25）调节视场光阑（见图 26）的大小，当把视场光阑向上拨动时，光阑会缩小，可以在目镜的视场中看到一个多边形，把多边形的大小调节到外切视场圆，屏蔽不需要的光线，还可以保证视场照明的均匀明亮。

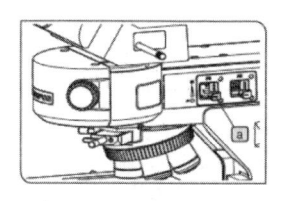

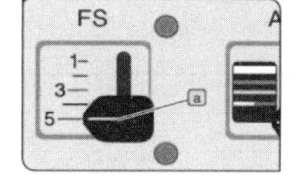

图 25

图 26

13．调节反射的孔径光阑

图 27 中，AS 表示孔径光阑。

通过拨动拨杆 a（见图 28）可以调节孔径光阑的大小，用高倍镜观察时，适当缩小孔径光阑可以提高视场的明暗对比度，增强一些细节的显示，提高成像质量。圆形拉杆形状的孔径光阑如图 29 所示。

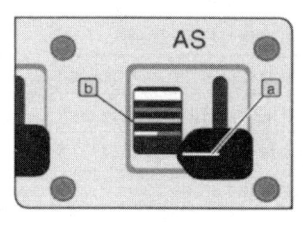

图 27

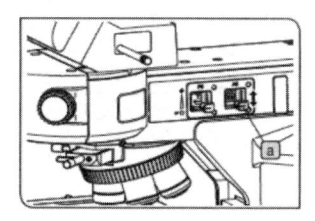

图 28

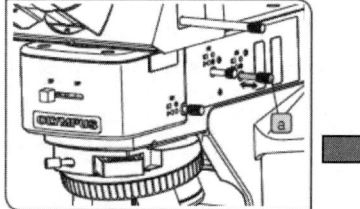

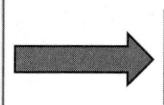

此种光路为圆形拉杆形状的孔径光阑，调节原理同上，通过推拉可以调节光阑的大小！

图 29

续表

14. 透射聚光镜和光阑调节

（1）调节聚光镜高度旋钮①，把聚光镜调到最高位置，如图30所示。

（2）用10倍物镜对样品聚焦。

在使用U-SC3摆出式聚光镜时，把顶镜从光路中移出。

（3）按照箭头方向旋转视场光阑调节环②，缩小视场光阑，在目镜中观察到视场光阑的多边形图像。

（4）调节聚光镜高度旋钮①，使光阑图像清晰，准确聚焦。

（5）调节聚光镜两个调中螺钉③，移动光阑图像到视野的中心。

（6）一边移动，一边逐渐打开视场光圈，如果光阑图像内接在视场中，聚光镜就居于光路中心。

（7）在实际应用中，慢慢打开视场光阑，直到它的图像外接于视场。

将适用于观察方法的滤光片滑块插入滤光片插槽a（见图31），使之进入光路。务必从反射光照明器的左侧插入滤光片滑块。第一挡（首先听见咔嗒声的位置）为空孔位。在第二挡时，滤光片进入光路（再次听见咔嗒声的位置）。滤光片的使用如图32所示。

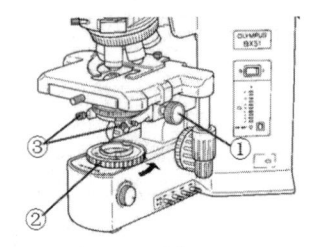

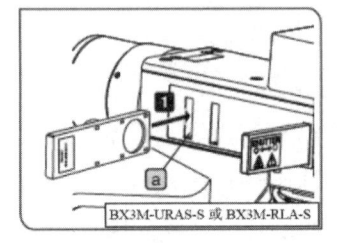

图30　　　　　图31

使用的滤色片	目的
U-25LBD（色温平衡滤色片）	将卤素灯泡的照明光设置为日光色
U-25LBA（暖色调色温滤光片）	将LED的照明光设置为卤素灯泡的照明色
U-25IF550（绿色滤色片）	增加观察图像的对比度
U-25Y48（黄色滤色片）	用于半导体晶圆观察的对比度滤色片
U25ND50-2（中性密度滤色片）	调节光源的亮度（透过率：50%）
U25ND25-2（中性密度滤色片）	调节光源的亮度（透过率：25%）
U-25ND6-2（中性密度滤色片）	调节光源的亮度（透过率：6%）
U-25FR（磨砂滤光片）	光强降低，但可以获得均匀的照明
U-25L42（防紫外线滤光片）	阻挡紫外线，以防止由汞灯灯箱导致的起偏镜烧毁
U-BP1100IR（红外用带通滤光片）	红外用滤光片（波长：1100nm）
U-BP1200IR（红外用带通滤光片）	红外用滤光片（波长：1200nm）
U-25、空滑	组合使用任意滤色片

图32

15. 起偏镜和检偏镜的使用

需要偏光观察时，将光路置于明场，将起偏镜和检偏镜置于光路中，第一挡为空孔位，第二挡为偏光位，如图33所示，适当调节检偏镜转盘，便可进行偏光观察。

16. 微分干涉棱镜的使用

微分干涉棱镜是在偏光的基础上使用的。微分干涉棱镜的使用如图34所示。

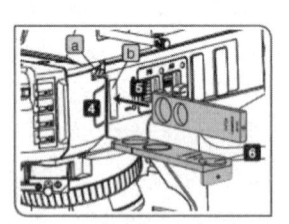

图33

续表

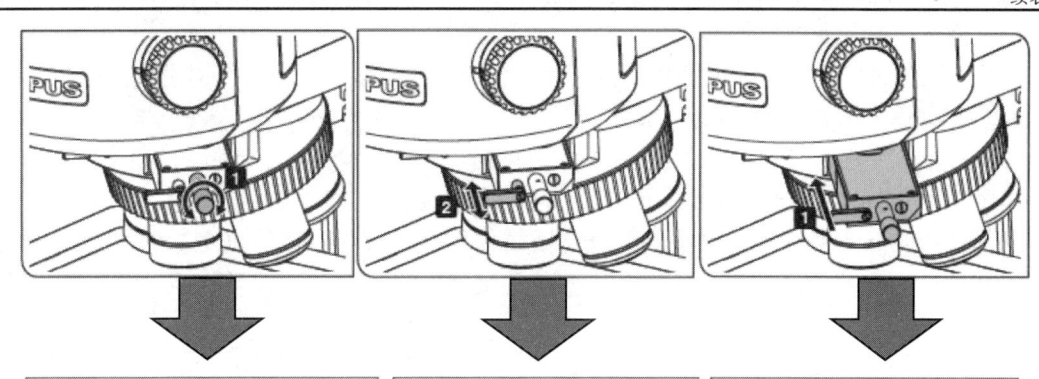

图中所示为拧松微分干涉棱镜的固定螺钉，可以推拉微分干涉棱镜，分为两挡，拉出来为空位，推进去则置于光路中。需要进行微分干涉观察的时候，需要将微分干涉棱镜置于光路中。	图中所示为微分干涉拉杆，使用一般物镜观察时为推入状态，使用长焦物镜观察时为拉出状态。	图中所示为旋转 DIC 滑块的棱镜移动旋钮，根据样品的情况选择具有最高对比度的干涉色。

图 34

17. 注意事项

(1) 使用前请阅读使用说明。

(2) 镜片表面禁用干镜头纸擦拭。

(3) 物镜不可随意拆卸。

(4) 使用油镜后应清洁油镜上的残留镜油。

(5) 显微镜使用以后应盖上防尘罩。

(6) 经常用毛刷或湿布蘸中性洗涤剂擦拭显微镜表面（光学部件以外），保持外观的清洁。

(7) 在拆装显微镜部件时应避免手指碰触光学部位。

(8) 取下目镜时不要倒立放置，以免灰尘污染目镜。

(9) 显微镜长时间不使用，应将主要光学部件放进防潮缸，并放置干燥剂，主机应定期通电。

(10) 此说明为简单使用说明，如遇到更复杂的使用问题或故障，请及时与厂家工程师联系，严禁盲目拆卸自修，以免造成更大的故障！

7.2.4 内部目检记录填写

1. 质量记录的填写要求

（1）记录填写要及时、真实，内容完整、字迹清楚，不得随意涂改。操作人员应亲自填写记录，并签全名或盖章，不得只填写姓氏。因某种原因不能填写的项目，应将该项用斜杠（"/"）划去；各有关项目需签名处不可空白。

（2）若因笔误/计算错误要修改原始数据，应用单杠（"—"）划去原始数据，在其上方写上更改后的数据，签上更改人的姓名。

（3）质量记录填写应使用蓝、黑色签字笔或圆珠笔，不得使用铅笔。

（4）采用电子媒介存储的记录，应及时保存备份，备份可使用光盘/移动硬盘存储，同时应在存储介质上予以标识。

（5）当记录的数值需要考虑修正值时，记录的数据应是显示值加修正值的计算结果，以便于对记录值进行符合性的检查。

（6）当记录时发现不达标现象也应按实际情况记录观测值及现象，并记录处置方法。对恢复作业时的实际达标值也应予以记录。

（7）记录应能提供产品实现过程的完整质量证据，在产品形成的各个阶段的记录要齐全，满足规定要求，记录内容完整，规定的记录项目不得有遗漏。

（8）记录应能清楚地证明产品满足规定要求的程度，应尽可能给出定量的数据或可进行等级差别评价的记录，涉及产品特性，尤其是关键特性，需要有实测数据表明产品特性达到的水平。

2．质量记录单（样例）

质量记录单的样例——包封工序首件检验记录，如表 7-3 所示。

表 7-3　包封工序首件检验记录

部门名称：　　　　　　　　　　　　　　　　　　　　　　　记录编号：

日期/班次	生产批号	模具型号	机位号	模具工位号	塑封料型号	塑封料厂家	检验原因	塑封体厚度	外观检查	判定结果	检查人员	检查时间	备注

7.2.5　半导体分立器件内部目检工艺规范

对于不同器件，内部目检项目有所不同，总的来说，封帽前镜检内容是键合、引线、装片及外来物等。

现对 GJB 548B—2005 中"低放大倍数下引线键合检查"涉及的目检工艺规范进行简单介绍。

1．键合的不合格判据

1）金丝球焊键合

（1）球的直径小于引线直径的 2.0 倍或大于引线直径的 5.0 倍，球焊键合引出线不完全在球的周线内。

（2）球焊键合引出线不完全在未被玻璃钝化层覆盖的键合区内。

2）楔形键合

（1）超声楔形键合宽度小于引线直径的 1.2 倍或大于引线直径的 3.0 倍，其长度小于引线直径的 1.5 倍或大于引线直径的 6.0 倍。

（2）热压楔形键合宽度小于引线直径的 1.5 倍或大于引线直径的 3.0 倍，其长度小于引线直径的 1.5 倍或大于引线直径的 6.0 倍。

（3）当铝引线直径大于 51μm 时，键合宽度小于引线直径。

（4）在楔形键合处，刀具压痕完全覆盖整个键合宽度。

3）无尾键合（月牙键合、毛细终止键合）

（1）无尾键合宽度小于引线直径的 1.2 倍或大于引线直径的 5.0 倍。

（2）无尾键合长度小于引线直径的 0.5 倍或大于引线直径的 3.0 倍。

（3）在无尾键合区上刀具压痕未完全覆盖整个键合宽度。

4）各种类型键合通用不合格判据

（1）键合 75%以下大部分不在焊盘区里（S 级）。

（2）键合 50%以下大部分不在焊盘区里（B 级）。

（3）引线的尾丝延伸到无钝化层的金属层上。

（4）引线的尾丝延伸到有裂痕的钝化层上。

（5）引线的尾丝长度超过引线直径的 2 倍。

（6）在外来物上的键合。

（7）在任一键合区上进行一次以上的键合，重新键合超过该电路全部键数目的 10%。

2．内引线的检查不合格判据

（1）引线的短缺或多余。

（2）引线与任何暴露的金属（无论是金属化条、金属丝还是金属导体）之间最小间隙小于引线直径的 2 倍。

（3）引线上存在裂口、弯曲、割口、卷曲、刻痕或颈缩使引线直径减小 25%以上，引线和键的接合处出现撕裂。

（4）从管芯键合区到外引线键合区之间的引线为直线而不是弧线。

3．芯片安装不合格判据

（1）安装材料延伸到芯片正面或垂直延伸到顶部表面。

（2）至少在芯片的两条完整边上完全看不到或是在芯片周边的 75%以上部分看不到芯片与管座间的安装材料（共晶体）。

（3）透明管芯装架的键合面积小于芯片面积的 50%。

（4）芯片装架材料剥落。

（5）芯片安装材料起皮、呈隆起球形或聚集。

（6）粘接材料中存在裂纹。

（7）引出端的键合区上有粘接材料。

（8）粘接材料与导电腔壁的距离小于 25μm。

（9）管芯的方位：管芯定向或定位不符合装配图；管芯边缘与封装壳边缘不平行，偏离 10°。

4．外来物不合格判据

（1）管芯表面上的外来物大到足以跨接未被钝化层覆盖的工作材料。

（2）管芯表面上附着或嵌入外来物，桥连包括金属化层在内的有源电路元件。

（3）管芯上的液滴、化学污斑、油墨或光抗蚀剂跨接了未被钝化层覆盖的金属化层或裸露的半导体区域。

（4）进行颗粒碰撞检验的器件，不允许在管壳内存在极微小的颗粒。

7.2.6 半导体分立器件制造基础知识

1. 半导体介绍

1）概念

半导体指常温下导电性能介于导体与绝缘体之间的材料。利用半导体材料制成的各种半导体器件广泛应用在各种电子设备上，不仅包括民用产品，还包括特殊产品。半导体器件已经应用于国民经济和社会的各个领域，对于人类的发展起着重要的作用。

2）半导体器件分类

根据半导体材料的特性，半导体器件可以分为光电器件、分立器件、集成电路（IC）、存储器件、模拟 IC 和逻辑 IC。

半导体分立器件的分类如图 7-16 所示。

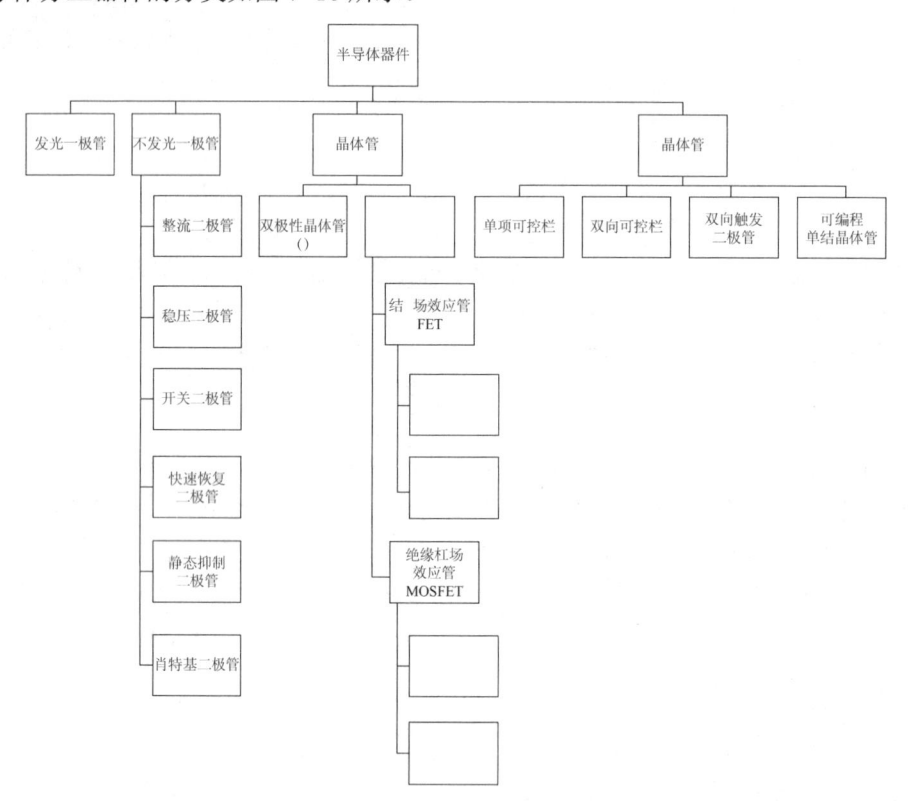

图 7-16　半导体分立器件的分类

3）分立器件介绍

半导体分立器件包括二极管、晶体管（双极型三极管、单极型场效应管）、晶闸管等。

（1）二极管。

① 特性：二极管又称晶体二极管；它是只向一个方向传送电流的电子元件。它是一种具有 1 个 PN 结和 2 个端子的器件，具有按照外加电压的方向，使电流流动或不流动的性质。

② 二极管的结构：PN 结的形成有三种形式：点接触型、面接触型和平面型，如图 7-17 所示。

(a) 点接触型　　　　　　　(b) 面接触型　　　　　　　(c) 平面型

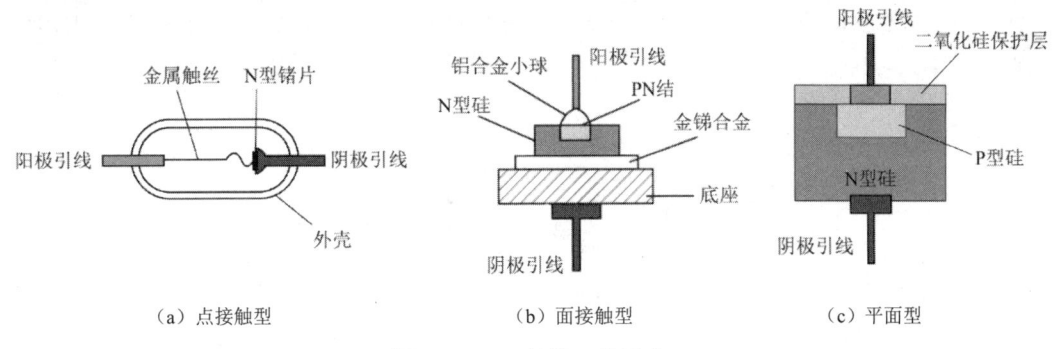

图 7-17　PN 结的三种形式

(2) 三极管。

① 特性：三极管具有电流放大功能，以共发射极接法为例（信号从基极输入，从集电极输出，发射极接地），当基极电压 U_B 有一个微小的变化时，基极电流 I_B 也会随之发生小的变化，受基极电流 I_B 的控制，集电极电流 I_C 会有一个很大的变化，基极电流 I_B 越大，集电极电流 I_C 也越大，反之，基极电流越小，集电极电流也越小，即基极电流控制集电极电流的变化。但是集电极电流的变化比基极电流的变化大得多，这就是三极管的放大作用。I_C 的变化量与 I_B 变化量之比称为三极管的放大倍数 β（$\beta=\Delta I_C/\Delta I_B$），三极管的放大倍数 β 一般在几十到几百之间。

② 三极管按其结构及制造工艺不同，可分为扩散型晶体管、合金型晶体管和平面型晶体管。NPN 型三极管和 PNP 型三极管的结构及图形符号如图 7-18 所示。

(a) NPN 型三极管　　　　　　　(b) PNP 型三极管

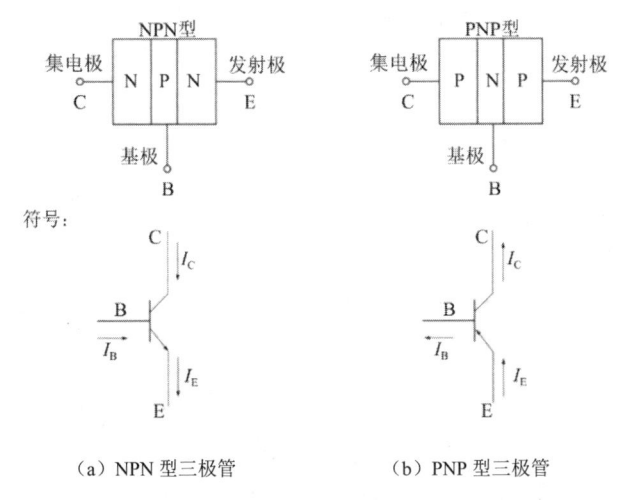

图 7-18　NPN 型三极管和 PNP 型三极管的结构及图形符号

(3) 场效应管介绍。

① 场效应晶体管简称场效应管，它利用电场效应来控制晶体管的电流。它是只有一种载流子参与导电的半导体器件，是一种用输入电压控制输出电流的半导体器件。按参与导电的载流子来划分，它可分为以电子作为载流子的 N 沟道器件和以空穴作为载流子的 P 沟道器件。按场效应管的结构来划分，它可分为结型场效应管和绝缘栅型场效应管。

绝缘栅型场效应管（MOSFET）又分为增强型 N 沟道 MOS 管、耗尽型 N 沟道 MOS 管、增强型 P 沟道 MOS 管和耗尽型 P 沟道 MOS 管四类。

② 结型场效应管的结构及图形符号如图 7-19 所示。图 7-20 所示为增强型 PMOS 管、NMOS 管和耗尽型 PMOS 管、NMOS 管四类绝缘栅型场效应管的图形符号。

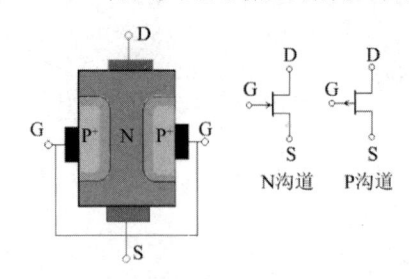

图 7-19 结型场效应管的结构及图形符号

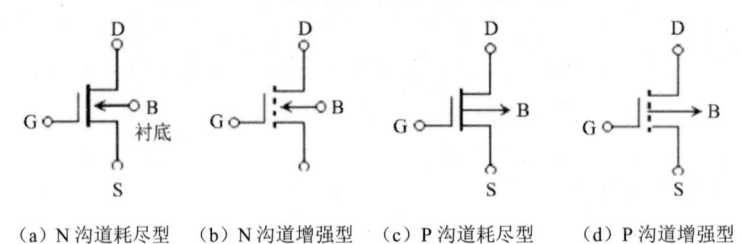

(a) N 沟道耗尽型　(b) N 沟道增强型　(c) P 沟道耗尽型　(d) P 沟道增强型

图 7-20 绝缘栅型场效应管的分类及图形符号

2．分立器件制造工艺基础知识

1）半导体材料

（1）本征半导体。纯净的没有掺加其他杂质的半导体材料，如硅、锗。

半导体硅（Si）、锗（Ge）均为 4 价元素，它们原子的最外层电子受原子核的束缚力介于导体与绝缘体之间。

（2）杂质半导体。在本征半导体中掺入某些微量的杂质，就会使半导体的导电性能发生显著变化，原因是掺杂半导体的某种载流子浓度大大增加。

N 型半导体：在本征半导体中掺入 5 价元素形成 N 型半导体。自由电子浓度大大增加的杂质半导体，也称为电子半导体。

P 型半导体：在本征半导体中掺入 3 价元素形成 P 型半导体。空穴浓度大大增加的杂质半导体，也称为空穴半导体。

2）PN 结的形成

物质因浓度差而产生的运动称为扩散运动，如图 7-21 所示，气体、液体、固体均有之。

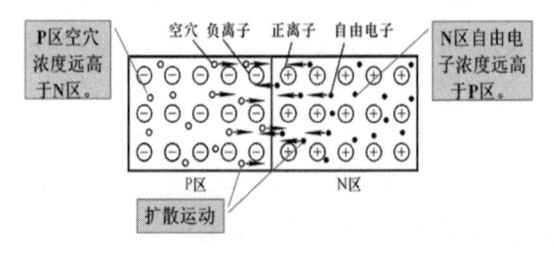

图 7-21 扩散运动

扩散运动使靠近接触面 P 区的空穴浓度降低、靠近接触面 N 区的自由电子浓度降低，产生内电场，从而阻止扩散运动的进行。内电场使空穴从 N 区向 P 区、自由电子从 P 区向 N 区运动，形成少子的运动，即因电场作用所产生的运动称为漂移运动，如图7-22所示。

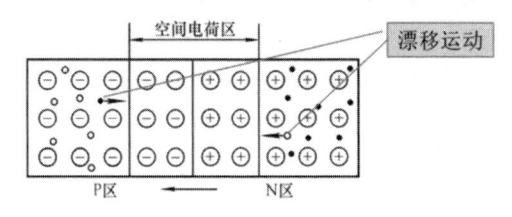

图 7-22 漂移运动

参与扩散运动和漂移运动的载流子数目相同，达到动态平衡，就形成PN结。

3) 半导体制造工艺基础

半导体制造工艺有薄膜制备、掺杂、光刻、刻蚀和平坦化。

薄膜制备：在衬底上生长固体物质。

掺杂：按照一定的方式将杂质掺入半导体材料中，使其数量和浓度分布均符合要求。

光刻：是一种图像复印和刻蚀相结合的精密表面加工技术。其目的是在介质层或金属薄膜上刻出与掩膜版相对应的图形。

刻蚀：用化学或物理方法有选择地从硅片表面去除不需要的材料，从而把光刻胶上的U形腔转移到薄膜上的过程。

平坦化：是一种移除表面凹凸部分，使晶片表面保持平整、平坦的工艺。

7.2.7 工艺异常报告流程

1. 异常问题识别

生产过程中出现的任何异常及外部客户对产品的质量反馈等，应第一时间利用各种手段，分析产生异常的原因，形成分析报告，呈交相关负责人。

2. 组织异常处理团队

任何一级生产领导接到下级上交的各类异常报告时，应根据异常解决的难易程度采取措施。当问题不能由个人解决时，就要成立团队。选择团队成员，确定团队组长，当需要横向职能组织参与时，应选定代表和专家参加。确定组织成员分工职责，制订调研计划，完成时间表。

3. 调查异常问题出现的原因

根据团队制订的调研计划，针对异常问题，收集异常数据，找出出现异常问题的初步原因。采取临时措施，遏制异常的进一步发展，进一步识别潜在原因，找到可能的解决方案，选择验证方法，预防或减少异常的发生。

评估遏制措施，为保证遏制措施有效，收集、整理遏制措施的运行数据，通过对遏制措施的决策和分析，找出异常问题出现的根本原因。

4. 异常问题根本原因的确定

通过识别所有潜在原因，逐一解释问题发生的原因，针对问题的描述，试验每个潜在的原因。整理试验数据，使用因果图、排列图、故障树等工具，确认根本原因。

5．验证纠正措施

根据团队确认的根本原因，试验纠正措施，仔细验证解决方案不会引起其他问题。验证纠正措施过程中产生的数据能否度量有关问题的所有措施。团队评估所有指标是否反映了解决方案的结论，若能解决，证实纠正措施的正确合理。

6．纠正措施标准化

证实上述的纠正措施是正确的，就应该进行新建措施的标准化。修正以前的文件（例如作业指导书等），修订完后报上级部门审核批准，然后对员工进行新建标准的培训，并正式作为生产线的标准文件。

7.2.8　分立器件及集成电路封装形式介绍

1．集成电路分类

按封装形式不同，集成电路可分为 TO、SOT、SIP、DIP（SDIP）、SOP（SSOP/TSSOP/HSOP）、QFP（LQFP）、QFN、PGA、BGA、CSP、FLIP CHIP 等。

2．常用二极管封装

常用二极管封装如图 7-23 所示。

图 7-23　常用二极管封装

3．常用三极管封装

常用三极管封装如图 7-24 所示。

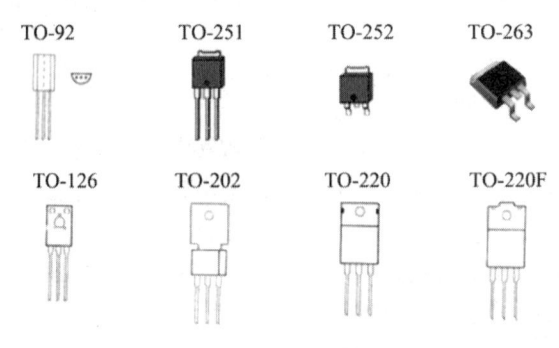

TO-92　TO-251　TO-252　TO-263

TO-126　TO-202　TO-220　TO-220F

图 7-24　常用三极管封装

4．常用芯片封装

常用芯片封装如图 7-25 所示。

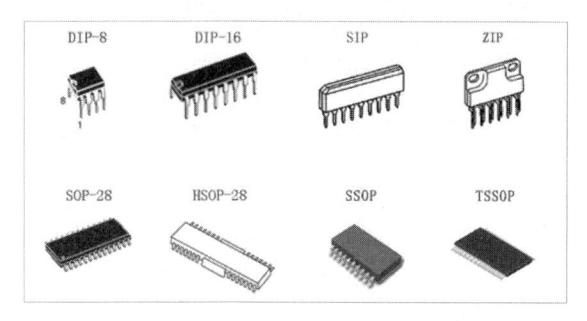

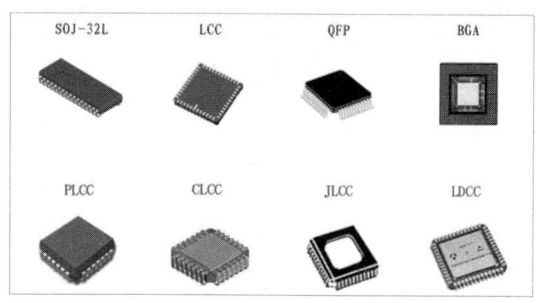

图 7-25 常用芯片封装

7.2.9 内部目检标准知识

中华人民共和国国家军用标准《微电子器件试验方法和程序》（GJB 548B—2005）中，对内部目检内容和要求有详细的规定，是生产厂家进行内部目检的规范。内部目检包括单片内部目检、混合电路内部目检及内部目检和结构检查三种实验方法。按照目检设备不同，目检分为高倍检验和低倍检验。下面对单片内部目检进行简单的介绍。

1. 高放大倍数下检查

1）金属化层缺陷

（1）金属化层划伤，其标准如图 7-26～图 7-33 所示。

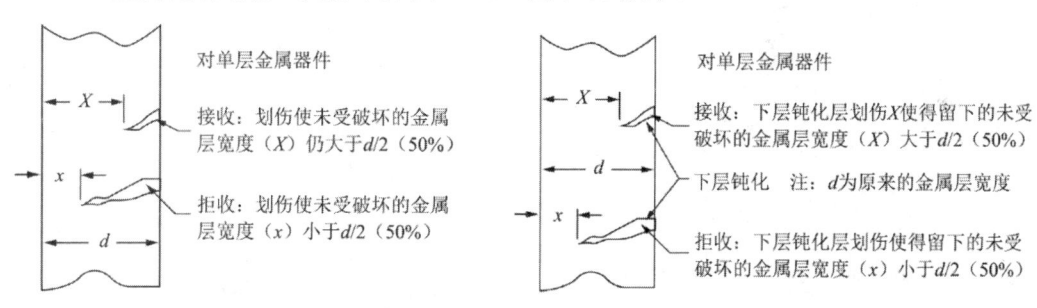

图 7-26 特殊器件的金属化层划伤标准

图 7-27 一般器件的金属化层划伤标准

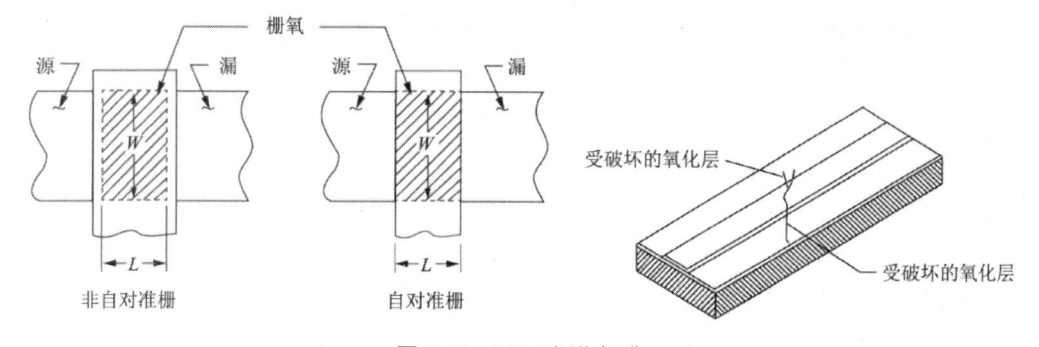

图 7-28 MOS 划伤标准

当标准的金属化层划伤判据应用于栅区时，应把尺寸 W 和 L 分别看作原始的沟道宽度和长度。

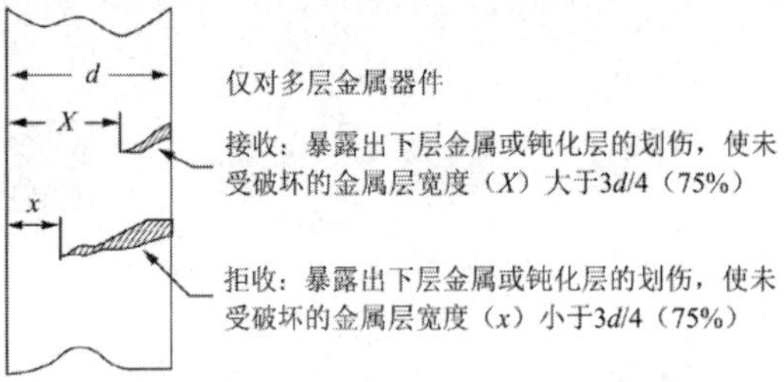

图 7-29　特殊器件划伤标准 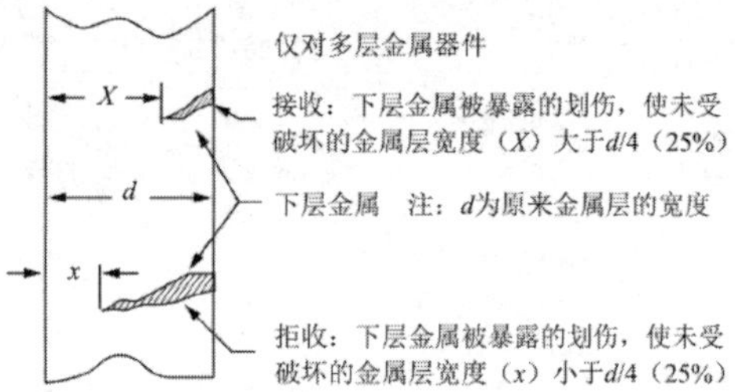　　　　　图 7-30　一般器件划伤标准

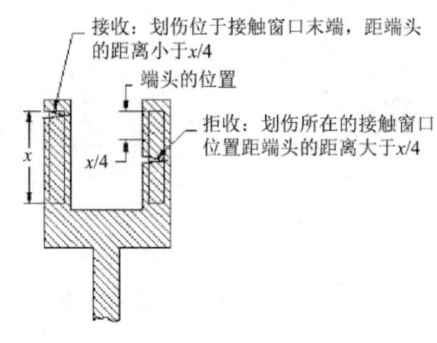

图 7-31　金属走线端头

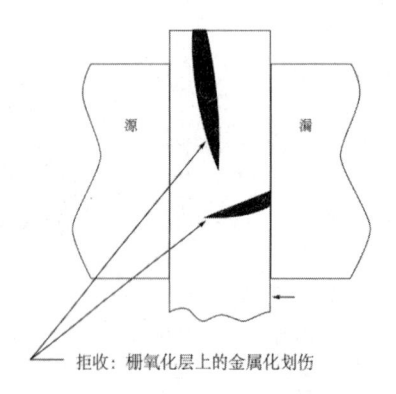

图 7-32　特殊器件 MOS 划伤标准 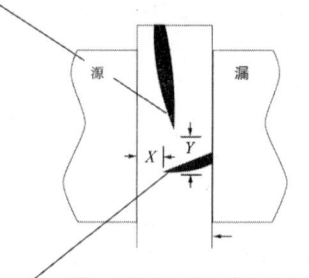　　　图 7-33　一般器件 MOS 划伤标准

（2）金属化层空洞，其标准如图 7-34～图 7-38 所示。

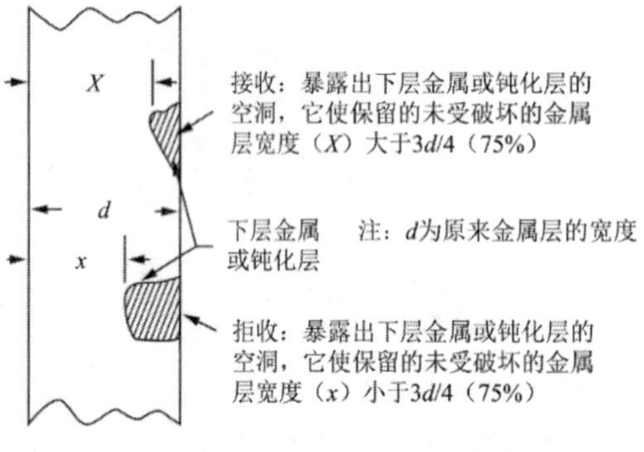

图 7-34　特殊器件空隙标准 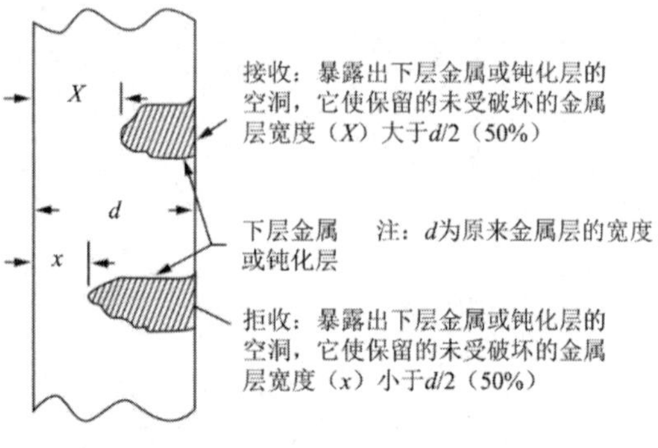　　　　　图 7-35　一般器件空隙标准

图 7-36　终端　　　　　　　　　　　　图 7-37　MOS 空隙标准

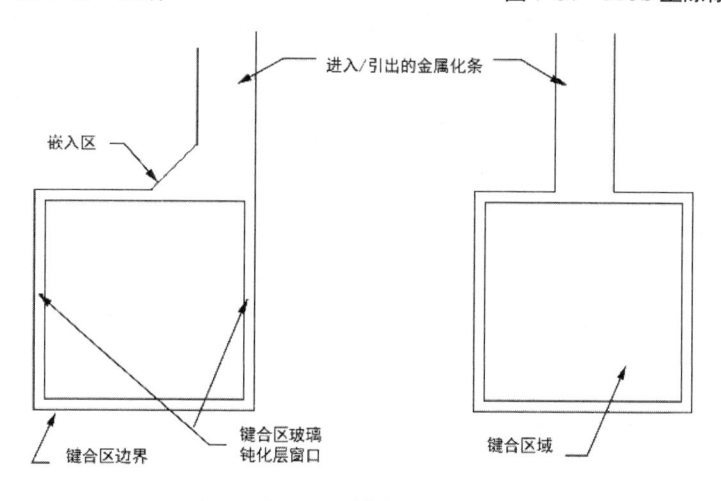

图 7-38　键合区术语

（3）金属化层的腐蚀指任何一种金属化层的腐蚀。对于金属化层中任何变色的局部区域，应进行仔细检查。除非可以证实这种变色是由那些无害的薄膜、玻璃钝化层界面或使其变色的其他因素所导致的，否则这种金属化层应予以拒收。

（4）金属化层的附着性不良包括金属化层的隆起、脱皮或起泡。

（5）金属化层的对准偏差。

① 条件 A（特殊器件）：

被金属化层覆盖的接触孔面积小于整个接触孔面积的 75%。

条件 B（一般器件）：

被金属化层覆盖的接触孔面积小于整个接触孔面积的 50%。

② 条件 A（特殊器件）：

连续被金属化层覆盖的接触孔周边长度小于接触孔周长的 50%。

条件 B（一般器件）：

连续被金属化层覆盖的接触孔周边长度小于接触孔周长的 40%。

③ 条件 A（特殊器件）和条件 B（一般器件）：

接触孔两个相邻边上被金属化层覆盖的长度小于该两边总长度的 75%（仅适用于 MOS 结构）。

④ 条件 A（特殊器件）和条件 B（一般器件）：

覆盖接触孔的金属化层通路与接触窗口之间看不到明显间隔线。

⑤ 条件 A（S 级）和条件 B（B 级）：

栅氧化层的任何暴露（在源扩散区和漏扩散区之间的氧化层被栅电极覆盖，仅适用于 MOS 结构）（见图 7-39）。

⑥ 条件 A（S 级）和条件 B（B 级）：

对含有扩散保护环的 MOS 结构，栅金属化层未与扩散保护环重合或超越保护环（见图 7-39）。

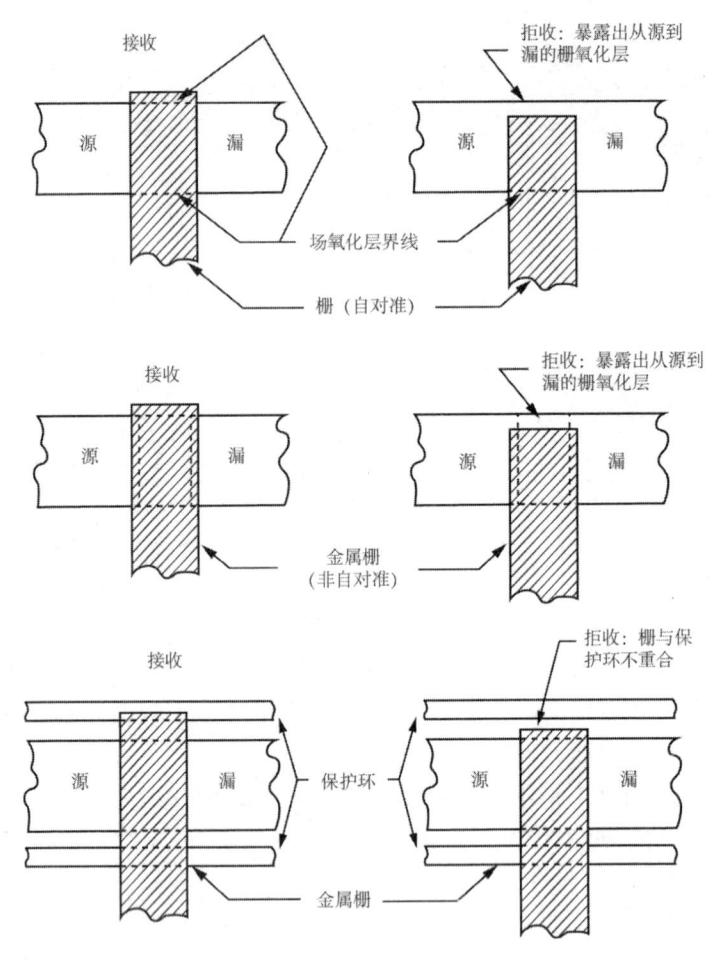

图 7-39　MOS 栅的对准

2）扩散缺陷

（1）条件 A（S 级）和条件 B（B 级）：

引起扩散区之间出现桥连的扩散缺陷（见图 7-40）。

（2）条件 A（S 级）和条件 B（B 级）：

隔离扩散区不连续（未用区或未用键合区周围的隔离墙除外），或任何扩散区保留的宽度小于原始扩散宽度的 25%（对电阻器是小于 50%）（见图 7-41）。

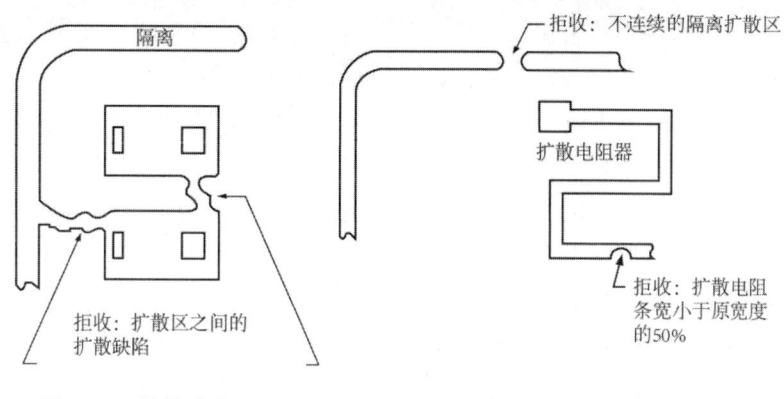

图 7-40 扩散缺陷（1）　　图 7-41 扩散缺陷（2）

3) 钝化层缺陷

在金属化层的边缘并延续到金属化层下面，能看到钝化层的多条干涉条纹或钝化层的缺损（对 GaAs 器件有设计要求的除外）。多条干涉条纹表示缺陷有足够的深度，已渗透到半导体材料本体上。

注：若在金属化层淀积之前还要进行二次钝化，对位于隔离岛上的键合区，可不采用多条干涉条纹判据。

注：仅对条件 B（一般器件），在缺陷区可通过颜色或颜色对比来验证钝化层是否存在，也可以采用这种干涉条纹方法（见图 7-42）。

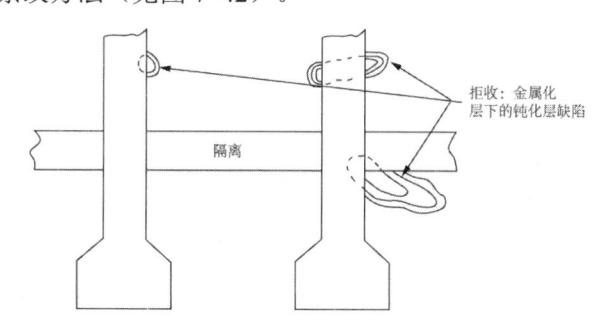

图 7-42 钝化层缺陷

4) 划片和芯片缺陷

参见 1.2.7 节"工艺质量控制基本要求"中的划片和芯片检验规范。

5) 玻璃钝化层缺陷

呈现下列情况的器件不得接收。图 7-43 所示为经激光修正的钝化层缺陷。

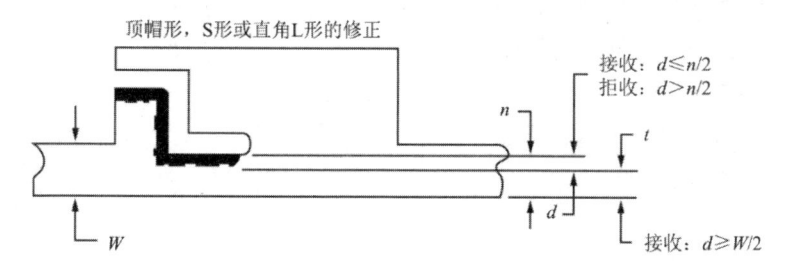

图 7-43 经激光修正的钝化层缺陷

① 玻璃钝化层中出现裂纹或破损，使本条所要求的目检内容难以进行。
② 在有源区中玻璃钝化层起泡或剥落，或它们扩展过玻璃钝化层的设计周边 25μm。
③ 除设计规定以外，玻璃钝化层中的空洞暴露出两条或两条以上的有源金属化层通路。
④ 除设计规定以外，在任一方向上未被玻璃钝化层覆盖的区域尺寸超过 127μm。
⑤ 除设计规定以外，在键合区的边缘未被玻璃钝化层覆盖的区域暴露了半导体材料。
⑥ 由设计确定的键合区接触窗口的 25%以上被玻璃钝化层覆盖。
⑦ 在膜电阻器上出现裂纹。
⑧ 玻璃钝化层中的划伤破坏了金属层，并跨接了几条金属化层通路。
⑨ 玻璃钝化层中的裂纹（不是破裂）使相邻的金属化层通路间形成了闭合回路。
⑩ 玻璃钝化层中的空洞暴露出薄膜电阻器或熔连线，按设计要求在玻璃钝化层上开窗除外。

6）介质阻隔

呈现介质阻隔缺陷的器件不得接收，如图 7-44 所示。

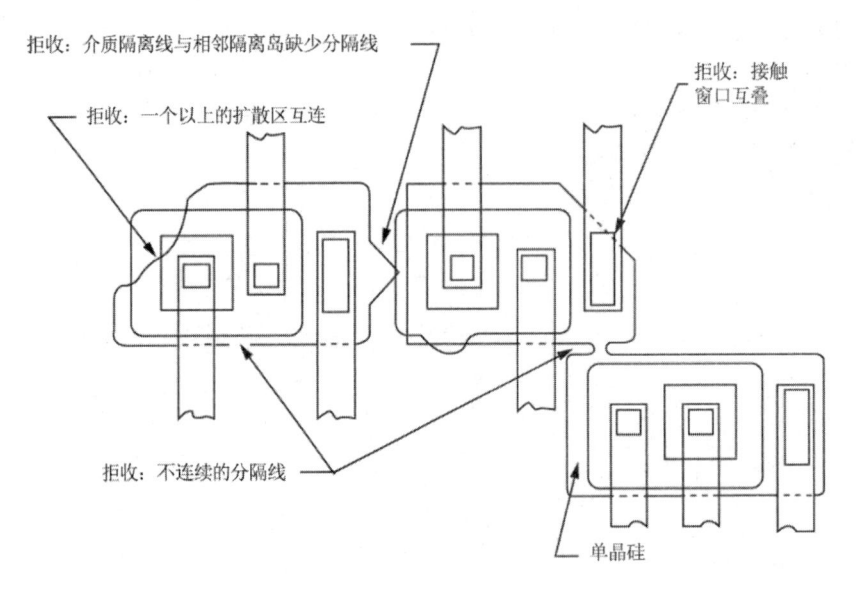

图 7-44　介质阻隔缺陷

2．低放大倍数下检查

1）低放大倍数下引线键合检查

本项检查及标准适用于对各种键合类型和位置从上面观察（见图 7-45）。具体的不同键合方法的标准参见 GJB 548B—2005 中内部目检相关内容。

其中，器件键合的键（不包括键尾）的边线（在有玻璃钝化层或无玻璃钝化层的区域上）暴露出与键合区相连的进入/引出键合区的未受破坏的金属化通路的部分小于 51μm，如图 7-46 所示。

图 7-45 键合尺寸

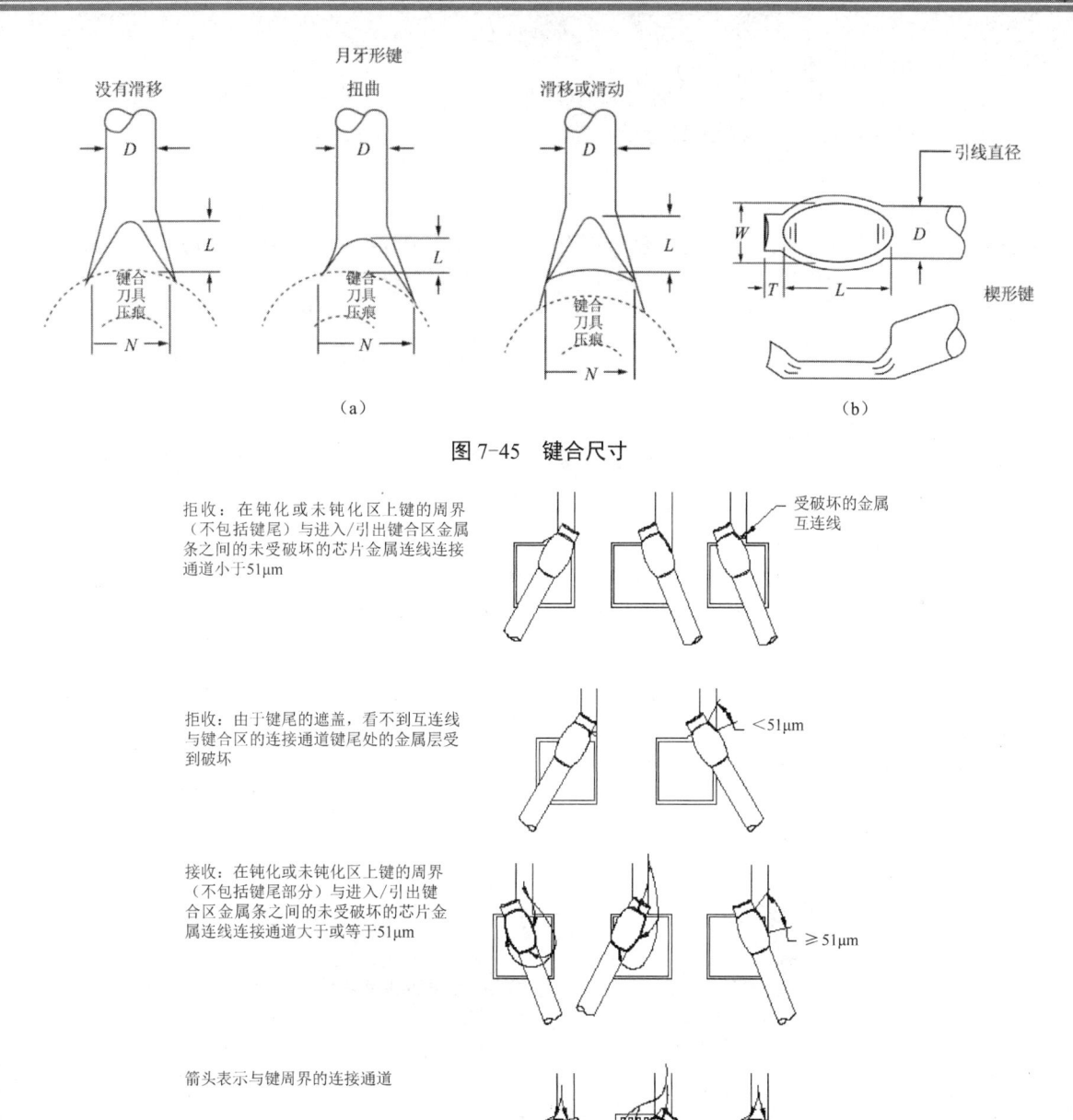

图 7-46 在进入/引出金属化条上的键

2）内引线

在检查内引线时，应从不同角度观察器件，以确定完全符合要求，除非这种观察可能损坏器件。呈现下列情况的器件不得接收。

（1）条件 A（特殊器件）：

引线与未被玻璃钝化层覆盖的工作金属化层之间，或与另一键之间，或与另一引线之间（公用引线除外），或与外引线键合区之间，或与芯片上未被钝化的区域之间（与芯片或基片等电位的引线和键合区除外），以及与封装外壳的任一部分（包括封装后封帽封接平面）之间的距离小于引线直径的两倍。

注：在芯片上从键周界算起径向距离为127μm的范围内，间距最小要求为25μm。

注：对SOS器件，不包括未钝化的绝缘区。

条件B（一般器件）：

引线与未被玻璃钝化层覆盖的工作金属化层之间，或与另一键之间，或与另一引线之间（公用引线除外），或与外引线键合区之间，或与芯片上未被钝化的区域之间（与芯片或基片等电位的引线和键合区除外），以及与封装外壳的任一部分（包括封装后封帽封接平面）之间的距离小于引线直径。

a．在芯片上从键周界算起径向距离为254μm的范围内必须有一条明显的分隔线。

b．对SOS器件，不包括未钝化的绝缘区。

（2）条件A（特殊器件）和条件B（一般器件）：

引线上存在裂口、弯曲、割口、卷曲、刻痕或颈缩，使引线直径减小了25%以上。

（3）条件A（特殊器件）和条件B（一般器件）：

引线和键的接合处出现撕裂。

（4）条件A（特殊器件）和条件B（一般器件）：

从芯片键合区到外引线键合区之间的引线为直线，而不呈弧线。

（5）条件A（特殊器件）：

从上面观察到引线与引线交叉现象（公共导线除外）。但对多层封装，交叉发生在较低层引线键合层的边界内或向下键合的封装内，而且它们之间的最小间隙应为引线直径的两倍，这种引线交叉可接收（见图7-47）。

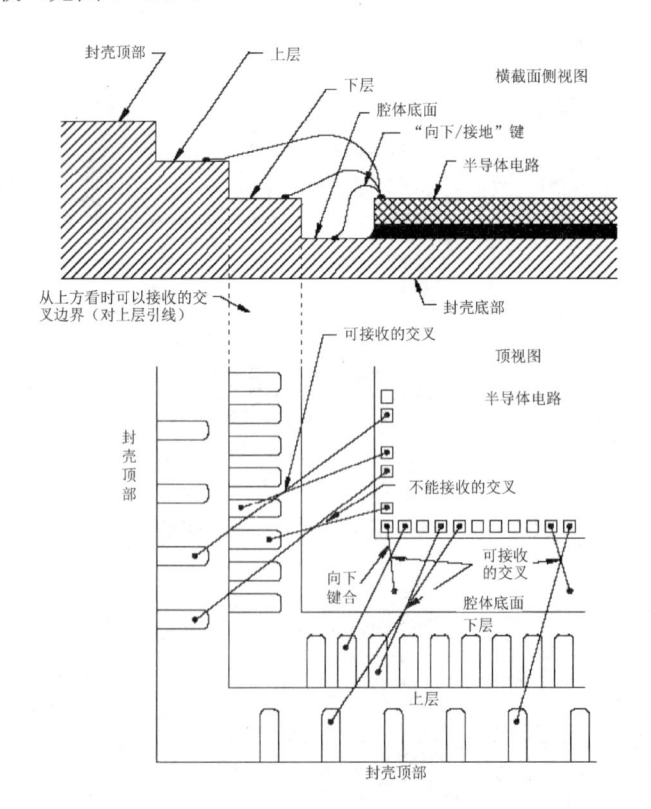

图7-47 引线与引线交叉的特殊器件标准

键合线不能与一个以上的其他键合线交叉,且对任何单独封装腔体,不允许交叉多于 4 个或多于引线总数的 10%,取两者中的大者。

条件 B（一般器件）：

从上面观察到引线与引线交叉现象（除公共导线外）,键合到不同高度的引线柱上的引线交叉是允许的,对于引线与键合在腔体内的引线交叉,如果它们之间的最小间隙保持在引线直径的两倍,这种交叉可以接收（如多层封装或带有向下键合芯片的封装）。

（6）引线不符合键合图的要求。

3）芯片安装

（1）芯片共晶体安装。

下面的要求同时适用于条件 A（特殊器件）和条件 B（一般器件）。呈现下列情况的器件不得接收。

① 芯片安装材料聚集并垂直延伸到芯片顶部表面。

② 至少在芯片的两条完整边上完全看不到或在芯片周边的 75%以上部分看不到芯片与管座间的安装材料（共晶体）,透明芯片除外。

③ 透明芯片的键合面积小于芯片面积的 50%。

④ 芯片装架材料剥落。

⑤ 芯片安装材料呈球形或聚集,当从上面观察时可看到的周界焊接轮廓不到 50%,或芯片安装材料的堆积使堆积高度大于底部的最长尺寸,或在任何位置上有堆积颈缩,如图 7-48 所示。

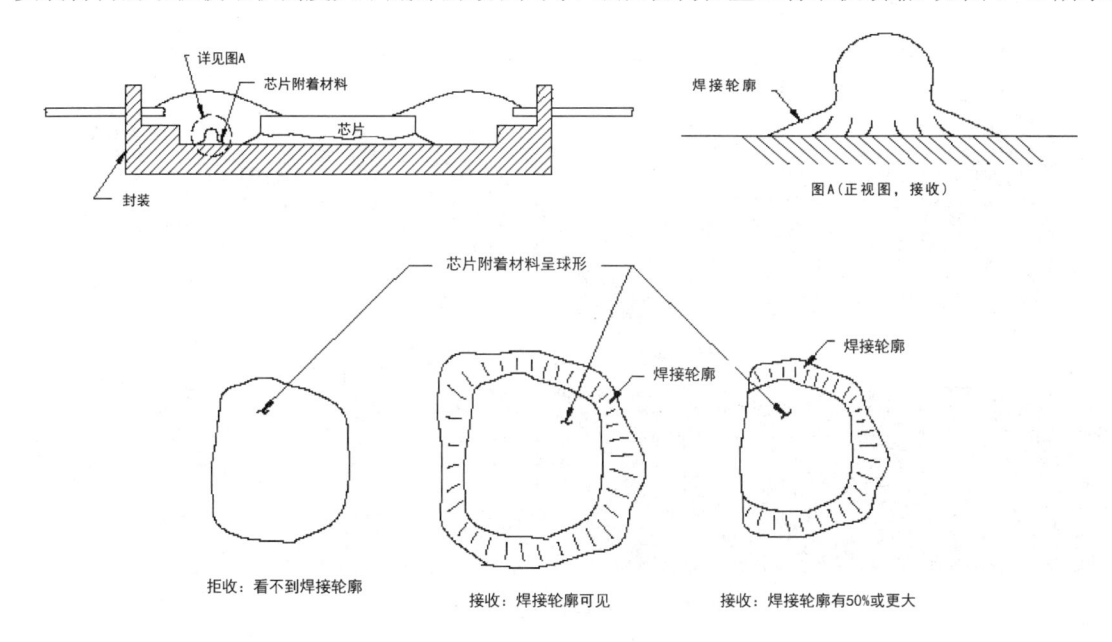

图 7-48 芯片附着材料呈球形

（2）芯片的非共晶体安装。

下面的要求同时适用于条件 A（特殊器件）和条件 B（一般器件）。呈现下列情况的器件不得接收。

① 芯片四周的焊接材料延伸到芯片表面上。

② 沿芯片的每个边的75%长度上没有明显的焊接轮廓。
③ 焊接材料剥落、起皮或隆起。
④ 在腔壁或腔体底面上焊接材料的分离、裂纹宽度大于或等于51μm。
⑤ 焊接材料中存在裂纹。
⑥ 芯片顶面有焊接材料。
⑦ 焊接材料导致封装引出端之间形成桥接，或在引出端的键合区上有焊接材料。
⑧ 焊接材料与导电胶体或内缘相连并延伸到腔壁上，与封装引出端的距离小于25μm。（金属封装基板或陶瓷封装中的金属化层平面均为导电胶体的实例。）
⑨ 透明芯片装架的键合面积小于芯片面积的50%。

（3）芯片方位。

下面的要求同时适用于条件A（特殊器件）和条件B（一般器件）。呈现下列情况的器件不得接收。

① 芯片定向或定位不符合器件装配图的要求。
② 芯片与封装腔体边缘不平行（偏斜大于10°）。

7.2.10　半导体分立器件外壳结构

半导体分立器件包括二极管、三极管、场效应管、晶闸管和晶体振荡器。

1．二极管外壳结构

（1）按封装材料不同，二极管可分为玻璃封装二极管、金属封装二极管和塑料封装二极管。

（2）常见二极管实物如图7-49～图7-51所示。

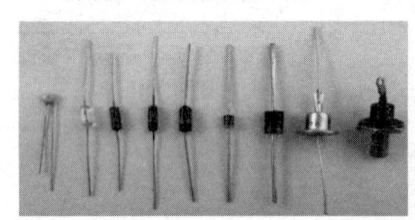

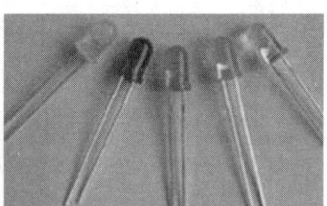

图7-49　插装式二极管实物图

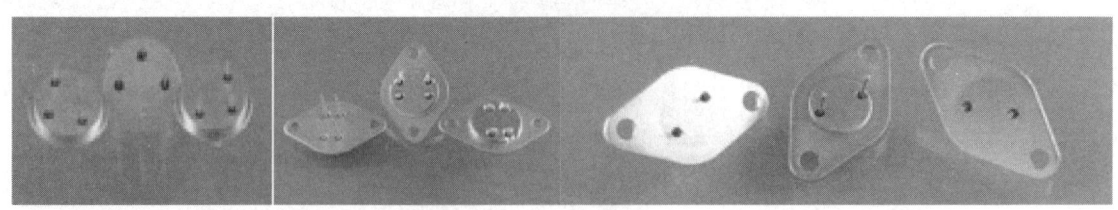

图7-50　大功率二极管实物图

图7-51　表贴式二极管实物图

（3）二极管常见封装形式：DO-15、DO-41、DO-27、SOD-323、SOD-523、SOD-723、

SOT-23、SOT-323、SOT-523 等。

2．三极管外壳结构

（1）按封装材料不同，三极管可分为金属封装三极管和塑料封装三极管两种。

（2）常见三极管实物如图 7-52 所示。

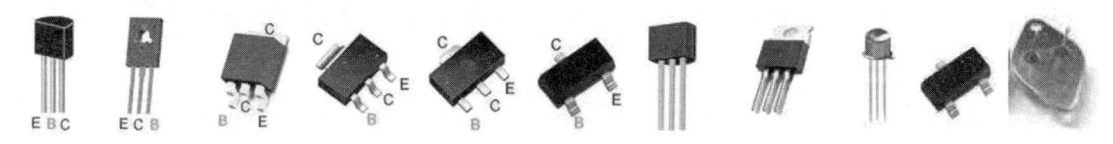

图 7-52　常见三极管实物图

（3）三极管常见封装形式：TO-3 系列、TO-92、TO-3P、TO-220AB、TO-126、SOT 封装、MPAK 封装。

3．场效应管外壳结构

（1）场效应管按封装材料不同，分为金属封装场效应管和塑料封装场效应管两种。

（2）常见场效应管实物如图 7-53 所示。

图 7-53　常见场效应管实物图

（3）场效应管常见封装形式：TO 系列[如 TO-92、TO-92L、TO-220、TO-252、TO-220F、TO-3P、D-PAK（又称 TO-252）、D2PAK（TO-263）、I-PAK 等]；SOT 封装（如 SOT-23、SOT-89 等）；SOP 封装标准有 SOP-8、SOP-16、SOP-20、SOP-28 等；3DO 系列、3DJ 系列、4DJ-2 型、6DJ6-8 型、3C01 型、4D01 型。

4．晶闸管外壳结构

（1）按封装材料不同，晶闸管可分为金属封装晶闸管、塑料封装晶闸管和陶瓷封装晶闸管三种。其中，金属封装晶闸管又分为螺栓形、平板形、圆壳形等多种；塑料封装晶闸管又分为带散热片型和不带散热片型两种。

（2）常见晶闸管实物如图 7-54 所示。

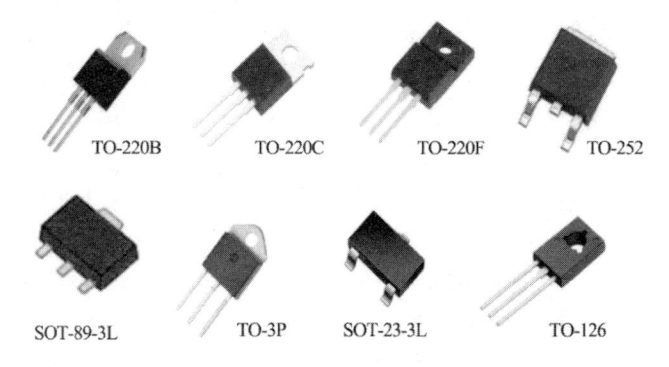

图 7-54　常见晶闸管实物图

（3）晶闸管常见封装形式：TO-220、TO-251、TO-220A、TO-220B、TO-220C、TO-220F、TO-220AB、TO-3P、TO-92、TO-252、TO-126、TO-263、TO-202、SOT-89、SOT-23、SOT-23 等。

5．不同封装材料形成的器件外壳结构

按封装材料不同，半导体器件的封装可以分为玻璃封装、金属封装和塑料封装等。

1）玻璃管壳封装

玻璃封装的零件包括：管壳（管帽）和芯柱（管座）。管壳是一端封闭的玻璃管，芯柱是烧焊有金属引出线的玻璃底座，如图 7-55 所示。芯柱的直径略小于管壳的内径，以便于套入管壳内进行封口。

图 7-56 所示为二极管玻璃管壳结构。这种管壳结构简单，靠引线散热，一般用于功率较小的检波二极管等。

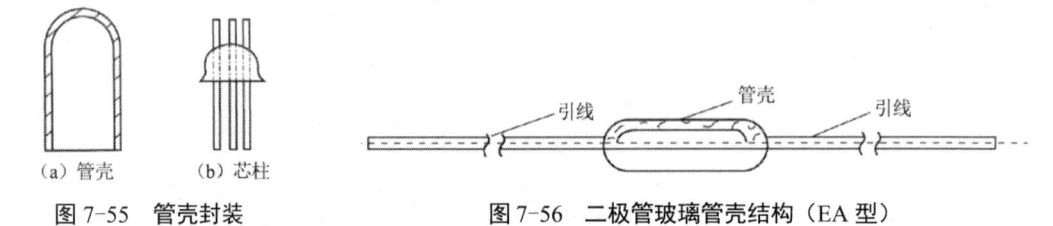

图 7-55　管壳封装

图 7-56　二极管玻璃管壳结构（EA 型）

2）金属管壳封装

金属管壳封装是以金属材料作为管壳材料的一种封装方法。其优点是稳定性、可靠性高，散热性好，具有电磁屏蔽作用。其缺点是成本高、质量大、体积大，在高频条件下工作时金属管壳容易产生寄生效应。

（1）管帽与管座结构。

金属壳与玻璃壳结构相似，也分管帽和管座两部分。管帽通常用厚度为 0.5mm 左右的低碳钢薄板冲制而成。为防止管帽生锈及便于与管座焊接，一般在钢制管帽的表面镀上一层薄的其他金属。广泛采用的金属镀层为镍和铜。频率很高的晶体管管帽也有采用镀金的。此外，也有采用镍或可伐材料制作管帽的。

① 国产中、小功率晶体管基本结构。

管座一般用可伐合金制造。大功率晶体管的管座多用钢或铜制造，因为可伐合金的导热性和导电性能均不够好。

管座的基本结构有两种：一种是用金属薄板冲制成底盘[见图 7-57（a）]，在底盘中央充填绝缘的玻璃坯件，引出线则由可伐合金制成；另一种是用可伐合金制成底盘[见图 7-57（b）]，底盘中间开有小孔。可伐合金引出线穿过小孔，并用玻璃将两者熔接。

② 低频小功率晶体管基本结构。

晶体管的基极（镍支架）是直接焊接在管座上的，只要将两根引出线从底盘中穿入，并用玻璃熔接，另一根引出线直接焊接在底盘上即可，如图 7-58 所示。

EO、ED、EE、EF、EG 型的小功率晶体管的管壳封装都属于金属管壳封装。较大功率的二极管（如整流二极管）也采用这种管壳封装。

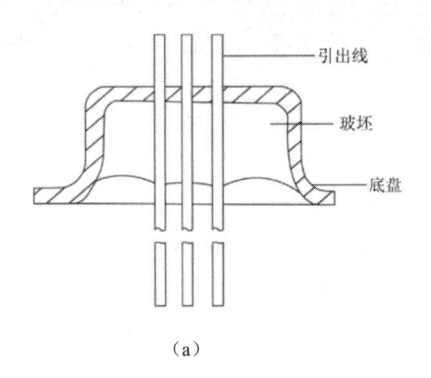

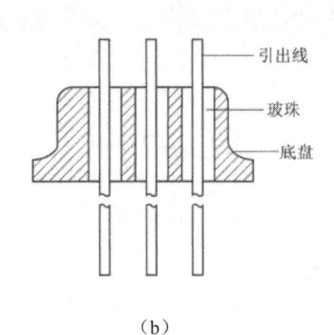

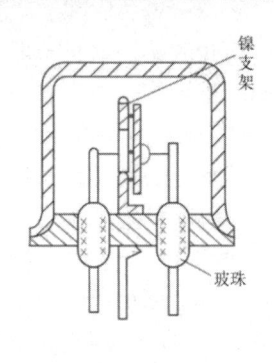

图 7-57　金属管座封装示意图　　　　　图 7-58　低频小功率晶体管结构

③ 大功率晶体管基本结构。

大功率晶体管管壳一般有一个铜底座（或铁底座）起接触散热的作用，其底平面应平整光滑，以利于管芯发出的热传导给散热器。大功率晶体管的结构形式有两种：一种是电极引线由底座下端引出，如 E、F 型管壳。图 7-59 所示为 F 型大功率晶体管管壳结构。这种管壳的底座一般用导热性能良好的铜或价廉的铁制成。底座平板上有两个电极（发射极和基极）。晶体管的集电极直接与底座相连。在菱形管壳角上有两个紧固散热器的孔洞。这类菱形管壳结构简单，封装方便，但功率较小，一般低于 100W。同时，由于管壳的寄生参量较大，引脚电感量较大，因此工作频率一般在 100MHz 以下。这种管壳适用于锗、硅等低频大功率晶体管。

另一种结构形式是电极引线从管壳顶部引出，如 G 型管壳，其结构比 E、F 型管壳复杂，加工困难。但它体积小，而且散热器和引出线的功能由上、下两端实现，这有利于改善晶体管的电热性能。尤其是在微波功率晶体管中，对减少管壳引线电感和管壳在晶体管输出、输入电路之间的寄生电容有较明显的作用。G 型管壳允许耗散的功率为 20W 左右，工作频率可达 500MHz，一般适用于高频大功率晶体管和高反压晶体管的外壳封装。其结构如图 7-60 所示。

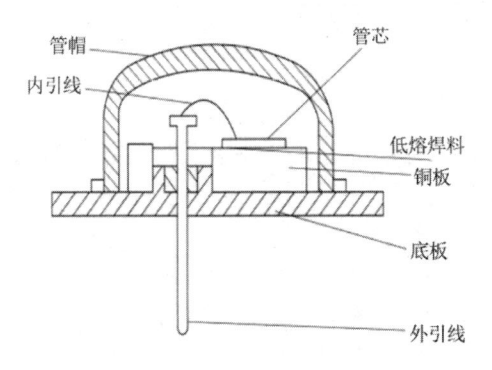

图 7-59　大功率晶体管管壳结构（F 型）　　　　图 7-60　G 型管壳结构

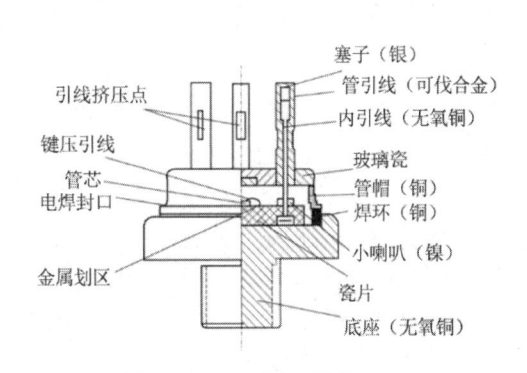

3）塑料封装（简称塑封）

（1）塑封材料。

热硬化型和热塑型高分子材料均可应用于塑封的铸模成型。酚醛树脂、硅胶等热硬化型塑胶为塑封常用的材料。双酚类树脂是 20 世纪 60 年代应用普遍的塑封材料，它有优异的铸模成型特性，但不能单独用于塑封的铸模成型，因此塑封的铸模材料必须添加多种有机与无机材料，以使其具有最佳的性能。

塑封的铸模材料一般由酚醛树脂、加速剂（或称 Kicker）、硬化剂（或称 Hardener）、催化剂、耦合剂（或称 Modifier）、无机填充剂、阻燃剂、模具松脱剂及黑色色素等组成。

（2）塑封方法。

塑封可利用转移铸模（转移成型）、轴向喷洒涂胶与反应注射成型等方法制成，虽然工艺有别，但原料的准备与特性需求有共通之处。转移铸模是塑封常见的密封工艺技术，是指将已经完成芯片粘接及打线接合的 IC 芯片与引脚置于可加热的铸孔中，利用铸模机的挤制杆将预热软化的铸模材料经闸口与流道压入模具腔体的铸孔中，经温度约 175℃、1～3min 的热处理使铸模材料产生硬化成型反应。封装元器件自铸模中推出后，通常需要再施于 4～6h、175℃的热处理以使铸模材料完全硬化。

（3）不同封装形式的塑封结构如图 7-61～图 7-63 所示。

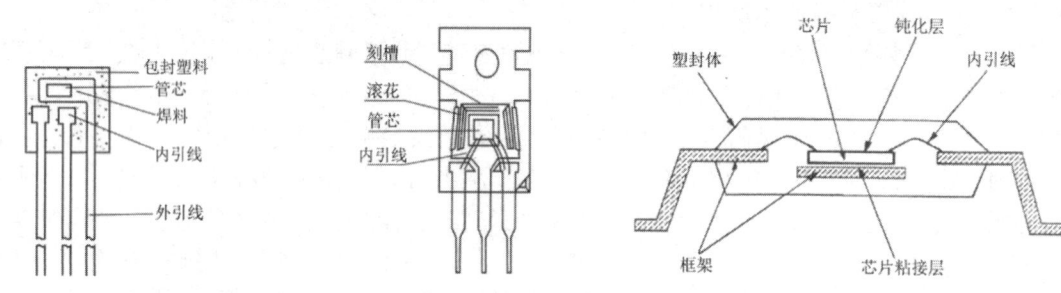

图 7-61　塑封小功率管结构图　　图 7-62　塑封大功率管结构图　　图 7-63　塑封双列直插式集成电路结构图

7.2.11　芯片缺陷对器件整体可靠性的影响

1．可靠性的概念

1）定义

产品在规定的工作条件下和规定的时间内，完成规定功能的能力。

2）定义解释

规定的工作条件：指产品工作时所处的环境条件、负荷条件和工作方式。

环境条件一般分为气候环境和机械环境。负荷条件是指电子元器件所承受的电、热、力等应力的条件。工作方式一般分为连续工作和间断工作。

（1）气候环境：温度、湿度、气压、盐雾、霉菌、辐射等。

（2）机械环境：振动、冲击、碰撞、跌落、离心、摇摆等。

（3）电应力：静电、浪涌、过电压、过电流、噪声。

（4）温度应力：高温、低温、温度循环。

规定的时间：对于元器件来说通常是指平均寿命。

2．利用可靠性试验检测缺陷

利用可靠性试验，能发现产品设计、元器件、零部件、原材料和工艺等方面的各种缺陷。

1）可靠性常用筛选方法

（1）检查筛选：包括显微镜检查筛选、红外线非破坏性检查筛选、X 射线非破坏性检查筛选。

（2）密封性筛选：液浸检漏筛选、湿度试验筛选。

（3）环境应力筛选：振动、离心加速度、冲击、温度循环等。

（4）寿命筛选：高温储存、功率老化等。

2）用不同试验方法检测不同缺陷

利用多种筛选方法对元器件进行筛选，如表 7-4 所示，使用不同试验方法可以检测出不同的缺陷。

表 7-4 试验方法与检测缺陷

失效机理	封装前镜检	温度循环	离心加速度	细检漏	粗检漏	功率老化	X射线检查	耐湿试验	振动疲劳	变频振动	机械冲击	高温储存	工作寿命
键合松动或断开	O	O	O			O	O		O	O	O		O
键合位置不当	O	O	O			O	O		O	O	O		O
芯片管座键合不当	O	O	O			O	O		O	O	O		O
金属化缺陷	O											O	
氧化层缺陷	O												
芯片裂纹													
制造错误	O	O	O			O	O		O	O	O		
管壳缺陷	O	O	O	O	O		O	O	O	O			
密封性不良	O	O	O	O	O		O						

注：O 表示此项存在。

封装失效的常见形式有引线键合断开，引线键合翘起，键合应力过度，错误键合，重复键合，出现金属间化合物，芯片附着缺陷，引线断开，引线短路，引线修整不良，引线腐蚀，外壳漏气，密封外壳污染，外引线缺陷。

在分析失效机理的过程中，采用鱼骨图（因果图）展示影响因素是行业通用的方法。鱼骨图可以说明复杂的原因及影响因素与封装缺陷之间的关系，也可以区分多种原因并将其分门别类，如图 7-64 所示。

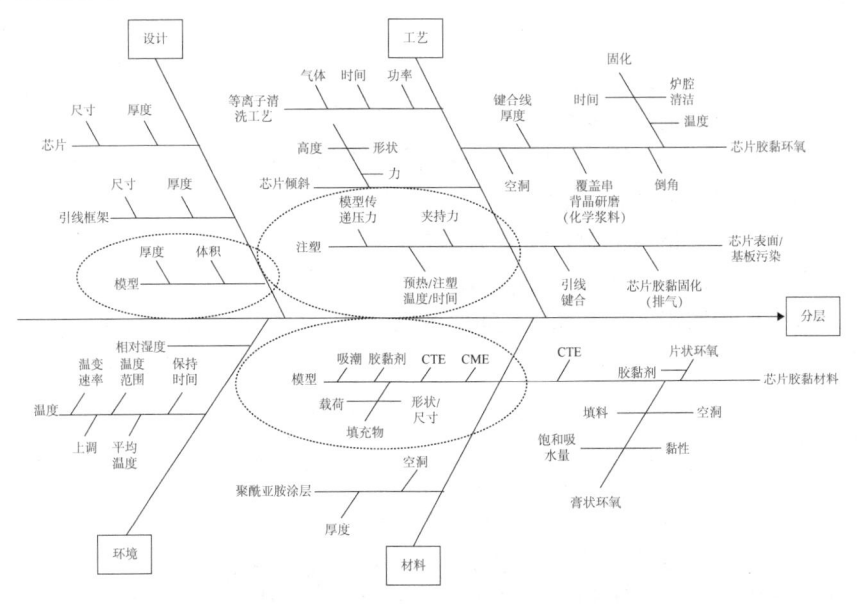

图 7-64 典型塑封微电子器件分层原因鱼骨图

习 题

1. 简述镜检的主要目的。
2. 镜检操作规范由几部分组成？
3. 显微镜能检验哪些缺陷？
4. 查看工作场所的湿度、温度及净化级别，根据《内部目检规范》规定，判断是否符合技术要求。
5. 封装厂房的环境净化包括哪几部分内容？
6. "工艺卫生管理"方面的内容有哪些？
7. 进入洁净区的操作人员，必须遵守哪些规定？
8. 防静电措施是什么？
9. 请按操作顺序叙述 BX53 显微镜检测操作过程。
10. 详细叙述 BX53 显微镜使用时的注意事项。
11. 叙述稀释浓硫酸的方法和注意事项。
12. 皮肤或眼睛一旦沾上酸碱溶液，应如何处理？
13. 高倍显微镜能检验哪些缺陷？
14. 低倍显微镜能检验哪些缺陷？
15. 试述烘箱的操作步骤。
16. 若温度检测报警器设定为 160℃，如果烘箱温度达到 160℃或超过此温度，应该如何处理？
17. 请总结烘箱加热操作注意事项。
18. 键合焊点的形貌有哪几种？
19. 各种类型键合的通用的不合格判据是什么？
20. 什么样的外来物是不允许存在的？
21. 芯片安装在什么位置上是不合格的？
22. 简述半导体材料的分类。
23. 叙述 PN 结的形成过程。
24. 半导体制造的核心工艺包括哪些？
25. 内引线不合格的情况有哪些？
26. 根据对 MOS 管的学习，请画出四种类型的图形符号。
27. 请总结反相器制造工艺流程。
28. 分立器件和集成电路的封装形式有哪些？
29. 简述 CLCC、LCC、BGA 封装形式。
30. 通过查找标准写出 SOT-252、SOP-28 的尺寸。
31. 内部目检方法有哪些？
32. 高倍目检内容有什么？
33. 低倍目检内容有什么？
34. 请详细叙述显微镜倍率是如何设定的。
35. 简述高放大倍数目检中涉及"金属化层缺陷"的内容。
36. 简述高放大倍数目检中涉及"划片和芯片缺陷"的内容。
37. 简述低放大倍数下的引线键合检查中关于"金丝球焊键合"的内容。

38．简述低放大倍数下的引线键合检查中关于"楔形键和无尾键合"的内容。

39．简述低放大倍数下的引线键合检查中关于"一般情况（金丝球焊键合、楔形键和无尾键合）"的内容。

40．简述低放大倍数下的引线键合检查中关于"芯片安装"的内容。

41．请画出"SOT-232"结构图形及尺寸。

42．常用半导体分立器件有哪几种？其常用封装形式分别是什么？

43．金属封装外壳结构由哪些部分组成？

44．塑料封装外壳结构由哪些部分组成？

45．可靠性的定义是什么？

46．可靠性试验的目的是什么？

47．可靠性筛选试验有哪些？

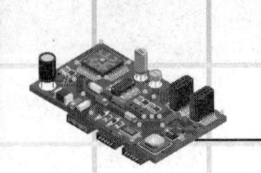

第 8 章 封帽

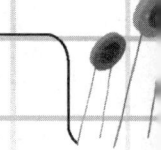

8.1 封帽准备

8.1.1 管帽的识别

以表 8-1 所列管帽型号和图 8-1～图 8-5 所示管帽形貌为例,认识生产加工中要用到的管帽型号和形貌。

表 8-1 管帽明细表

名 称	型号规格	级 别	厂 家	备 注
管帽	B1 B4 TO3-6F B3D B1-B-3 MDIP3919-P4B F-11			

图 8-1 管帽形貌（1）

图 8-2 管帽形貌（2）

图 8-3 管帽形貌（3）

图 8-4 管帽形貌（4）

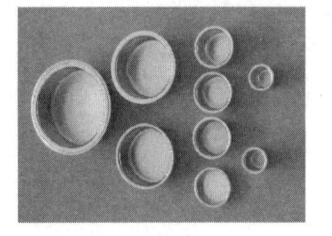

图 8-5 管帽形貌（5）

8.1.2 封帽清洁处理

封帽前的清洗是保证封帽质量必不可少的工艺步骤,按工艺要求完成清洗,也是操作人员必备的能力。现以表 8-2 的管座、管帽清洗作业指导书为例,对封帽清洁处理相应知识进行阐述。

表 8-2　管座、管帽清洗作业指导书

1. 工艺目的

   清除管座、盖板和管帽上的油污。

2. 操作规程

   2.1　合闸，接通烘箱电源，将鼓风机打开；打开温度指示控制仪，旋转温度设定钮，设定所需温度，升温时左边指示灯亮，恒温时右边指示灯亮。

   2.2　在超声清洗器水槽中倒入 5～8cm 深的去离子水或自来水。

   2.3　合上电闸，插上清洗器插销。使用 CX-250 型清洗器：先打开灯丝开关，预热 2～5 分钟后，再打开高压开关。功率转换开关置 "2"，见图 a（若使用 TCQ-250 型超声波清洗器，电源开关打开，功率转换旋钮置 "强"，见图 b）。

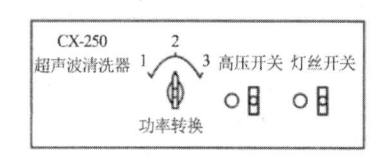

   图 a　CX-250 超声波清洗器　功率转换 1 2 3　高压开关　灯丝开关

   图 b　TCQ-250 超声波清洗器　强 弱 开 关

   2.4　戴上橡胶手套，将零部件放入特制的提篮内，再将提篮放入瓷缸中。

   2.5　将丙酮倒入瓷缸内，没过零部件。

   2.6　将瓷缸放入水槽中，进行超声清洗。超声时间见工艺卡。

   2.7　超声清洗完毕后，将提篮从丙酮中提出来，倒出丙酮，并将瓷缸用干净丙酮冲洗一遍。

   2.8　将盛有零部件的提篮再放入瓷缸中，倒入乙醇，没过零部件，然后晃动提篮使零部件充分接触乙醇，再将提篮从瓷缸内提取出来，倒净乙醇。

   2.9　将热水器注满去离子水，打开电源开关，水开前打开出水开关，以备水开后冲洗。

   2.10　将盛有零部件的提篮再放入瓷缸中，分别用冷、热去离子水冲洗，同时不停地摇晃提篮，使被清洗零部件得到充分冲洗，冲洗时间见工艺卡。

   2.11　关闭加热器电源，关闭去离子水开关。

   2.12　重复 2.8 的动作，再进行一次脱水。

   2.13　清洗完毕后先关高压开关，再关灯丝开关，之后拔插销，拉闸。（若使用 TCQ-250 清洗器，则直接将电源开关置 "关"）

   2.14　将缸中无水乙醇倒净，将零部件倒入铝盘中，放入烘箱烘干。

   2.15　当样品数量多，一次清洗不完时，应分次进行清洗。

   2.16　将用过的丙酮、无水乙醇分别回收，在回收容器上明确标注使用情况，以便区别使用。

   2.17　烘干后拉闸断电。

   2.18　填写随工单。将烘干的零部件和随工单一起转交下道工序。

3. 注意事项

   3.1　水槽内未盛放清洗液时切勿开机，否则机器易损坏。

   3.2　热水器一定要先注水，后开电源，关闭时一定要先关电源，后关水。

   3.3　丙酮、无水乙醇严禁靠近明火。

   3.4　注意查看烘箱温度，以防温度失控。

   3.5　移动管座时，要尽可能避免大的碰撞，以免造成损伤。

   3.6　工作时应戴口罩、手套。

4. 质量要求

   4.1　零部件烘干后，无水迹、污物痕迹。

   4.2　清洗过的零部件注意保存，若超过一个月不用，再用时需重新清洗。

   4.3　清洗管座，每次都需更换丙酮和无水乙醇。

8.1.3 封帽工艺相关仪器、材料明细表

在封帽工艺中，不仅涉及管帽、管座、封帽设备等，还必须有其他与封帽工艺相关的仪器、材料等。

表 8-3 和表 8-4 列出了封帽工艺中涉及的一些仪器、设备、工具、材料等。

表 8-3 仪器、设备、材料、工具明细表（1）

名　称	规格型号	厂家、编号	数　量
超声清洗台	SPD		
烘箱（电热鼓风干燥箱）	DF205		
温度指示控制仪	WMZK-01		
白瓷缸	ϕ16cm×15cm		
白瓷盘	53cm×38cm		
镊子	8in		
烧杯	1500ml、1000ml、500ml		
石英片	ϕ4mm、ϕ5mm		

名　称	级　别	规　格	备　注
丙酮	分析纯	500ml	
无水乙醇	优级纯	2500ml	
硫酸	优级纯	500ml	
重铬酸钾	分析纯	500g	

表 8-4 仪器、设备、材料、工具明细表（2）

仪器、设备				
名　称	规格型号	厂家	编号	数　量
显微镜	XTT			
显微镜	OLYMPUS			
超声清洗机	SPD			
电热鼓风干燥箱	银河			
冰箱				
操作箱				
设备、工具、仪器				
名　称	规格型号	厂家、编号		数　量
焊头	F-2 钨铜 80%			
焊头	F-1 钨铜 80%			
焊头	B-4 钨铜 80%			
焊头	F-0 钨铜 80%			
平行缝焊焊头	钨铜 80%			
三棱刮刀				
圆锥	8寸			
漏勺				
镊子	ϕ12cm			
露点仪				
平行缝焊机	VENUS-3			

续表

设备、工具、仪器				
名　称	规格型号	厂家、编号		数　量
平行缝焊机	2400E			
逆变式封帽机	PW-250			
储能焊封帽机	ACCU-WELD5200			
材料工具				
名　称	规格型号	级　别	厂　家	备　注
6235胶	B4			
进口导电胶	B4			
银浆	CT4042-1A、1B			
无水乙醇	（Z102）	优级纯		
丙酮	DAD-87	分析纯		
氮气	500ml/瓶			
定性滤纸	500ml/瓶			
不锈钢镊子	99.99%			
白瓷盘	$\phi 9 \sim \phi 12.5\text{cm}$			
烧杯	$\phi 80\text{mm}$			
培养皿	200ml			
压缩空气				
氮气				
循环水				
干擦砂布纸	熊猫牌			
复写纸				
检漏液（全氟三丁胺）	5kg			
无水乙醇	F4830（2500ml）	优级纯		
清洗液	F113 冰峰（250kg）			

包封工艺通常还需要包封机、辅助材料、辅助设备和工装夹具及防护用具。

包封机：利用环氧树脂塑封料将框架与其表面元件塑封成形，提高其致密性。

辅助材料：压焊成品、空框架、清模铜片、塑封料、清模胶粒/胶片。

辅助设备和工装夹具：温度计、料盒、记号笔、MT 显微镜、砂轮、铜棒、气枪、小推车、千分尺、充氮烘箱等。

防护用具：防静电手套、高温手套、线手套、口罩。

8.1.4　工艺与环境条件控制

1. 基本定义

（1）工艺：是指劳动者利用各类生产工具对各种原材料、半成品进行加工或处理，使之成为成品的方法与过程。它包含的内容非常广泛，主要有工艺文件、工艺纪律检查、工具、设备、人员、装配顺序、现场等。

（2）环境条件：对产品进行环境适应性设计，以及环境试验时要考虑的对产品可靠工作、储存和运输能力产生影响的自然和（或）诱发的物理环境应力条件。

2. 封帽时的工艺条件与环境条件

不同的封帽方法，应用不同的生产设备和工具，就有不同的工艺条件和环境条件。

8.1.5 封帽工装（模具）选择

不同的封帽方法，需要的封帽工装不同；不同的元器件封装型号，需要的封帽工装也不同；不同的封装工序，所需的工装也不同。

不同封帽材料，相应地有不同的封帽方法，采用不同的生产设备，工艺要求不同，工装也不同。

8.1.6 不同封装结构对零件、模具的要求

1. 金属封装结构及封装帽方法对零件、模具的要求

1）金属封装结构

金属封装可用于光电器件、分立器件和混合集成电路，封装上也有些区别。从结构上分类，混合集成电路金属封装有平板型、浅腔型、扁平型和圆形；分立器件金属封装有 A、B、C 型（国家标准）；光电器件金属封装有带光窗型、带透镜型和带光纤型。金属封装结构如图 8-6 所示。

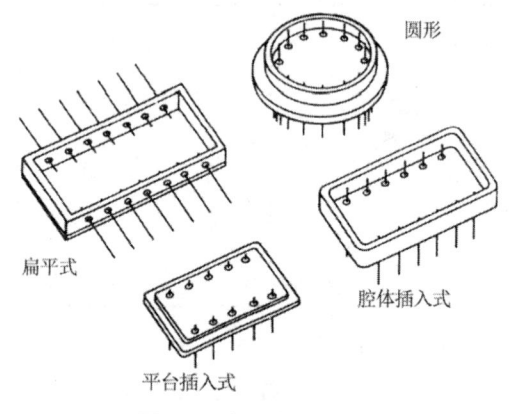

图 8-6 金属封装结构

2）金属封装气密性封帽方法

（1）平台插入式金属封装由平台式管座和拱形管帽组成，这种形式的封装一般用储能焊的方法对管座和管帽进行封接，也可采用锡焊（低温焊料焊接）或激光焊封接。

（2）腔体插入式金属封装由腔体式管座和盖板组成，这种形式的封装一般用平行缝焊的方法对管座和盖板进行封接。

（3）扁平式金属封装由管座和盖板组成，这种形式的封装采用平行缝焊的方法对管座和盖板进行封接，也可采用激光焊封接。

（4）圆形金属封装由圆形管座和拱形管帽组成，这种形式的封装与平台插入式金属封装相近，所使用的管帽封接方法几乎相同。

（5）钎焊也可以实现金属材料封帽工艺。

3）封帽方法对零件的要求

（1）平行缝焊对零部件的要求：为保证平行缝焊的质量工艺，对外壳盖板、焊环等零部件有严格要求，包括如下几个方面：盖板与外壳焊环要有良好的镀层；盖板的厚度为 0.1~0.12mm；盖板的毛刺要小，水平方向的毛刺小于 0.05mm，垂直方向的毛刺小于 0.025mm；为使拐角处的焊点重合，盖板及焊环的圆角半径一般选为 1mm；为保证焊轮能在焊环边缘滚动，外壳焊环高度应不低于 0.3mm；外壳焊环下焊料外溢高度不能大于焊环高度的二分之一。

（2）储能焊对零部件的要求：上盖和底座必须采用金属材料；上盖与底座的交界面必须有封装筋；上盖和底座有配合尺寸要求。

（3）钎焊对零部件的要求：钎料与被焊零部件材料有较好的浸润性；被焊零部件要求表面粗糙，呈沟槽状，可以改善浸润性，有助于焊接；钎焊前，要清除被焊零部件表面的氧化物。

4）封帽方法对模具（工装）的要求

储能焊和平行缝焊模具（工装）的主要作用是装载管帽和底座，使管帽和底座对准，实现无缝焊接。模具（工装）要求：分上、下两个模具（工装），管帽（盖板）和底座可以很精准地放置到上、下两个模具（工装）的内凹槽中，内凹槽尺寸与管帽（盖板）和底座尺寸符合工艺设计要求；上、下模具（工装）表面的平整度、光洁度应符合工艺设计要求；上、下模具（工装）的对准精度必须符合工艺要求。

2．塑料封装对零件、模具的要求

转移成型技术是塑料封装常见的密封工艺技术，图 8-7 是其模具结构图。图 8-8 是模具实物图。

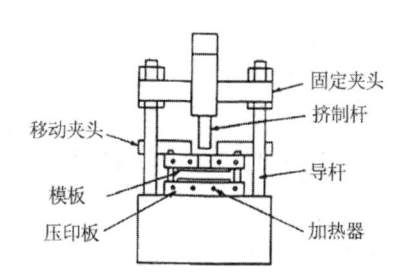

图 8-7 模具结构图

图 8-8 模具实物图

模具是由硬而脆的钢材加工而成的。所有清洁模具的工具必须为铜制品，以免损伤模具表面。严禁使用钨钢笔等非铜材料硬质工具清洁模具。

模具可分为上、下两部分，接合的部分称为隔线，每一部分各有一组压印板与模板，压印板是与挤制杆相连的厚钢片，其功能为铸模压力与热的传送，底部的压印板还有推出杆与凸轮装置以供铸模完成后，元器件退出。模板是刻有元器件的铸孔与输送通道的钢板，如图 8-9 所示，供软化的树脂原料流入而完成铸模。

GB/T 14663—2007《塑封模具技术条件》规定了塑封模具的基本性能、装配要求、检测与验收规定和包装、运输要求等。该标准适用于塑料封装的集成电路、半导体分立器件、元件等的塑封模具。封装材料为热固性塑料，如改性环氧树脂、硅酮塑料等。塑封模具（工装）的选择与使用应符合国家标准。

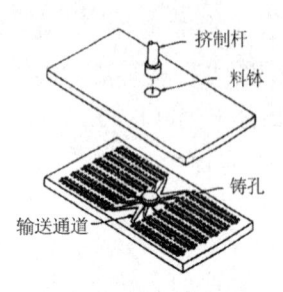

图 8-9 模板结构图

3. 凸缘电阻焊模具设计原则及材料选取原则

在凸缘电阻焊中，模具的作用是支撑并定位被焊件，还作为电极导电并实现熔焊过程的冷却。模具设计是否合理关系到产品质量、成品率和工作效率，因此，必须周密设计模具结构。

模具结构设计应遵循如下原则：① 保证外壳管帽与底座同心；② 保证外壳管帽与底座紧密均匀接触、受力一致；③ 保证焊接后迅速冷却；④ 易于装卸焊件。

模具材料的选取原则有：① 具有良好的导热性和导电性；② 硬度高、强度高、软化温度高；③ 被焊件与电极之间无置换作用，以免在焊接温度下电极表面形成合金层。模具常采用镉铜、铬铜、锆铜、铍铜和钨铜等材料。

8.1.7 半导体分立器件、集成电路的密封

半导体分立器件、集成电路的密封是保护器件不受环境影响而能长期可靠工作的重要环节。半导体分立器件、集成电路的密封方法分为气密密封（气密性封装）和非气密密封（非气密性封装）。

气密性封装包括金属封装、陶瓷封装和金属-陶瓷封装；非气密性封装常指塑料封装。

1. 气密性封装方法

1）金属封装封帽方法

金属封装的四种封帽方法为储能焊、锡焊、激光焊接和平行缝焊，从其各自特点、适用性、焊接后产生的缺陷及工艺复杂性考虑，目前应用最广泛的金属封装封帽方法是储能焊和平行缝焊。

2）陶瓷封装封帽方法

（1）金锡熔封（钎焊）：使用 Au80Sn20 合金焊料（具有高耐腐蚀性、高抗蠕变性、高强度、良好的浸润性，无须助焊剂），加热到 300℃，保持 3～5 分钟，并在管壳和盖板之间施加压力。

（2）平行缝焊：利用脉冲大电流在盖板焊框接合处产生热量，形成焊点；局部加热，对芯片热冲击小，成本低。

3）金属-陶瓷封装封帽方法

该方法是以传统多层陶瓷工艺为基础，以金属和陶瓷材料为框架发展起来的；最大特征是

高频特性好、噪声低，常用于微波功率器件。金属-陶瓷封装可分为分立器件封装，包括同轴型和带线型；单片微波集成电路（MMIC）封装，包括载体型、多层陶瓷型和金属框架-陶瓷绝缘型。钎焊可以完成金属-陶瓷封装气密性封帽工艺。

2．非气密性封装方法

塑料封装可利用转移铸模（转移成型技术）、轴向喷洒涂胶（喷射成型技术）和反应注射成型等方法制成。转移成型是塑料封装最常见的密封工艺技术。

1）转移成型技术

转移成型技术是指将已完成芯片粘接及打线接合的 IC 芯片与引脚置于可加热的铸孔中，利用铸模机的挤制杆将预热软化的铸模材料经闸口与流道压入模具腔体的铸孔中，经温度约 170℃、1～3 分钟的热处理使铸模材料产生硬化成型反应。

2）喷射成型技术

喷射成型技术是指将引发剂、促进剂和塑封料树脂混合物由喷枪喷出，沉积到模具型腔，沉积到一定厚度时，用辊轮压实，排除气泡，固化后成型。

3）反应注射成型

反应注射成型是指将所需原料分别置于两组容器中搅拌，再移入铸孔中使其发生聚合反应，完成涂封。

3．封帽设备的适用范围及要求

1）平行缝焊

（1）原理：利用两个圆锥形滚轮电极压住待封装的金属盖板和管壳上的金属框，焊接电流从变压器次级线圈一端经其中一个锥形滚轮电极分为两股电流，一股电流流过盖板，另一股电流流过管壳，经另一个锥形滚轮电极回到变压器次级线圈的另一端，整个回路的高电阻部位在电极与盖板的接触处，由于脉冲电流产生大量的热，接触处呈熔融状态，在滚轮电极的压力下，凝固后即形成一连串的焊点。

（2）特点：① 由于平行缝焊是将盖板和外壳熔焊在一起的，故焊缝接合强度高，能够承受大的机械应力和热冲击载荷；② 由于平行缝焊的焊缝在外壳边缘，被熔焊的区域很小，属于局部加温，因此对芯片的热冲击小，同时焊接时产生的金属颗粒也不会飞溅到芯腔中；③ 平行缝焊不需要焊料，成本较低；④ 平行缝焊的产品外形美观；⑤ 密封后不宜拆盖返修；⑥ 该工艺对外壳和盖板有特殊要求。

（3）平行缝焊设备：平行缝焊机。

（4）适用范围：平行缝焊机主要应用于封装集成电路芯片。

（5）使用要求：工作环境符合设备使用要求；操作人员按照设备操作维护说明书进行操作和维护；操作人员参加设备操作、维护、简单维修的专业培训并达到相应要求；操作者要对平行缝焊机有一个全面深入的了解，如工作原理、开机方式、氮气的进出、设备的维护等。

2）储能焊

（1）原理：储能焊把电荷储存在一定容量的电容里，使焊炬通过焊材与工件的瞬间以

2～3次/秒的高频率脉冲放电,从而使焊材与工件在接触点瞬间达到冶金接合的一种焊接技术。

(2) 特点。

① 控制器采用单片微机控制系统,操作维护简单,控制精确、稳定。

② 软、硬件结合,同步控制,保证焊接质量,精度高。

③ 电容电压在35～400V范围内任意可调。

④ 电路充放电迅速,焊接电流稳定,充放电频率高。

⑤ 使用数码显示面板,操作简单,外观精美。

⑥ 设有按键声音,提醒操作者操作成功,防止误操作。

(3) 储能焊设备:储能焊机(又称电容式储能焊机)。

(4) 适用范围:储能焊机广泛用于低碳钢、不锈钢、铜、合金的焊接。

3) 钎焊

(1) 原理:将低于焊件熔点的钎料和焊件同时加热到钎料熔化温度,然后利用液态钎料填充固态工件的缝隙使金属连接起来,或者是将剪裁好的焊料合金预制片插在盖板与壳体的密封面之间,用夹具压紧,随着炉带的传送,合金焊料在炉中相继经历预热、升温、共熔/共晶、降温、冷却等状态,形成致密的焊缝,从而将产品气密封装起来。

(2) 特点。

① 气密性好、成品率高,可满足器件高可靠性的要求。

② 可实现低寄生参数的无边缘封装。

③ 不使用助焊剂,在还原气氛、惰性气体或真空中实现焊接。

④ 焊料在厚膜金属化镀层或金属镀层上焊接。

⑤ 工艺简单,工艺重复性好。

⑥ 设备简单。

⑦ 钎焊过程中,器件整体加温,对某些器件的性能有不利的影响。

(3) 钎焊设备:国内外通常采用链式炉(带式炉)来完成钎焊的气密性封帽工艺。

(4) 适用范围:主要用于陶瓷封装和金属-陶瓷封装,在半导体分立器件和集成电路中得到广泛的应用。

(5) 使用要求。

钎焊时,要去除母材接触面上的氧化膜和油污,以利于毛细管在钎料熔化后发挥作用,增强钎料的浸润性和毛细流动性。

钎焊密封工艺中的清洗方法如下。钎焊前的清洗工艺包括装芯片前外壳和密封焊料的清洗。外壳使用前在检漏时沾有大量真空油脂,密封焊料放置时间长了会被沾污或氧化,清洗的作用就是去除沾污和氧化层,因此,钎焊前清洗工艺十分重要,它关系到钎焊的质量和工艺成品率。典型的外壳清洗过程为:用甲苯溶液浸泡2小时;在甲苯溶液中超声清洗三次,每次5分钟;在丙酮溶液中超声清洗三次,每次5分钟;在乙醇溶液中超声清洗三次,每次5分钟;在真空烘箱中烘干备用。对焊料清洗的过程为:在丙酮溶液中超声清洗三次,每次5分钟;在乙醇溶液中超声清洗三次,每次5分钟;在真空烘箱中烘干备用。

(6) 在钎焊密封工艺中,常用的焊料组分及性能列于表8-5中。

表 8-5 常用焊料的参数

序号	焊料	焊料组分比例	熔点（℃）	钎焊温度（℃）	高温储存温度（℃）	温度循环（次）	低温存放温度（℃）	漏率（Pa·cm³/s）
1	AuSn20	Au：Sn=80：20	280	300	225（1000h）	50（-55～125）℃	-78	≤5×10⁻³
2	AuSn90	Au：Sn=10：90	217	240～270	—	—	—	≤5×10⁻³
3	SnAgCu	Sn：Ag：Cu=96.6：3：0.4	216	280～310	150（1000h）	1000（-55～125）℃	-78	≤5×10⁻³
4	锡基2#	Sn：pb：Ag：Ni=84：10：4：2	224	275～290	175（1000h）	50（-65～125）℃	-78	≤5×10⁻³

注：表中 50（-55～125）℃表示在-55～125℃循环 50 次。

（7）在钎焊密封工艺中，焊料是必不可少的，合理选用焊料十分重要。常用焊料的选用原则如下。

① 钎焊温度低于半导体器件能够承受的最高温度。

② 焊料应能满足器件筛选工艺的要求，在高温储存期间，焊缝不得漏气和出现明显氧化。

③ 焊料应能满足器件热冲击、温度循环及环境和例行试验的要求。

④ 焊料成分中不宜含有高蒸气压的元素，如 Cd、Bi、Mg、Li 等。

⑤ 只允许含有少量空气（不超过 0.005%）及其他有机/无机杂质，以免钎焊时出现沸腾、溅散现象，污染芯片或影响气密性。

⑥ 焊料对焊件的镀层有良好的浸润性和流动性，焊料结晶范围小，最好选用共晶或接近共晶成分的焊料。

4）熔焊

熔焊包括电阻焊、激光焊、微弧等离子焊等工艺，其中电阻焊适用于圆形或方形金属外壳和陶瓷外壳的密封，激光焊多用于特殊材料和特殊结构的焊接，微弧等离子焊用于壳体尺寸较大的混合电路密封。

（1）激光焊。

① 原理：是一种利用以聚焦的激光束作为能源轰击焊件所产生的热量进行焊接的方法。也可以说，利用高能量的激光脉冲对材料进行微小区域的局部加热，激光辐射的能量通过热传导向材料的内部扩散，材料熔化后形成特定熔池以达到焊接的目的。

② 特点：激光焊接机的自动化程度高，焊接工艺流程简单。非接触式操作方法能够达到洁净、环保的要求。采用激光焊接机加工工件能够提高工作效率，成品工件外观美观、焊缝小、焊接深度大、焊接质量高。激光焊热影响区小，加热集中迅速，热应力低；激光焊热输入小，焊接变形小，不受电磁场影响。但激光焊接机的成本较高，对工件装配的精度要求也较高，在这些方面仍有局限性。

③ 激光焊设备：激光焊接机。

④ 适用范围：由于激光具有折射、聚焦等光学性质，激光焊非常适合于微型零件和可达性很差的部位的焊接。但由于目前激光器价格昂贵、电光转换效率较低等原因，激光焊尚未得

到广泛应用。

(2) 电阻焊。

① 原理：在两个电极间夹紧被焊工件，通过大的电流熔化电极接触的表面，即通过工件电阻发热来实施焊接，常用来焊接薄金属件。也可以说，电阻焊利用低电压大电流通过上焊件和下焊件的紧密接触形成的电阻时产生高热，使焊件接触处局部熔化以实现熔接。常用的电阻焊有点焊、对焊、凸缘电阻焊和平行缝焊。

② 特点。

优点：熔核形成时，始终被塑性环包围，熔化金属与空气隔绝，冶金过程简单；加热时间短，热量集中，故热影响区小，变形与应力也小，通常在焊后不必安排校正和热处理工序；不需要焊丝、焊条等填充金属，以及氧、乙炔、氢等焊接材料，焊接成本低；操作简单，易于实现机械化和自动化，改善了劳动条件；生产率高，且无噪声及有害气体，在大批量生产中，可以和其他制造工序一起放到组装线上。但电阻焊因有火花喷溅，故需要隔离。

缺点：目前缺乏可靠的无损检测方法，焊接质量只能靠工艺试样和工件的破坏性试验来检查，以及各种监控技术来保证；点、缝焊的搭接接头不仅增加了构件的质量，且在两板焊接熔核周围形成夹角，致使接头的抗拉强度和疲劳强度均较低；设备功率大，机械化、自动化程度较高，使设备成本较高、维修较困难，并且常用的大功率单相交流电阻焊机不利于电网的平衡运行。

③ 电阻焊设备：电阻焊机。

④ 适用范围：实现金属之间的焊接。

⑤ 使用要求：被焊件均为金属材料；彻底清理工件表面是获得优质接头的必要条件，所以焊前必须将电极与工件，以及工件与工件间的接触表面清理干净；电极的形状和材料对熔核的形成有显著影响，所以要选用正确的电极形状和材料；随时关注电极端头的变形和磨损程度。

(3) 点焊。

① 原理：利用柱状电极，在两块搭接工件接触面之间形成焊点的焊接方法。点焊时，先加压使工件紧密接触，随后通电，在电阻热的作用下工件接触处熔化，冷却后形成焊点。

② 特点：点焊时焊件成为搭接接头并压紧在两电极之间，对连接区的加热时间很短，焊接速度快；点焊只消耗电能，不需要填充材料或焊剂、气体等；点焊质量主要由点焊机保证；操作简单，机械化、自动化程度高，生产率高，劳动强度低，劳动条件好；由于焊接是在很短的时间内完成的，需要用大电流并施加压力，所以过程的程序控制较复杂，点焊机电容量大，设备的价格较高；对焊点进行无损探伤较困难。

③ 点焊设备：点焊机。

④ 适用范围：点焊主要用于厚度在 4mm 以下的薄板构件、冲压件的焊接，特别适合汽车车身和车厢、飞机机身的焊接；但不能焊接有密封要求的容器。根据其特点，点焊不适用于气密性封帽工艺。

⑤ 使用要求：点焊机的脚踏开关应有牢固的防护罩，防止意外启动；作业点应设有防止工作火花飞溅的挡板；施焊时焊工应戴平光防护眼镜；点焊机放置的场所应保持干燥，地面应铺防滑板；焊接工作结束后应切断电源，冷却水开关应延长 10 秒再关闭，在气温低时还应排除水路中的积水，防止冻结。

5) 压力焊

压力焊包括冷压焊、热压焊或超声热压焊等。冷压焊主要用于较大尺寸的外壳，特别是塑性金属外壳的密封；热压焊多用于微型无边缘外壳，特别是微波二极管外壳的密封。

① 冷压焊是指室温下借助压力使待焊金属产生塑性变形而实现固态焊接的方法。通过塑性变形挤出连接部位界面上的氧化膜等杂质，使纯净金属紧密接触，达到晶间结合；不会产生热焊接接头常见的软化区、热影响区和脆性金属中间相；主要用于焊接塑性良好的金属（如铝、铜等）。冷压焊设备主要是指冷压焊钳和冷压焊机。

② 超声热压焊结合了热压与超声两个作用。超声热压焊：利用超声波的高频机械振动能量，对工件接头进行内部加热和表面清理，同时对工件施加压力来实现焊接的一种压焊方法。超声热压焊的主要应用对象是超小型镀金外壳与镀金管帽的焊接。

超声波焊接机由一套超声波焊接系统组成，主要组件包括超声波发生器，换能器、变幅杆、焊头三联组，模具和机架。

③ 特点。

超声塑料焊接的优点：焊接速度快，焊接强度高，密封性好；取代传统的焊接/粘接工艺，成本低廉，清洁无污染且不会损伤工件；焊接过程稳定，所有焊接参数均可通过软件系统进行跟踪监控，一旦发现故障，很容易排除。

超声金属焊接的优点：焊接材料不熔融；焊接后导电性好，电阻系数极低或近乎为零；对焊接金属表面要求低，氧化或电镀均可焊接；焊接时间短，不需任何助焊剂、气体、焊料；焊接无火花，环保安全；可实现无边缘封帽，降低了器件的寄生参量；可以避免焊料对器件内引线的熔融。

6）转移成型

（1）原理：采用环氧树脂等合成高分子聚合物（塑料）将已完成引线键合的裸芯片和模块化引线框架完全包封在一起。

（2）特点：具有成本低廉、工艺简单和适宜于大规模生产等优点，应用市场广阔。

（3）设备：预加热器、压机、模具和固化炉。

（4）适用范围：塑料封装。

7）粘封工艺

（1）原理：利用胶黏剂和被粘物之间可能产生的配价键、化学键、机械结合、物理吸附、相互扩散等作用，使胶黏剂和被粘物之间产生黏附力而实现半导体器件的粘接密封。

（2）特点：工艺简单、操作方便、封装效率高。

（3）设备：粘封机。

（4）适用范围：可实现氧化铝陶瓷与氧化铝陶瓷，氧化铝陶瓷与光学玻璃，可伐合金镀金件、无氧铜镀金件与光学玻璃，氧化铝陶瓷与氧化铝陶瓷上的镀金导体，铝合金镀银件与铝合金镀银件的粘接封装。

（5）粘封工艺中，常用胶黏剂有热固性树脂、热塑性树脂和橡胶型胶黏剂。半导体器件的粘封工艺一般选用热固性或橡胶型胶黏剂。

（6）选用胶黏剂的原则。

① 胶黏剂的强度。弹性密封用胶黏剂应具有一定的强度和弹性。砷化镓微波功率器件采用强度略差、耐高温、高弹性的硅橡胶密封能满足器件的各项性能要求。

② 对被粘物表面清洁度的要求：密封粘接面总会或多或少地受到污染，而这种污染难以清除，应尽量选用对粘接面清洁度要求适中的胶黏剂。

③ 胶黏剂的透气、透湿性：器件粘接面部位的漏气因素取决于粘接面的胶层分布情况、胶黏剂的涂层厚度和胶黏剂自身透气、透温性能，因此必须选用透气、透湿率小的胶黏剂。

④ 胶黏剂的耐温性能：不同的胶黏剂有不同的使用温度范围，必须根据使用条件加以选用，微波功率器件所用胶黏剂的温度范围一般为-65～+200℃。

8.2　封帽操作

封帽操作实现了分立器件或集成电路的成型技术，即将芯片与引线框架包装起来。这种成型技术实现了金属封装、塑料封装、陶瓷封装和玻璃封装。不同的封装方法，采用不同的生产设备、工具、材料。

金属封装是由金属作为壳体或底座，芯片直接或通过基板安装在外壳或底座上的一种电子封装形式。根据外壳和底座的材料不同，金属封装工艺可以分为玻璃-金属封装工艺、金属-陶瓷封装工艺和金属-金属封装工艺等多种形式。金属封装具有良好的散热能力和电磁场屏蔽作用，因而常被用作高可靠性要求和定制的专用气密封装，主要应用于模块、电路和器件封装，包括多芯片微波模块和混合电路封装、分立器件封装、专用集成电路封装、光电器件封装、特殊器件封装等。

塑料封装的散热性、耐热性、密封性虽逊于陶瓷封装和金属封装，但具有低成本、薄型化、工艺较为简单、适合自动化生产等优点，因此塑料封装是最常用的封装方式，占据90%的市场。

塑料封装方法有多种，包括转移成型技术、喷射成型技术、预成型技术等，但最主要的成型技术是转移成型技术。在高度自动化的生产设备中，产品的预热、模具的加热和转移成型操作都在同一台机械设备中完成，并由计算机控制。

陶瓷封装能提供 IC 芯片气密性密封保护，使其具有良好的可靠性。采用烧结工艺，完成陶瓷封装操作。陶瓷因其电、热、机械特性等方面的稳定性，可用作封装基材、封装盖板材料或重要的承载基板。

玻璃封装：玻璃是电子元器件的重要密封材料，绝缘性好，抗氧化性好，结构致密、稳定。玻璃的组分含量不同，性质也不同，可用于不同封装场合。鉴于玻璃本身具有强度低、脆性大等特性，玻璃直接用作封装基材的情形越来越少，主要用于固定物质、粘接物质，能实现金属等材料间的密封。

8.2.1　封帽作业指导书

不同的半导体封装企业会生产不同的产品，《封帽作业指导书》涉及的内容各不相同。元器件发展阶段包括分立器件和集成电路两个发展阶段。元器件不同、封帽方法不同、封帽质量要求不同，《封帽作业指导书》细节及具体内容也不同，现举三个封帽作业指导书的实例，即平行缝焊封装作业指导书（见表 8-6）、储能焊封帽机作业指导书（见表 8-7）和包封工序生产作业指导书（见表 8-8），通过学习不同封帽工艺作业指导书，掌握相应的技能要求。

表 8-6　平行缝焊封装作业指导书

1. 目的
将装配好管芯的管座用管帽密封，以保证器件免受外界恶劣环境的影响。

续表

2. 环境要求

温度：25℃±5℃。湿度：30%～70%RH。净化等级：10000 级。

3. 设备及辅助工具

3.1　XX 平行缝焊机。

3.2　盖板。

3.3　待封电路。

3.4　氮气。

3.5　不锈钢镊子。

3.6　玻璃器皿。

3.7　定时器。

3.8　铝盘。

4. 准备

4.1　设备主体准备。

4.1.1　确认氮气进气压力符合工艺文件要求。

4.1.2　确认计算机显示器连接良好，真空泵连接良好。

4.1.3　打开电机主控电源、高频发生器电源，开启烘箱的主电源，同时确定封装缝焊电源打开。

4.2　辅助工具准备。

4.2.1　根据随工单确定加工产品的类型。

4.2.2　按照产品类型找到相应的模具，确定模具的位置。

4.2.3　确定镊子的位置。

4.3　盖板准备。

4.3.1　根据随工单中加工产品的数量和类型，选择配套的盖板及数量（见表1）。

表 1

加工产品数量（支）	50 及以下（企业自定）	50 以上（企业自定）
盖板数量（片）	产品数量的 150%（企业自定）	产品数量的 125%（企业自定）

4.3.2　按盖板清洗作业指导书清洗盖板。

4.4　加工产品准备。

4.4.1　将待封电路放入烘箱中。

4.4.2　按工艺文件要求设定烘箱温度和烘烤时间。举例：设定烘箱温度为150℃±5℃，抽真空，5 分钟后确认真空计示数小于 268mTorr（1mTorr=0.133Pa）。

4.5　计算机系统准备

4.5.1　开机后，计算机自动进入缝焊系统主界面。

4.5.2　进入子菜单。

4.5.3　按照随工单中代加工产品的类型选择相应的程序（见表2），进入缝焊程序界面。

表 2

产品类型	双列 8 线	双列 14 线	双列 16 线	双列 24 线	双列 18 线	扁平 48 线
程序名称（示例）	SL8	SL14	SL16	WB24	SL18	B48

4.5.4　确认电流、速度及压力设置与工艺文件要求一致时，进入缝焊操作界面。

4.5.5　机器会自动初始化。

4.5.6　初始化后，机器处于等待缝焊命令状态。

4.6　操作室准备

当操作室内的露点达到-43.5℃以下时，操作室可以进行缝焊工作。

续表

5. 操作 　　5.1　将模具的定位孔与操作室内载物台的定位柱相对插入，保证模具平稳地固定在载物台上。 　　5.2　按烘箱上侧门按钮，使烘箱内侧门打开，操作者戴橡胶手套将待封电路由烘箱中取出，放在一边备用。 　　5.3　用镊子取一支电路垂直插放在模具上，保证电路瓷体平面与模具平面贴合无缝隙。 　　5.4　将盖板放在封口环上，并保证盖板外沿和封口环外沿四边对齐。将顶针下压，压住盖板的同时按下启动键进行正式缝焊。 　　5.5　Y方向缝焊完毕后，抬起顶针，载物台自转$90°$，自动完成X方向的缝焊。 　　5.6　每封完一支电路，进行自检：若出现压痕不均或无明显压痕的现象，应及时报告技术人员或部门主管等待解决。若自检合格，进行下一支电路缝焊。 　　5.7　缝焊结束后，在保证Ⅰ号门关闭的情况下，由操作者戴橡胶手套打开Ⅱ号门，将平缝好的电路、剩余盖板放入出活室后关闭Ⅱ号门，操作者便可打开Ⅰ号门拿出。 　　5.8　操作系统退出所调用的程序，使计算机界面显示为主界面。依次关闭烘箱的主电源、高频发生器电源及电机主控电源。 　　5.9　注意：进行正式缝焊时，当出现打火等紧急情况时，迅速按下"STOP"键，依次按下"ENTER"键和"HOME"键使机器回到初始化状态，取下电路，与加工正常电路分开码放。若连续出现打火现象，应停止工作并报告技术人员或部门主管等待解决。 6. 检验 　　6.1　外观目检，管盖要平整美观。 　　6.2　填好随工单，并填写现场记录表。对合格品进行检漏。 说明：凡工艺参数值没有实际含义，不能指导实际生产。而且，其数值的设定与企业自身设备、生产质量要求、生产产品类型、生产批量等相符合，不能一概而论，要根据各自企业的实际生产情况而定。

表 8-7　储能焊封帽机作业指导书

1. 目的 　　将金属封装管座与管帽环焊牢固，达到良好的气密性。 2. 准备工作 　　2.1　清洗管帽。 　　　　2.1.1　打开超声清洗机，预热。 　　　　2.1.2　将管帽放入清洗工装中，数量不宜放置过多，以免影响清洗效果。 　　　　2.1.3　用丙酮和乙醇交替超声清洗各一次，每次20分钟。 　　　　2.1.4　超声时，将超声功率调整到使工装内管帽微微振动为止。 　　　　2.1.5　超声清洗完毕后将清洗过的管帽进行脱水后放入烘箱中烘干，烘烤温度和时间参考管帽清洗工艺文件。 　　　　2.1.6　清洗烘干后的管帽要放入防潮柜中保存并做好标记。 　　2.2　产品的准备。 　　　　2.2.1　核对待封装产品的品种、批号和数量，对不同批次的产品要严格区分，不能混淆。 　　　　2.2.2　观察烘箱设定温度是否与工艺条件一致。 　　2.3　模具的准备。 　　　　依据产品封装形式准备好模具，并将模具进行打磨处理。 3. 操作规程 　　3.1　封帽机的操作。 　　　　3.1.1　开总电源。 　　　　3.1.2　开封帽机焊接电源。 　　　　3.1.3　打开压缩空气阀门。 　　　　3.1.4　按工艺文件设置压力、电压等参数。

续表

3.2 首件封装。
    3.2.1 从工装上取出待封的产品（注意管座与管帽的紧密接合，避免碰丝），装入模具，开始焊接。
    3.2.2 焊接完成后应在 10 倍放大镜下检查：镀层有无变色，管帽与管座压合处有无变形、飞边，管腿有无弯曲、切蹭痕迹，管帽镀镍层有无破坏，并进行检漏。
    3.2.3 在调整好所有条件的状态下试封 10 只管子，按照检验规范进行外观及密封性检验，均符合要求后即可进行正式作业。
3.3 开始封帽。
    首件检查合格后开始正式封帽，在封帽的过程中要随时监控封帽质量，具体要求如下：
    a. 封装过程中操作工要随时用放大镜自检外观。若发现不合格，要及时向工艺员报告，查找原因，必要时更换模具。
    b. 更换模具后要重新做首件。
    c. 封装完毕后，将放电开关拨到泄放位置，当封帽机电压表及电容柜电压表显示为"0"时方可关闭封帽机焊接电源、电容柜风扇、照明灯及封帽机总电源，关闭设备氮气阀门及压缩空气阀门。
    d. 封装完毕的产品由检验员进行检漏。
    e. 将合格的产品核对好品种、数量后放入传递容器，填写好流程卡，一并转至下道工序，并填写相关质量记录。
4. 环境要求
    温度：25℃±5℃。湿度：30%～70%RH。净化等级：10000 级。
5. 注意事项
    5.1 使用烘箱预烘待封装产品时，操作人员应按要求巡检温度并做好记录，防止烘箱温度失控。
    5.2 封帽时要注意安全，应双手启动开关。
    说明：涉及的工艺参数值没有实际含义的，不能指导实际生产。而且，其数值的设定因企业自身设备、生产质量要求、生产产品类型、生产批量等因素的不同，均有所不同，不能一概而论，应根据各自企业的实际生产情况而定。

表 8-8 是以 ASM 全自动包封机进行封装操作的生产作业指导书。

表 8-8 包封工序生产作业指导书

1. 目的
    运用包封设备进行包封工艺作业。
2. 适用范围
    适用于封装包封工艺。
3. 相关人员
    包封工艺所有人员。
4. 设备、辅助材料、仪器、工装夹具
    包封机：利用环氧树脂塑封料将框架与其表面元件塑封成型，增强其致密性，以便于后制程作业。
    辅助材料：压焊成品、空框架、清模铜片、塑封料、清模胶粒/胶片。
    辅助设备和工具：温度计、镜子、料盒、记号笔、MT 显微镜、砂轮、铜棒、气枪、小推车、千分尺、充氮烘箱等。
    防护用具：防静电手套、高温手套、线手套、口罩。
5. 操作过程
    5.1 日常点检。
        5.1.1 检查气压：检查空气压力（≥0.5MPa）。
        5.1.2 清洁振缸：用吸尘器和无毛纸清洁振缸及其周围的灰尘。
        5.1.3 清洁传递机构：用吸尘器清洁、无毛纸擦拭传递机构及其周围的碎料和灰尘。
        5.1.4 清洁 TT 预热盘：用吸尘器对预热盘周边进行清理。
        5.1.5 废料回收：将废料箱中的废料装入袋中交接给调度人员并填写《包封工序废料交接记录》。
        5.1.6 清理消磁台架：用吸尘器和无毛纸清洁 degate 台架的灰尘。

续表

5.1.7 清洁模具周围：用吸尘器清洁模具周围的碎料，清洁时需戴手套，以防高温烫伤。

5.1.8 清洁模具下围：将下围盖上提拿下，用吸尘器将飘落在传动装置上的废料、氧化物清理干净。

5.1.9 下料处清洁：将出料口后门打开，用吸尘器将掉落的晶圆清理干净。

5.1.10 检查清润模材料状态：在醒料完成区查看清润模料及胶片是否醒料完成，清润模胶片醒料时间为 8 小时，有效使用期为 120 小时，清润模胶粒醒料时间为 24 小时，有效期为 48 小时。

5.1.11 检查塑封料状态：依照信息标签确认塑封料是否醒料完成。

5.2 清模操作。

5.2.1 检查密封圈：清模前需检查密封圈是否完好，确保模具的密封性。

5.2.2 模具上顶丝：上模板 4 颗真空孔用顶丝上紧，避免清润模时真空孔堵塞，顶丝拧至与模具齐平。

5.2.3 手动模式：单击操作系统桌面的"Manual Molding"按钮，选择要清理的模具，清模胶粒清 4 次，胶片清 1 次。

5.2.4 模具 X 手动：依据需要选择清模的模具。

5.2.5 胶粒清模选项：单击"Melamine Cleaning"按钮。

5.2.6 铜片放置：待屏幕出现提示后，放入铜片框架。

5.2.7 填装清模胶粒：将清模胶粒填装在料饼载具上，填装前，检查载具是否缺角及损坏，填装后检查是否漏填。

5.2.8 清模程序运行：单击提示界面的"Continue"按钮，设备自动进行清模，确认时间为 5 分钟，压力为 50Torr。清模完成后模具自动开模，待屏幕出现提示后，将清料片拿出，用气枪清理模具残料。

5.2.9 胶粒清模完成：胶粒清模完成后，将清模料片拿出，胶粒清模过程中对比每模的溢料是否由灰变白，用镜子查看模具表面是否有沾模现象。

5.2.10 胶片清模：单击"Sheet Cleaning"按钮，出现对话框。

5.2.11 胶片程序运行：单击提示界面的"Continue"按钮，设备自动进行清模，确认时间为 5 分钟，合模压力为 25Torr。清模完成后模具自动开模。

5.2.12 清模胶片放置：将清模胶片放置于铜片表面，单击继续，合模后 5 分钟，待屏幕出现提示后，将清模胶片拿出，清理残料，用镜子查看模具表面以确保模具表面无溢料，清模作业完成。

5.3 润模操作。

5.3.1 选择手动模式：单击操作系统桌面的"Manual Molding"按钮，润模胶粒润 3 次，润模胶片润 1 次。

5.3.2 胶粒润模选项：单击"Melamine Cleaning"按钮，润模作业方法同清模方法及程序一致，润第一模时用清模框架进行润模。

5.3.3 胶片选项：选择润模的模具，单击"Sheet Condition"按钮，方法同清模操作，将清模胶片换成润模胶片。

5.3.4 顶丝作业：依次卸下模板 4 个真空孔的顶丝，拆卸时动作要慢，以防顶丝丢失，损伤移动部件。

5.4 脱模操作。

5.4.1 手动设置：选择"Manual Molding"选项。

5.4.2 脱模选项：选择"Mold Lead Frames"选项，确认合模压力为 50Torr，时间为 90 秒。

5.4.3 放入空框架：待屏幕出现提示后将框架放入模具，单击"Continue"按钮，待下模真空将框架吸住。

5.4.4 胶粒安装：将塑封料饼放入料枪中。

5.4.5 载具入模：料饼载具装好后将载具放入模具定位槽内，向前轻推，待料饼落入模具料槽后，将载具取出。

5.4.6 脱模：单击"Continue"按钮，脱模 90 秒。

5.4.7 脱模样片：脱模后，将模具开模取出脱模完成品进行自检。（检查塑封体表面，无气孔、无凹陷、无划痕，颜色一致）

5.5 更换 Onlonder 无毛纸。

5.5.1 主菜单选项：单击"Diagnostics"菜单。

5.5.2 传递菜单：选择"Carrier Module"选项，进入模具工作页面。

5.5.3 传递机构界面：选择"On Loader"选项，进入该界面后分别单击 X 轴复位按钮、Y 轴复位按钮。

5.5.4 Onlonder X 轴移动：在"X-ServoAlarm"中选择相应模具。

5.5.5 Onlonder Y 轴位置设置：单击"MP Fwd"按钮。

5.5.6 位置就绪：将 Onlonder 移动至模具框内。

续表

5.5.7 无毛纸准备。

5.5.8 无毛纸更换：将无毛纸安装至设备上，顶丝需上紧，用手轻拉无毛纸无晃动，则表示已安装好。

5.5.9 Y位置归位：无毛纸更换完成后，在"Y-ServoAlarm"菜单中单击"Home"选项，进行复位。

5.5.10 X位置归位：在"X-ervoAlarm"菜单中单击"Home"选项，将Onloader复位。

5.6 包封。

5.6.1 记录填写：依照随工单领取相对应塑封料并填写《XXXX包封工序塑封料使用记录》。

5.6.2 不合格物料存放：当出现不合格物料时按照不合格物料管理办法上报，并将不合格物料审理单与异常物料一同放置在不合格物料放置区。

5.6.3 领取待封料：根据封装信息，从待包封氮气柜中领取待包封物料，放在运输车上轻拿轻放，每辆车只能存放同一模具型号产品。

5.6.4 目检：需确认随工单封装形式是否一致，若不一致，当即放回氮气柜里，确认完毕后将车推至包封车间。

5.6.5 程序选择：扫描产品所需模具相应信息。

5.6.6 模具厚度选择：选择程序后系统会显示待包封模具厚度信息，正确OK（绿色）错误NG（红色）；正确的声音与错误的声音也会有区别。

5.6.7 条码扫描确认：包封前用扫码器进行扫码，识别模具厚度，当厚度不一样时系统会发出警报，特别用料系统会提示所需塑封料信息。

5.6.8 确认产品信息：先确认产品数量、MES码是否与随工单一致，再在随工单与框架上进行标记。

5.6.9 定位孔确认：上料前，一手托住料盒底部中央，一手挡在取掉挡板一侧，稍微倾斜料盒，框架稍倾出料盒即可确认定位孔是否一致。

5.6.10 放入料区：定位孔确认无误后，将料盒放入设备上料区，料盒箭头方向朝右。

5.7 包封运行。

5.7.1 解锁：单击操作界面"Unlock"按钮。

5.7.2 系统初始化：生产前对设备进行初始化，确认设备各部件运行正常，有异常应及时报修。

5.7.3 联机：选择"Go on Line"选项，模具进行联机，若模具状态显示为"On Line"，则联机成功。

5.7.4 自动运行：单击操作界面"Unlock"按钮和"Auto"按钮。

5.7.5 设备运行：弹出提示框，显示提示信息"是否准备好自动运行"，单击"YES"按钮，设备自动运行。

5.7.6 系统核实：系统弹出提示"模具上是否有框架"，若有则单击"YES"按钮，若无则单击"NO"按钮。

5.7.8 设备暂停：第一模产品完成后，单击显示界面的"Go off Line"按钮，暂停模具封装，待检，产品结批时核对随工单与MES码是否一致。

5.8 包封后操作。

5.8.1 首片自检：作业员在显微镜下进行首片检验，若发现异常，通知班长，送检确认，若不合格则通知技术员并上报NCR（首件送检需脱机，登记首件系统，送检合格后生产）。

5.8.2 撕黄膜。注意：撕黄膜时应用离子风机进行吹风。

5.8.3 产品码放：黄膜剥离产品，依次整齐码放在料盒中。注意：为减少划伤，塑封体表面严禁摩擦。

5.8.4 吹毛边：用气枪对准料片缝隙，进行吹料，按由上到下顺序吹料，确认料片塑封体表面无毛边即可。

5.8.5 打包送检：吹料完成后，将产品和随工单送检。注意：为避免划伤，拿料过程中严禁上下摩擦。

5.8.6 自检记录：生产过程中填写自检记录。

6. 工艺参数设定

序 号	工艺控制要点	控 制 范 围
1	模具温度	（180±5）℃
2	合模压力	（50±5）Torr
3	注塑压力	（110±10）kg/cm²
4	注塑时间	（10±5）s

续表

5	总注胶时间	90s
6	后固化时间	10h
7	后固化温度	(175±5)℃
8	后固化升温时间	2h
9	后固化氮气流量	≥8.0L/min

7．安全要点、注意事项

7.1 严禁两人同时操作同一机台。

7.2 操作机台时必须确认相应的安全措施有效（如高温手套和口罩），并遵循相应的操作规程。

7.3 禁止身体的任何部位及工具进入正在运行中的设备运动部件的活动区域。

7.4 设备在运行时出现异常报警而无法处理，应立刻通知设备人员处理并填写报修单。

7.5 所有操作人员在作业过程中，应戴防护手套，穿防静电服装、防静电鞋，戴口罩。

7.6 作业员取得上岗证后，方可操作机台。

7.7 清模时要注意模具表面的清洁度，模具上有残留杂质时，用铜棒、无毛纸轻轻刮下或用气枪吹掉表面异物，严禁使用其他金属材质及尖锐物品触碰模具，避免模具损伤。

7.8 非正常断电时，作业员应将设备状态牌翻至维修状态，由 PM 确认无误后，将状态牌翻至正常后可进行生产。

7.9 专用制品包封前核对塑封料型号信息，无误后进行填写。

7.10 塑封料及清润模料在解冻过程中必须密封保存。

7.11 塑封料及清润模料必须完全解冻后方可使用，不得超期使用。

7.12 投产时确认待包封产品与模具及所使用的塑封料是否匹配。

7.13 包封模具及后固化烘箱温度较高，进行相关操作时需戴高温手套，防止烫伤。

说明：涉及的工艺参数值没有实际含义的，不能指导实际生产。而且，其数值的设定因企业自身设备、生产质量要求、生产产品类型、生产批量等因素的不同，均有所不同，不能一概而论，要根据各自企业的实际生产情况而定。

8.2.2　半导体分立器件封帽工艺基础知识

1．半导体分立器件和集成电路封装的四个功能

（1）为半导体芯片提供机械支撑和保护。

（2）接通半导体芯片的电流通路。

（3）提供信号的输入和输出通路。

（4）提供热通路，散逸半导体芯片产生的热。通俗地说，封装的功能就是对半导体芯片进行互连、供电、冷却和保护。

2．集成电路封装

1）封装类型

集成电路的封装外壳，一般是根据其所用的不同材料和结构形式来加以分类的。以材料来划分，常用的有金属封装外壳、陶瓷封装外壳和塑料封装外壳；以结构形式来划分，则有单列式、双列式、扁平式、圆管形和菱形等；以安装要求来划分，则又分为插孔式和表面安装式两大类。随着集成电路的不断进步，集成电路的封装结构呈现多样化和复杂化，如球焊阵列式、倒装芯片式等。

2）集成电路封装的重要性

集成电路封装技术关系到电路的可靠性和稳定性，并对电路的电性能和热性能及整机的小型化和集成化均有重要作用。

3）集成电路封装的目的

集成电路封装：将一个具有一定功能的集成电路芯片，放置在一个与之相适应的外壳中，为芯片提供一个稳定可靠的工作环境。封装也是芯片各个输出、输入端与外界连接的手段，从而形成一个完整的整体。通过一系列的性能测试、筛选，以及各种环境、气候和机械实验，来保证电路的质量。因此，集成电路封装的目的在于保护芯片不受或少受外界环境的影响，并为之提供一个良好的工作条件，以使集成电路具有稳定、正常的功能。

4）影响集成电路封装的因素

（1）电路成本：电路最佳性能指标下的最低价格。

（2）适应能力：诸如产品的测试、整机安装、元器件布局、空间利用、维修更换及同类产品的型号替代等。

（3）环境要求：考虑到机械冲击、温度循环、加速度等都会对电路机械强度等各种物理、化学性能产生影响，因此必须根据产品的使用场所和环境要求，合理地选用集成电路的外形和封装结构。

（4）封装选择：为了保证集成电路在整机上长期可靠运行，必须根据整机具体要求，对集成电路封装方法提出特定的要求。

3. 半导体分立器件和集成电路封装方法的特点

（1）金属封装的特点：主要采用金属（可伐合金等）和玻璃密封工艺，以金属制作封装底盘、管帽和引线，以玻璃作为绝缘材料和密封材料。

（2）陶瓷封装的特点：一般采用共烧多层陶瓷工艺制造，用90%～95%氧化铝陶瓷制作绝缘层，有黑色陶瓷和白色陶瓷之分。信号输入/输出端口采用耐熔金属（钨或钼等）制成金属化层并钎焊引线框架。

（3）金属-陶瓷封装的特点：金属-陶瓷封装一般采用多层共烧陶瓷工艺、氧化铍金属化工艺和金属钎焊工艺制造，用90%～95%氧化铝陶瓷制作绝缘层，用氧化铍陶瓷制作导热层，用金属制作底盘和引线。

（4）塑料封装的特点：采用塑料封装工艺，以环氧模塑料作为引线间的绝缘材料，起芯片保护作用，引线框架起芯片支撑作用。

8.2.3 不同封帽形式封帽材料

1. 金属封装封帽材料

金属封装主要用于混合集成电路的封装，外壳一般由底盘、管帽、引线和玻璃绝缘子组成。底盘材料一般是低碳钢、4J29可伐合金，对于功率器件常采用无氧铜，如TU1或TU2；管帽材料一般是低碳钢和4J29可伐合金；引线材料是4J29可伐合金；玻璃绝缘子材料是硬玻璃，如DM308等。

2. 陶瓷封装封帽材料

陶瓷封装主要用于集成电路的封装，除玻璃熔封 DIP 和玻璃熔封 FP 外壳用压制陶瓷工艺和玻璃熔封工艺制作外，其他类外壳均采用多层陶瓷工艺制作。玻璃熔封 DIP 和玻璃熔封 FP 外壳的材料一般是 75%～95%氧化铝陶瓷粉料、低温玻璃料和铁镍合金（A-42）材料。而采用多层陶瓷工艺制作的外壳壳体材料一般是 95%氧化铝陶瓷粉料、钨或钼等耐熔金属化粉料，引线材料一般是 4J34 可伐合金或 42 铁镍合金（A-42）。外壳表面一般要镀镍和镀金。

3. 金属-陶瓷封装封帽材料

金属-陶瓷封装主要用于微波半导体器件和电路的封装。微波半导体器件有二极管和三极管，微波二极管分为微波低噪声器件和微波功率器件，微波功率器件有硅微波功率器件和砷化镓微波功率器件。微波二极管封装一般由瓷体、引线和焊料组成。瓷体一般由多层陶瓷工艺制作，材料为 95%氧化铝粉料、钨或钼金属化粉料，引线材料为 4J34 可伐合金，由焊料 AgCu28 完成壳体与引线的连接，外壳表面要镀镍和镀金。硅微波功率器件封装，一般由氧化铝瓷体、氧化铍基板、底盘、引线、焊料、封口环和盖板组成，瓷体由多层陶瓷工艺制作，材料为 95%氧化铝粉料和钨或钼金属化粉料，氧化铍基板由 99%氧化铍和钨金属化制成，底盘材料一般是无氧铜、钼铜或钨铜材料，焊料为 AgCu28，引线、封口环和盖板由 4J34 可伐合金制成，外壳表面要镀镍和镀金。砷化镓微波功率器件封装一般由瓷体、缓冲环、底盘、焊料、引线和封口环组成，瓷体由多层陶瓷工艺制作，材料为 95%氧化铝粉料和钨或铝金属化粉料。缓冲环、引线和封口环都由 4J34 可伐合金制成，底盘一般由无氧铜、钼铜和钨铜等材料制成，外壳表面要镀镍和镀金。

4. 塑料封装封帽材料

传统的塑料封装，如 PDlP、PQFP、PSOP 等，主要由装片胶、键合丝、引线框架、塑封料组成。装片胶有导电胶和非导电胶两种；键合丝是金丝或铝丝（一般$\phi25\mu m$）；引线框架材料一般是 C194 铜合金；塑封料为环氧模塑料；外引线要镀铅锡焊料。

新型封装，如 PBGA 等，主要由装片胶、键合丝、基板、塑封料和焊球组成。装片胶有导电胶和非导电胶两种；键合丝是金丝（一般$\phi25\mu m$）；基板为 BT 树脂基板；塑封料为环氧模塑料；焊球为铅锡焊球或无铅焊料焊球。FCBGA 和 CSP，一般由带凸点芯片、多层基板和焊球组成。带凸点芯片包括芯片、凸点下金属化层（UBM）和凸点材料；多层基板由陶瓷、BT（Bismaleimide-triazine）树脂和柔性聚酰亚胺、芯片下填充料（一般为液体树脂）制成；焊球为铅锡焊料球或无铅焊料球。

环氧模塑料的主要成分有环氧树脂、固化剂、催化剂、惰性填充剂、阻性剂、脱模剂、胶黏剂、着色剂和释放应力添加剂。简单地说，环氧模塑料主要由环氧树脂、硅微粉和各种添加剂组成。

8.2.4 主要封帽设备安全操作规程

下面介绍储能焊机安全操作规程。

1. 目的

   安全正确地使用设备，避免操作错误，保证人员、设备安全。

2. 适用范围

   适用于封装工序操作人员。

续表

3. 引用文件

   储能焊机作业指导书。

4. 工作程序（方法）

   4.1 安全要点：开启设备电源时漏电或短路故障、设备上下行程时造成人员受伤。

   4.2 作业要点。

    4.2.1 开启设备总电源，操作人员应站在电源闸侧方，避免电闸发生故障时伤及身体或脸部，然后按下设备调压器或电容箱开关。

    4.2.2 打开压缩气体阀门（气体压力控制在 0.6~0.7MPa）。

    4.2.3 由于循环水阀门需要长期开启，不需要每天开关，但在每日工作前、工作中及工作结束后应检查管道接口处是否有漏水情况。

    4.2.4 进行设备手套箱封装时，应双手同时按下两侧绿色按钮封装，避免误操作或设备保护异常砸伤手（设备自身带有防砸手保护，在单手按下时设备不会上下动作）。

    4.2.5 如果出现设备故障等情况，应迅速按下红色紧急停止按钮，并通知设备维修人员进行检查。

    4.2.6 操作结束后应先关闭调压器或电容箱开关，再关闭气体阀门，最后关闭设备总电源。

    4.2.7 真空泵运转时应随时观察，保证油量在规定的范围内，缺少时及时添加，保证真空泵的正常运转。

    4.2.8 非本工序或未经培训的人员禁止操作设备。

   4.3 紧急情况的处理：如果遇到紧急情况需急停，立即关闭设备电源及压缩气体阀门和水阀门，并通知设备工程师处理。

5. 设备预防性保养

   5.1 查看设备插头是否完好。

   5.2 检查设备电源开关是否因使用时间过长出现松动。

下面介绍平行缝焊机安全操作规程。

1. 目的

   安全正确地使用设备，避免操作错误，保证人员、设备安全。

2. 适用范围

   适用于封装工序操作人员。

3. 引用文件

   平行缝焊机作业指导书。

4. 工作程序（方法）

   4.1 安全要点：开启设备电源时漏电或短路故障，设备机械臂或托盘动作时易将操作人员手部卷入，造成损伤。

   4.2 作业要点。

    4.2.1 开启设备总电源，操作人员应站在电源闸侧方，避免电闸发生故障时伤及身体或脸部。

    4.2.2 按下计算机主机开关（2400E 和 SM-8000 设备），按下北极星 3 平行缝焊机的调压器或电容箱开关。

    4.2.3 待程序启动，进入操作系统后可进行正式封装。

    4.2.4 工作过程中操作人员不能触碰、下压机械臂及旋转托盘，避免造成人员受伤或设备故障。

    4.2.5 取放产品时应使用镊子，不得用手直接拿取。

    4.2.6 工作结束后先关闭计算机控制系统，再关闭设备电源。

    4.2.7 非本工序或未经培训的人员禁止操作设备。

   4.3 紧急情况的处理：如果遇到紧急情况需急停，立即关闭设备电源，并通知设备工程师处理。

5. 设备预防性保养

   5.1 查看设备插头是否完好。

   5.2 检查设备电源开关是否因使用时间过长出现松动。

8.2.5 工艺质量控制基础知识

1. 分立器件、集成电路封装工艺流程

分立器件、集成电路封装工艺流程如图 8-10 所示。

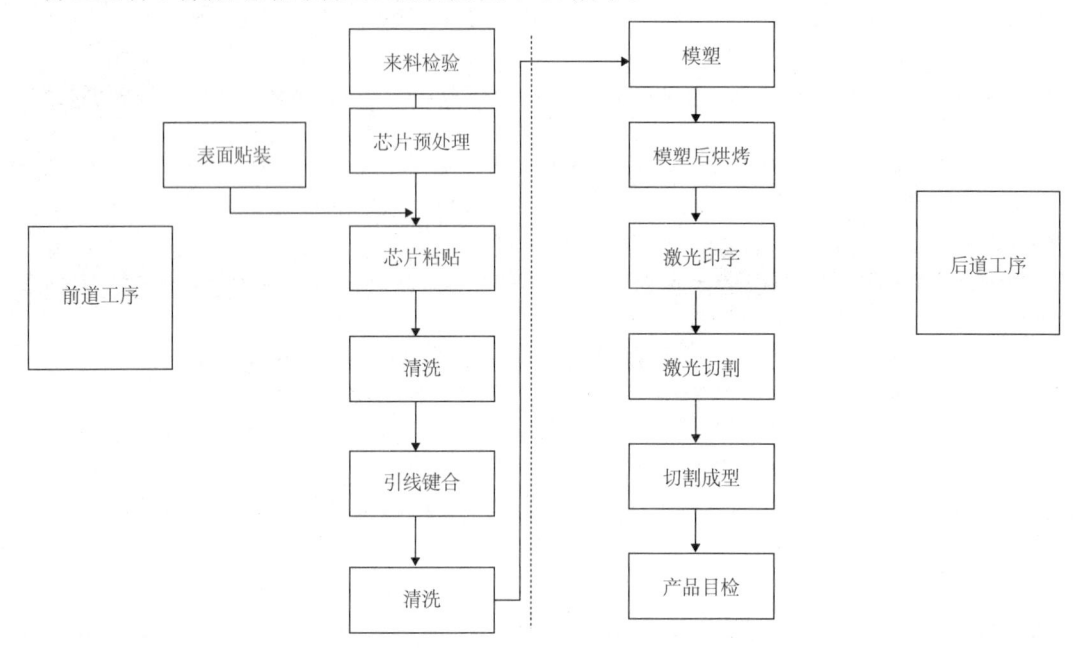

图 8-10 封装工艺流程图

2. 分立器件/集成电路封装后道工序工艺流程

塑料封装的工艺流程，如图 8-11 所示。

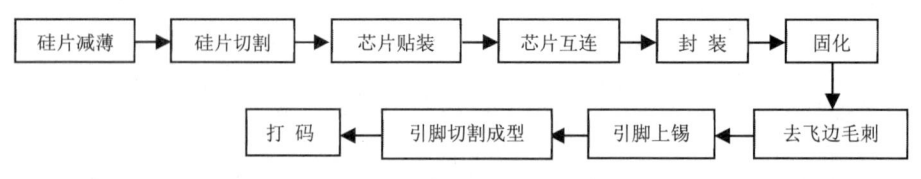

图 8-11 塑料封装工艺流程图

金属封装的工艺流程，如图 8-12 所示。

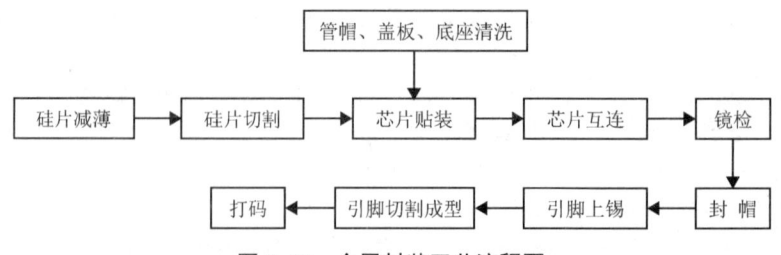

图 8-12 金属封装工艺流程图

陶瓷封装的工艺流程，如图 8-13 所示。

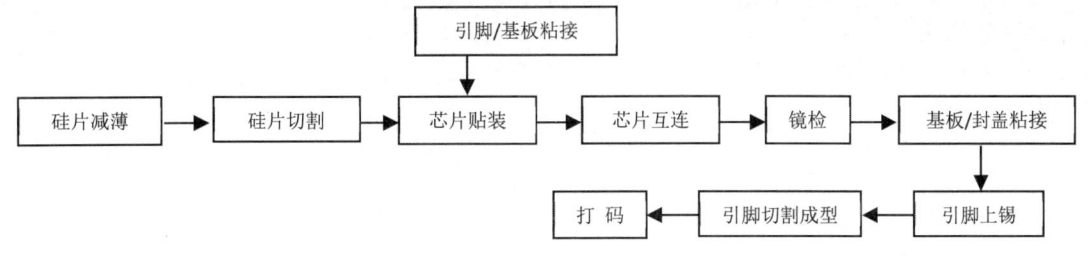

图 8-13 陶瓷封装工艺流程图

3．工艺质量控制

上述工艺流程中，有相同的工艺步骤，也有不同的工艺步骤，但每步工艺都有相应的工艺要求，对每步工艺也有相应的控制要求，就封帽这个工艺而言，不同的封帽方法，工艺控制也不同。

1）平行缝焊工艺控制

平行缝焊的工艺参数有焊接电流、焊接速度、焊轮压力和焊轮锥顶角。

（1）焊接电流：形成焊点所产生的热量与焊接脉冲电流平均值的平方成正比，因此选用合适的电流对形成良好的焊点十分重要。若电流太小，则不能形成熔焊点；若电流太大，则产生的热量过多，会将盖板烧穿。焊接电流要根据外壳盖板和设备的不同加以选择。

（2）焊接速度：为保证气密性，焊缝应由连续重叠的焊点组成。良好焊缝的焊点重叠量，一般为其焊点直径的 1/4～1/3，由此可得：$v=[1-(1/4～1/3)] \cdot d \cdot f$，式中 v 为焊接速度（mm/s），d 为焊点直径（mm），f 为脉冲电流频率（Hz）。焊机的电流频率常为定值，因此焊接速度与焊点直径成正比，而焊点直径又与焊接电流大小有关，因此焊接速度可根据焊接电流的大小加以选择。

（3）焊轮压力：它会影响盖板和焊环之间高阻点的电阻值。焊轮压力太大，电阻值下降，对形成焊点不利；焊轮压力太小，则造成接触不良，不但不能形成良好的焊点，而且容易打火，可根据实际情况来调节。

（4）焊轮锥顶角：可影响焊轮压力和焊点的大小。焊轮锥顶角小时，正压力大，焊轮与盖板的接触面积大；焊轮锥顶角大时，正压力小，焊轮与盖板的接触面积小。由于外壳焊环高度和结构的限制，一般焊轮锥顶角稍小一些为宜。

2）储能焊工艺控制

储能焊工艺控制参数包括压缩气预压、加压、封帽机充电电压、操作箱湿度等。

3）钎焊工艺控制

钎焊工艺的主要工艺条件有钎焊气氛控制、温度控制和密封腔体内湿度控制。

（1）钎焊气氛控制：采用保护气氛焊接时，氢气、氮气或氢气、氮气混合气体中的水分和氧气压强，不宜大于 10^{-5} Pa；采用真空焊接时，真空度在 0.01～1Pa。对钎焊气氛提出严格要求的目的在于保证钎焊时所有材料不被氧化，同时保证密封腔体内的气体具有较低的温度。

（2）温度控制：包括钎焊温度、保温时间和升降温速度。钎焊温度的选择取决于使用焊料的流点，实际生产中选择的钎焊温度比焊料流点高 20～50℃，以便焊料在基体金属上有良好的浸润流散性。目前焊料一般选取 AuSn20 共晶焊料，流点为 280℃，钎焊温度应选 300～330℃。在钎焊温度下保温一定时间，目的是使熔融焊料充满缝隙，与被焊金属相互熔解。升降温速度应根据实验确定。

(3)密封腔体内湿度控制:为了控制腔体内的湿度,应设置预烘烤工艺,预烘烤工艺可单独进行,也可采用延长升温时间或在低于焊料熔点温度下保温一定时间的方法。

4)塑封工艺控制

塑封工艺中的注塑成型工艺的主要工艺参数有模塑料预热、模具温度、合模压力、注射压力、注射速度和成型时间。

模塑料预热一般采用高频加热方式,预热温度为70～75℃,预热后的模塑料应迅速放入模具中。

模具温度取决于模塑料的温度性能、流动性及物理特性,一般采用(175±5)℃。

注塑成型工艺中,注射压力直接影响飞边的产生及内引线的移动或断裂,因此在保证注塑成型的前提下,宜采用较低的注射压力,通常为 $3×10^6～1×10^7$Pa。

8.2.6 环境因素对器件性能的影响

众所周知,封装工序属于整个 IC 生产中的后道生产工序,根据封装工艺流程,在封帽前 IC 内核——芯片始终裸露在外,直到封帽工序后,芯片才被外壳包裹起来。工艺环境因素主要包括空气洁净度、高纯水、压缩空气、CO_2、N_2、温度、湿度等。所以,封帽前各工序的工艺环境对器件的性能有很大影响。

按照各工序作业指导书设置工艺环境,就能生产出合格的产品。

8.2.7 封帽工艺参数调控要求

为了提高封装工艺产品合格率,降低产品的价格,适应封帽精度发展的要求,现在应用的封帽设备一般以半自动的或全自动的为主,封帽工艺参数调控,就是对设备工作程序中各个参数的调整和控制,对工作程序的选择、编写和修改。

8.2.8 半导体分立器件制造工艺技术

硅外延平面晶体管的内部结构及制造工艺流程如图 8-14 所示。通过制造工艺流程可以看出,半导体分立器件制造的主要工艺方法有外延、氧化、光刻、扩散等,下面就制造工艺方法做简单介绍。

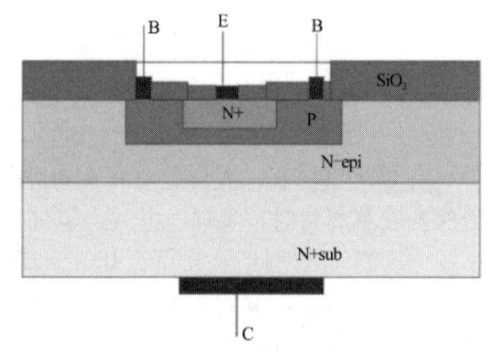

图 8-14 硅外延平面晶体管的内部结构及制造工艺流程

薄膜制备

所谓薄膜，是指一种在衬底上生长的固体物质。半导体芯片加工是一个平面加工的过程，这一过程包含了在硅片表面生长不同的薄膜。各种不同类型的薄膜，有些成为器件结构中的组成部分，如 MOS 器件中的栅氧化层；有些作为器件的保护膜，如钝化膜、扩散掩蔽膜；有些则充当了工艺过程中的牺牲层，在后续的工艺中被去掉。各种薄膜的质量好坏，对于能否在硅衬底上成功制作出半导体器件和电路是至关重要的。

1）常用薄膜

在半导体生产中常用的薄膜可以分为三大类：绝缘介质膜、半导体膜、金属膜。

绝缘介质膜：SiO_2、Si_3N_4、Al_2O_3、BPSG 等。半导体膜：Si、Poly-Si、GaAs 等。金属膜：Al、Au、W、TiN、Ti 等。

2）制膜方法

半导体生产中的薄膜制备方法主要包括两大类：薄膜生长和薄膜淀积。

薄膜生长是指衬底的表面材料参与反应，如硅的氧化反应。薄膜淀积是指薄膜形成过程中，并不消耗衬底的材料，而是系统中生成了所需的薄膜物质并淀积到衬底上形成薄膜。根据薄膜淀积原理，薄膜淀积分为物理气相淀积（PVD）和化学气相淀积（CVD）。

（1）热氧化的定义：高温下，洁净的硅片与氧化剂反应生成一层 SiO_2 膜。

（2）常规的热氧化方法。

① 干氧氧化。

原理：干燥的氧气与硅片反应生成 SiO_2。

$$O_2 + Si = SiO_2$$

② 水汽氧化。

原理：水蒸气与硅片反应。

$$2H_2O + Si = SiO_2 + 2H_2$$

③ 湿氧氧化。

原理：干燥的氧气通过 95℃ 的水浴，携带水蒸气进入氧化炉和硅片反应。

（3）化学气相淀积（CVD）是通过气体混合的化学反应的方式在硅片表面淀积一层固体薄膜的工艺。

（4）常用化学气相淀积方法。

化学气相淀积按工艺条件分为常压化学气相淀积（APCVD）、低压化学气相淀积（LPCVD）、等离子体增强型化学气相淀积（PECVD）和高密度等离子体化学气相淀积（HDPCVD）。

① 常压化学气相淀积指在一个大气压下进行的化学气相淀积。

② 低压化学气相淀积指在中等真空度下进行化学气相淀积。

③ 等离子体增强型化学气相淀积是利用等离子体的能量来产生并维持化学气相淀积反应的。

④ 高密度等离子体化学气相淀积是指等离子体在低压下以高密度混合气体的形式直接接触反应腔中硅片的表面并进行化学气相淀积反应。

（5）外延技术。

① 定义：在制备好的单晶衬底上，沿其原来晶向，生长一层厚度、导电类型、电阻率及晶格结构都符合要求的新的单晶层。

② 常用外延生长的化学原理：目前主要采用四氯化硅氢还原法。

$$SiCl_4 + 2H_2 \underset{}{\overset{\triangle}{\rightleftharpoons}} Si + 4HCl$$

（6）物理气相淀积。

① 物理气相淀积方法分类。

目前物理气相淀积方法分为两类：一类是蒸发工艺，另一类是溅射工艺，具体分类如图 8-15 所示。

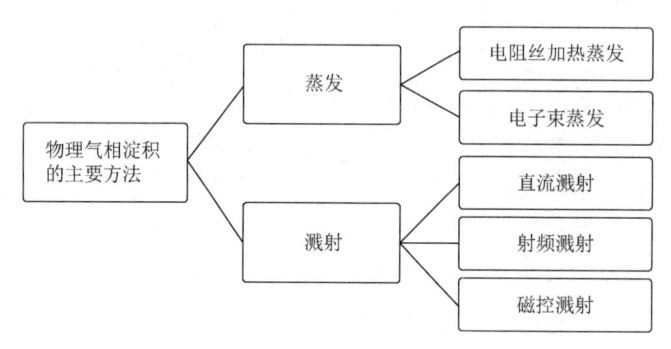

图 8-15　物理气相淀积方法分类

② 蒸发是指通过加热使待淀积金属原子获得足够的能量，脱离金属表面蒸发出来，在飞行途中遇到硅片，就淀积在硅表面，形成金属薄膜。

③ 溅射完全就是一个动量转移过程。溅射的原理：低能离子碰撞时，不能直接从表面溅射出原子，而是把动量传递给被碰撞的原子引起原子的级联碰撞，这种碰撞沿晶体的各个方向进行。碰撞在最紧密排列的方向上最有效，所以晶体表面的原子从近邻得到越来越多的能量。当原子的能量大于结合能时，原子就从表面溅射出来。

（7）图形转移工艺。

完成两次图形的转移
- 第一次：将掩膜版上的图形利用复印的方式转移到光刻胶上。
- 第二次：将光刻胶上的图形利用刻蚀的方式转移到薄膜上。

① 光刻是一种图像复印和刻蚀技术相结合的精密加工技术。光刻是指利用光刻胶的感光性和耐蚀性，通过复印在薄膜上刻蚀出与掩膜版相对应的几何图形。

② 刻蚀是一种用化学或物理方法有选择地从硅片表面去除不需要的材料的过程。

③ 图形转移工艺过程，如图 8-16 所示。

（8）掺杂工艺。

① 掺杂的定义：将需要的杂质掺入特定的半导体区域中，以达到改变半导体电学性质，形成 PN 结及欧姆接触等各种结构的目的。

② 集成电路工艺中常采用的掺杂技术主要有扩散和离子注入两种，一般扩散适用于结较深、线条较粗的器件，离子注入适用于浅结与细线条器件，两者在功能上有一定的互补性，有时需联合使用。

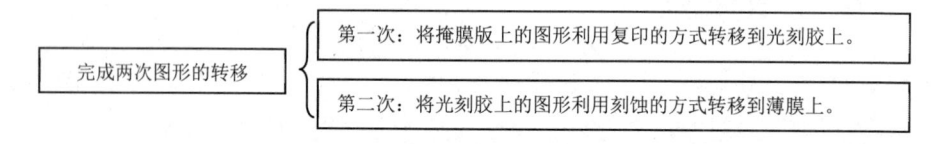

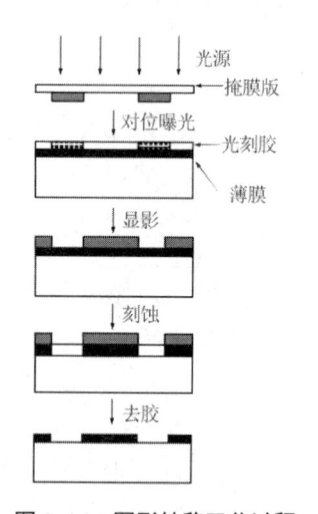

图 8-16　图形转移工艺过程

8.2.9　封帽对器件可靠性的影响

1）对于双极型集成电路来说，与封帽工艺过程有关的失效机理

（1）密封不严，导致结退化、表面漏电、金属互连线腐蚀，造成开路或短路。
（2）陶瓷基座盖板碎裂，产生表面漏电、金属互连线腐蚀，造成开路或短路。
（3）热应力使管壳出现裂纹，引线封接处裂开，焊接层破裂。
（4）钝化层破裂。

2）对于MOS型集成电路来说，与封帽工艺过程有关的失效机理

同1）中（1）（2）（3）。

3）其他与封帽有关的失效机理

（1）封装材料α射线引起的软误差：铀或钍等放射性元素是集成电路封装材料中天然存在的杂质，这些材料发射的α粒子可使集成电路发生软误差。
（2）水汽引起的分层效应：塑封集成电路是指以塑料等树脂类聚合物材料封装的集成电路。除了塑料与金属框架和芯片间发生分层效应（俗称"爆米花"效应），由于树脂类材料具有吸附水汽的特性，由水汽吸附引起的分层效应也会使器件失效。

习　　题

1. 管座、管帽清洗作业指导书中用到的设备有哪些？
2. 管座、管帽清洗作业指导书中用到的工具及材料有哪些？
3. 简述清洗操作过程。
4. 在清洗过程中，需要注意什么？
5. 对清洗后的质量有什么要求？
6. 叙述超声清洗机的操作步骤。
7. 参考平行缝焊作业指导书操作设备，完成生产任务。请写出工艺条件和环境条件。
8. 参考储能焊封帽机作业指导书操作设备，完成生产任务。请写出工艺条件和环境条件。
9. 根据操作者的实际工作情况，写出对应的工装使用要求。
10. 根据操作者的实际工作情况，写出如何对封帽工装进行选择。
11. 通过对平行缝焊封帽机作业指导书的学习，完成下面的任务。
（1）叙述平行缝焊开机操作。
（2）记住平行缝焊封帽机操作面板上各参数的含义。
（3）准确叙述焊接操作过程。
（4）通过阅读指导书，试述在平行缝焊机焊接前的准备工作。
12. 通过对储能焊封帽机作业指导书的学习，完成下面的任务。
（1）简述金属封装之前进行管帽清洗的步骤。
（2）在准备环节，要完成什么任务？
（3）通过对"正式封装"部分的阅读和学习，总结其工艺流程。
（4）通过对"正式封装"部分的阅读和学习，总结对一个三极管封装操作的过程。
13. 针对实际生产情况，请说明陶瓷封装所需要的零件、工装。

14. 针对实际生产情况，请说明塑料封装所需要的辅料、工装夹具。
15. 针对实际生产情况，请说明金属封装所需要的零件、工装。
16. 封装方法有哪些？
17. 综合各种因素，哪种封装方法是目前应用最广泛的？其自动化封装设备的名称是什么？
18. 叙述各种封装方法的特点。
19. 封装的目的是什么？
20. 金属封装工艺中涉及哪些工艺参数？
21. 陶瓷封装工艺中涉及哪些工艺参数？
22. 塑料封装工艺中涉及哪些工艺参数？
23. 金属封装中底盘、封帽的材料是什么？
24. "储能焊机设备安全操作"的工作要点什么？
25. 钎焊工艺中，有哪几方面需要控制？
26. 塑封工艺中，对哪些参数要进行控制？一般设定值为多少？
27. 平行缝焊工艺的控制参数有哪些？
28. 平行缝焊工艺中，焊轮锥顶角如何设定？
29. 储能焊工艺的控制参数有哪些？
30. 平行缝焊对零部件的要求有哪些？
31. 简介转移成型技术的模具（工装）。
32. 封帽工艺中，常用的封帽方法有哪些？
33. 金属封装工艺中，常用的封帽方法有哪些？
34. 塑料封装工艺中，最常用的工艺是注塑工艺，注塑工艺所用的"塑料"是什么？
35. 陶瓷封装工艺中，常用的封帽方法有哪些？说明钎焊设备的名称。
36. 金属-陶瓷封装工艺中常采用的封帽方法是什么？
37. 半导体器件制造工艺包括哪些技术？
38. 哪些方法是可以完成掺杂工艺的？
39. 哪些工艺是可以将掩膜版图形转移到薄膜上的？
40. 哪些工艺是生长薄膜的工艺？
41. 对于MOS型集成电路来说，与封帽工艺过程有关的失效机理有哪些？

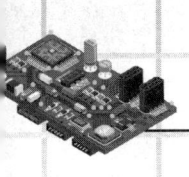

第 9 章　封帽后处理

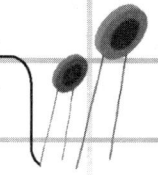

9.1　封帽后检查

9.1.1　产品封装结构图

封装结构种类很多，如图 9-1～图 9-7 所示。

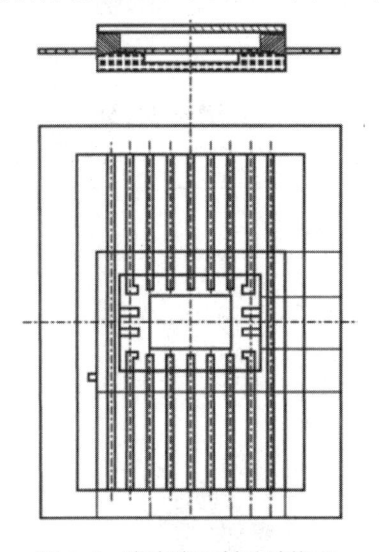

图 9-1　陶瓷扁平封装结构图　　　图 9-2　陶瓷扁平封装外形图

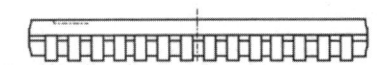

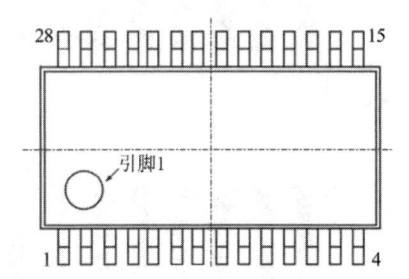

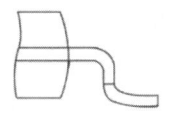

图 9-3　TSSOP 封装外形图

图 9-4　陶瓷封装外形图　　　　　　图 9-5　陶瓷底座结构图

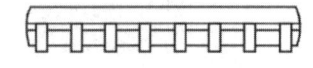

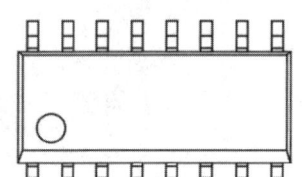

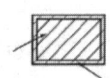

图 9-6　塑料封装

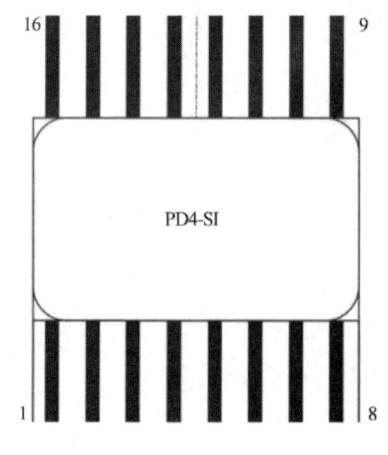

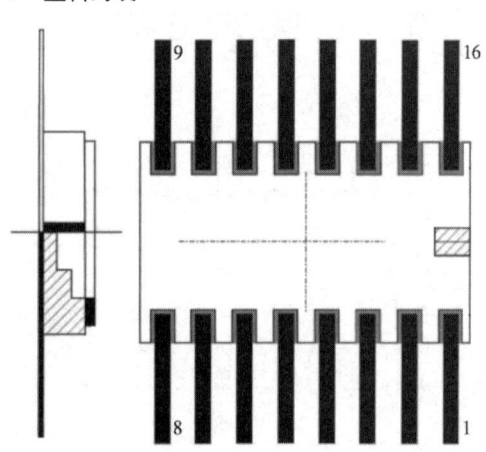

图 9-7　陶瓷封装

9.1.2 器件封帽后目检内容

不同类型的封装，在封帽工艺后，可能会出现不同质量的缺陷，会有不同的目检内容和要求。

1. 金属封装管子的目检内容

目检内容：管帽与管座对位正确并符合对准要求；管帽与管座之间焊接的气密性要求（缝隙问题）；是否存在打火痕迹；表面焊接质量是否符合要求；镀层是否变色，管帽镍层有无坏损情况；管腿有无扭曲变形、有无切蹭痕迹，管盖是否平整；锡环是否饱满；有无翻锡等。

1）平行缝焊的质量要求

（1）在 10 倍显微镜下观察缝焊轨迹，要求平滑均匀（连续密封）（见图 9-8），不得有未熔化缺陷（见图 9-9）和打火现象（见图 9-10）。

（2）外观：盖板不歪斜，表面不应有划痕，无划伤和缺口，无变色现象。

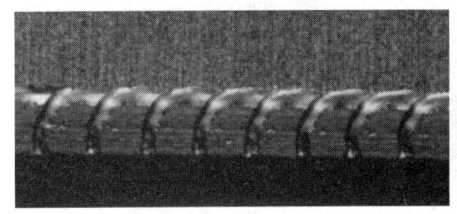

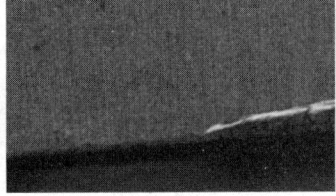

图 9-8 连续密封　　　图 9-9 未熔化缺陷　　　图 9-10 打火现象

2）钎焊（低温焊料焊接）的质量要求

（1）焊料外观要求：连续、光滑、润泽，锡环饱满。

（2）焊接表面质量要求：无夹渣、无裂纹、无咬边、无镀层变色，管帽镍层无坏损情况；无切蹭痕迹、无翻锡。

2. 塑料封装和玻璃封装的目检内容

目检内容：表面刮痕、表面污点，有顶白、气孔、混色、明显缩水等注塑缺陷，有油污或不可擦除的斑渍、飞边等。图 9-11～图 9-15 所示为塑封后出现的多种封装不良现象。

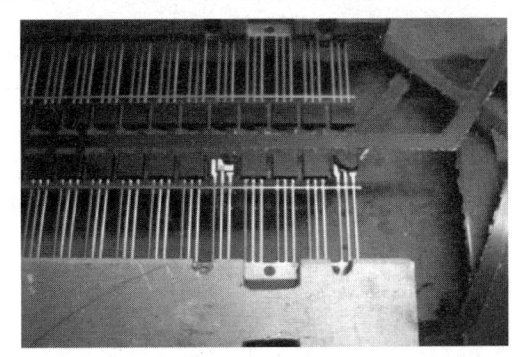

(a)　　　(b)

图 9-11 填充不良

图 9-12 气孔 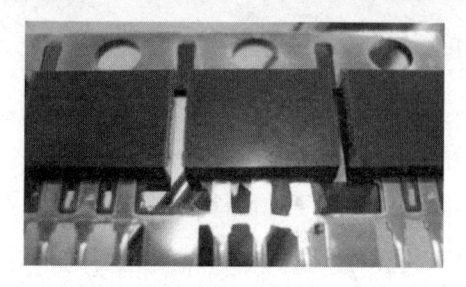　　　　　　　　　图 9-13 麻点

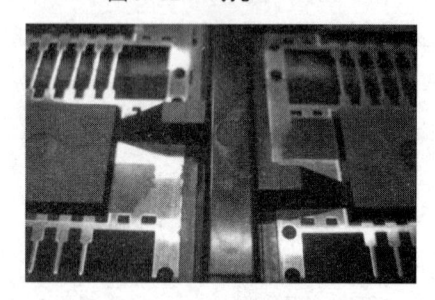

图 9-14 溢料 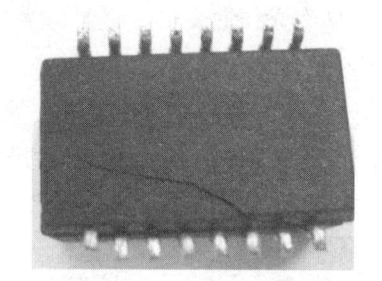　　　　　　　　　图 9-15 开裂（裂纹）

总体来说，封盖后外观质量检验的内容包括：封盖对位不正、封接边缘缺焊、封盖有焊料堆积、封盖有沾污、封接无明显焊缝、外壳结构变形、外壳材料破裂、外壳镀层变色、外壳引线扭曲、盖板翘曲、焊料上翻成球、引线短路。

9.1.3 显微镜操作知识

表 9-1 给出了 GL 系列连续变倍体视显微镜使用说明，此说明中包含了 GL 系列连续变倍体视显微镜的简介、特点、注意事项、调整与使用方法等内容，最重要的内容是调整与使用方法。

表 9-1　GL 系列连续变倍体视显微镜使用说明

简介：GL 系列体视显微镜是一种以双目观察的体视显微镜，能将微小物体加以放大且形成正的立体像，具有较长的工作距离、宽阔的视野、较好的成像质量，以及 1.95 倍～270 倍手轮连续变倍的特点，可根据用户需要配备多种功能的照明装置、摄影装置。 该系列体视显微镜性能优良，附件齐全，操作简单，使用方便，可供医疗卫生、农林、地质、公安等部门做观察分析，也可供电子工业和仪器仪表等行业做细小精密的检验。 一、使用注意事项 1. 显微镜是一种精密的仪器设备，必须避免在运输或者使用过程中突然移动或者碰撞。 2. 避免阳光直射、高温、潮湿、灰尘和振动。 3. 避免在透镜表面留下污垢或手印，脏的镜片将降低图像的清晰度。 4. 不要将左右变倍手轮相互反向旋转，不然将导致失灵。 二、保养和储存 1. 显微镜需放置在阴凉、干燥、无灰尘和无酸碱、蒸气的地方。 2. 所有镜头均需校验，不得自行拆开，以免影响使用。若镜面有污垢，可用脱脂棉蘸 70%乙醚和 30%酒精的混合物后轻轻擦洗。镜面上的灰尘可以用吹风球吹去，或用干净的毛笔、擦镜头纸等轻轻拭去。清洁机械部分和涂无腐蚀性的润滑剂（油）时，要特别注意不要碰到光学零件。 3. 不要使用有机溶剂擦拭其他部件表面，特别是塑料部件，应使用中性清洁剂清洗。 4. 目镜和附加大物镜用后装入镜盒内，目镜筒及物镜应用防尘罩罩好，显微镜不用时，可放入橱内或用罩子罩好。

续表

5. 仪器用完后，务必关掉电源，长期不用时，应拔掉电源插头。
6. 仪器在使用和运输过程中，必须小心轻放，严禁倒置。

三、特点

1. 光学系统的左、右两部分装于同一机构中，采用同放大率同焦的双可变焦距物镜双目镜。
2. 光学系统采用独特转像棱镜组，使像面清晰，范围更大。
3. 物体分别经两眼成像，犹如双眼直接观察物体一样，具有切实的立体感觉。
4. 放大率的连续变化是通过改变变倍物镜的空气间隔来实现的，故在变倍时所观察的物体的像不会消失，非常方便，提高了工作效率。
5. 倍率标志刻在仪器两侧的变倍手轮上，读取变倍物镜放大率更直观方便，变倍调节轻松自如。
6. 出射光轴倾斜 45°，便于操作观察。
7. 专门配置的电光源的照明方式有反射照明和透射照明两种。
8. 专门设计的摄影、摄像机构可将观察到的图像随时拍摄、录制下来，用于分析研究和永久保存；也可接 CCD、数码相机将图像显示在电视屏幕或计算机上，供现场分析研究用。
9. 专门设计的万能支架，使该系列仪器的使用范围更广。

四、规格

1. 该系列显微镜为变倍范围为 1.95 倍～270 倍的连续变倍体视显微镜。
2. 该系列显微镜的工作距离为 100mm。
3. 该系列显微镜的调焦范围不小于 135mm。
4. 工作台直径为 95mm。
5. 仪器使用电压和频率为 220V、50Hz 或 110V、60Hz。
6. 荧光灯为 220V 或 110V、5W 的，卤钨灯为 6V、15W 的。

五、调整与使用

1. 工作距离与焦距调整：顺时针（逆时针）转动调焦手轮，可使机身下（上）移动。当物体的像出现后，轻微转动手轮，直至双目像清晰为止。
2. 调焦手轮张力调节：顺时针（逆时针）转动调焦手轮，可使调焦手轮变紧（松）；操作者可根据自己的手感随意调节。（见图1）
3. 瞳距调整：双手稍微扳动两目镜筒，改变瞳距，以适合双眼观察。（见图2）
4. 视度调节：旋转左、右目镜上的视度调节圈，根据使用者眼睛的远（近）视度及视度调节圈上的视度标识，分别设定好左、右目镜的视度。（见图3）
5. 倍率调整：转动变倍手轮，可连续改变放大率，还可通过更换目镜或附加大物镜来改变放大率。
6. 光源调整：可选择上光源的反射照明或下光源的透射照明或上下光源同时使用。转动亮度调节旋钮可将上光源调节到合适的亮度。
7. 摄影装置使用方法：
   （1）取下相机镜头，将摄影装置主体装到相机上。
   （2）选择合适的摄影目镜，装入接筒中，并把接筒紧固在调整好的 GL 主机上。
   （3）把相机及摄影装置主体装在接筒上。
   （4）选择合适的显微镜放大率，将转换棱镜拨杆推入，在摄影装置目镜中观察，并调节视度调节圈，使十字分划线清晰。
   （5）将所希望拍摄的物体部分置于十字分划线中央位置，调节显微镜焦距，使物像清晰。
   （6）根据经验选择合适的摄影参数。推荐如下快门速度：使用感光度为21度的胶片反射照明 1～2 秒，透射照明 1/60～1/30s。使用者在试拍后自行修正。
   （7）当曝光时间从 1 秒到 1/1000 秒时，使用相机快门。此时应打开摄影装置主体上的快门，并锁紧快门线。
   （8）其他使用方法可参阅摄影装置和相机的使用说明书。
8. CCD、数码相机的使用方法：
   （1）把专门设计的 CCD 或数码相机接头装于 CCD 或数码相机上。
   （2）把 CCD 或数码相机装在调整好的 GL-99 型主机上。

（3）插上电源，将转换棱镜拨杆推入，根据需要，可将CCD或数码相机连接至电视机、录像机或计算机上。

（4）调节显微镜焦距，使物像清晰。

（5）在屏幕上可看到物体的像。通过调节CCD或数码相机，可得到亮度、对比度、色彩都很好的物体的像。

（6）CCD、数码相机、电视机、录像机或计算机等的使用方法参见其使用说明书。

9. 万能支架的调整与使用方法：

（1）组装：万能支架由底座、立柱（包括支座托圈）、横臂（包括滑座、挂杆）三部分组成。组装时应将方柱连接筒上的三个圆柱头六角螺钉取下，将立柱和底座拉紧；将横臂放入支架上对应的孔中，旋紧固定螺钉即可。使用时，取下挂杆的固定手轮，将仪器装上后紧固手轮即可进行下一步操作。

（2）上下调整：松开托圈及支架上止紧立柱的固定螺钉，可使支座沿立柱上下移动。

（3）前后调整：

A）移动粗调：松开支座上止紧横臂的固定螺钉，可使横臂沿支座前后移动。

B）移动微调：松开止紧螺钉，旋转微调手轮，微调移动杆可前后移动。

C）前后摆动：转动手柄，松开挂杆，可前后摆动挂杆。

（4）旋转调整：

① 松开支座上止紧立柱的固定螺钉，可使横臂绕立柱旋转。

② 松开支座上止紧横臂的固定螺钉，可使滑座左、右旋转。

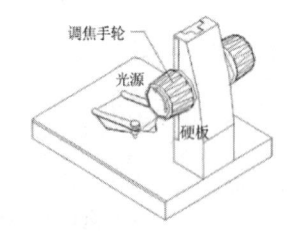

图1

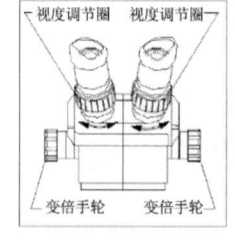

图2

图3

GL系列体视显微镜如图4所示。体视显微镜的结构如图5所示。

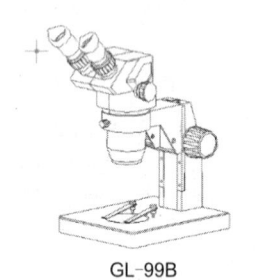

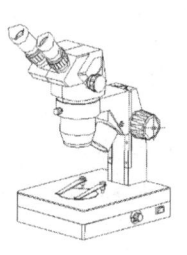

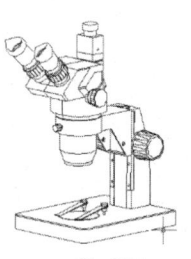

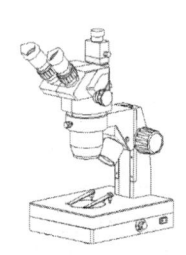

图4

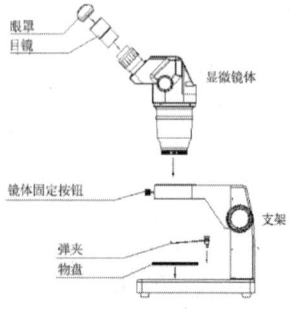

图5

续表

六、可供选择的附件			
附件名称	每台数量	附件名称	每台数量
10 倍目镜	2	黑白两面工作台	1
16 倍目镜	2	磨砂玻璃工作台	1
20 倍目镜	2	相机	1
25 倍目镜	2	相机接筒	1
30 倍目镜	2	CCD 接头	1
10 倍分划目镜	2	数码相机接头	1
0.3 倍大物镜	1	CCD	1
0.4 倍大物镜	1	数码相机	1
0.5 倍大物镜	1	6.4 倍摄影目镜	1
0.75 倍大物镜	1	4 倍摄影目镜	1
1.5 倍大物镜	1	2.5 倍摄影目镜	1
2 倍大物镜	1	摄影装置	1
目镜眼罩	2	圆底座万能支架	1
目镜筒防尘罩	1	方底座万能支架	1
压片	2	环形光源	1

9.1.4 封帽工艺检验规范

对气密性器件封帽后，要用显微镜按工艺检验规范对封帽后的产品或半成品外貌进行检查，判断封口是否严密，是否有细小裂缝等缺陷。

对于非气密性器件封帽后，要用显微镜按工艺检验规范对封帽后的产品或半成品外貌进行检查，判断是否有溢料、裂纹、气泡等缺陷，判断引脚切筋成型后是否达到质量要求。

9.1.5 环境因素对塑封器件性能的影响

下面就来谈谈环境因素对塑封器件性能的影响。

环境因素一般包括器件工作的环境温度、环境湿度（潮气）等情况。

1. 潮气成为腐蚀失效的导火索

对于塑料封装的电子器件，潮气一方面通过塑封料与外引线框架界面进入加工好的塑封器件管壳，再沿着内引线与塑封料的封接界面进入器件芯片表面；另一方面，树脂本身有一定的吸水性，水汽直接通过塑封料扩散到芯片表面吸入的潮气中，如果带有较多的离子沾污物，就会使芯片的键合区发生腐蚀，如果芯片表面的钝化层存在缺陷，则潮气会侵入芯片的金属化层。

2. 高温成为"爆米花"失效导火索

在塑料封装的电子器件受热过程中，管壳中所吸附的水分快速汽化，内部水汽压力过大，使模制材料（环氧树脂化合物）膨胀，出现分层剥离和开裂现象，俗称"爆米花"失效。管壳开裂既可在膨胀过程中出现，也可在冷却和收缩到其正常尺寸过程中发生。这些裂缝会给水分和污染物的侵入提供通道，从而影响长期可靠性。而在模制材料膨胀过程中内部产生的剪切应力会影响焊线的完好性，从而导致键合线翘起，键合接头开裂和键合引线断开，引起电失效。

3．低温/温度冲击失效

外界的温度冲击或低温环境使塑封料与芯片间产生应力，模制化合物与基片及引线框架之间发生分层和开裂现象，常称为低温、温度冲击失效。塑封料与芯片的热膨胀系数之差较大时，温度变化会导致塑封料与芯片间产生相对移动，对芯片产生机械应力。这种机械应力会随着温度的骤减而迅速增大，引起芯片表面的钝化层和金属层出现划痕、刺破等现象，导致电路开路或短路。

在极寒地区，对于结晶型塑料，如果环境温度低于材料的玻璃化温度，会使高分子链的自由运动受到阻碍，表现为塑料变脆、变硬而易折断；寒冷环境对无定型塑料的影响不大。

4．光老化

聚合物受光的照射，是否会产生分子链的断裂，取决于光能和离解能的相对大小及高分子化学结构对光的敏感性。只有光能大于化学键离解能的紫外光，才会引起高分子化学键的断裂。

5．机械振动

机械振动能够引起周期性或随机运动，长期振动会使塑料封装电子器件的连接松动，使机械产生疲劳失效，引线断裂和结构损伤等。据研究，结构方面易受影响的频率为5～2000Hz，塑料封装电子器件易受影响的频率为50～2000Hz。

6．盐雾

盐雾会加速绝缘材料的腐蚀，加速金属及其镀层的腐蚀，对镁量高和相互接触的不同金属的腐蚀最为严重，结果使结构强度减弱并产生凹点，使表面电阻和介电强度降低等。

7．霉菌

霉菌会使所有有机材料和部分无机材料的强度降低，甚至损坏；孔洞被堵塞；材料表面绝缘电阻降低，介质损耗增大，金属被腐蚀等。

8．生物老化

聚合物材料长期处于某种环境中，其中的微生物具有极强的遗传变异性，会逐步进化出分泌能够分解利用这些聚合物的酶类的能力，从而能够以其为碳源或能源生长，尽管降解速率极低，但这种潜在危害是确实存在的。

9．化学介质

化学介质只有渗透到高分子材料的内部，才能发挥作用，这些作用包括对共价键的作用与对次价键的作用两类。共价键的作用表现为高分子链的断链、交联、加成或这些作用的综合，这是一个不可逆的化学过程；化学介质对次价键的破坏虽然没有引起化学结构的改变，但会引起材料的聚集态结构改变，使其物理性能发生相应改变。环境应力、开裂、溶裂、增塑等物理变化，是高分子材料的化学介质老化的典型表现。

9.1.6 首件检验要求

1．首件检查内容

气密性器件首件检验内容：外观和气密性检查。

非气密性器件首件检验内容：外观和塑封体厚度检查。

2．首件检验方法和工具

气密性器件首件检验工具：外观检验用显微镜完成；气密性检验用加压检漏装置、检漏仪完成。

金属封装首件气密性检验方法：利用专业设备及工具进行外观和气密性检查。

塑料封装首件检验工具：显微镜、数显千分尺。

检验方法：利用专业工具和设备完成塑料封装器件的外观和塑料体厚度的检查。

3．首件检验标准

对于金属封装的外观检验标准：储能焊封装的管子无变形、飞边、划痕，镀层无变色，管帽镍层无破损；管腿不能扭曲变形，无切蹭痕迹。封装环焊处必须为连续密封；无划伤和缺口；无打火和变色现象。管盖应平整，锡环应饱满，无翻锡。

气密性检验标准：根据检测标准，100%氟油检漏，达到工艺文件设定要求。

对于塑料封装外观检验标准：产品无框架变形、溢料、透丝、塑封异物、气孔、填充异常等外观缺陷。

塑料体厚度检查标准：厚度尺寸在要求的极限值之内。

4．首件检验抽检方案

对于气密性器件的首件抽检方案是：外观检验要求按一定比例进行抽样，要求合格率为100%；气密性检验，要求100%检验并达到首检标准。

对于非气密性器件的首件抽检方案是：外观检验，要求按一定比例进行抽样检测，并要求合格率达到工艺文件的要求；塑料体厚度检查，要求按一定比例进行抽检并要求测量塑封体的厚度。

9.1.7　不同封帽形式的检验方法及要求

质量检验是质量管理中非常重要且常见的一种控制手段，是针对失效模式进行的探测，从而防止不合格品流入下一环节。质量检验方法的分类方式有很多种，下面按生产过程的顺序分类介绍不同封帽形式采用的检验方法和要求。

根据检验方法的相关内容及对产品质量的要求，不同封帽形式采用的检验方法有：进货检验、过程检验和最终检验。

进货检验要求：由专职进货检验员，按照检验规范（含控制计划）执行检验。进货检验分为首（件）批样品进货检验和成批进货检验。

过程检验要求：由专职的过程检验人员，按生产工艺流程（含控制计划）和检验规范进行检验。过程检验可分为首验、巡验、末验。

最终检验要求：成品检验由企业质量检验部门负责，检验应按成品检验指导书的规定进行，大批量成品检验一般采用统计抽样检验的方式进行。

检验合格的产品，应由检验员签发合格证，然后车间才能办理入库手续。凡检验不合格的成品，应全部退回车间做返工、返修、降级或报废处理。经返工、返修后的产品必须再次进行

全项目检验，检验员要做好返工、返修产品的检验记录，保证产品质量具有可追溯性。

常见的成品检验：全尺寸检验、成品外观检验、GP12（客户特殊要求）、型式试验等。

9.2 操 作

9.2.1 封帽外观质量要求（外壳附着物去除方法）

1. 塑料封装

封帽工艺后，常出现外壳附着物为飞边、毛刺等。毛刺飞边是指封装过程中塑封料树脂溢出、贴带毛边、引线毛刺等。

毛刺飞边去除工艺：

（1）机械喷沙（干法/湿法），也称介质去飞毛刺，使用专用的高压喷沙机，将研磨料（如粒状的料球）喷在集成电路引线框架表面上，打磨去掉溢料。

（2）碱性电解法，是在碱性药水中通过电解的方法去除溢料。引线框架与阴极（设备的传送钢带）相连，在药水中引脚产生大量气泡使溢料松动产生空隙，碱液渗入将产品表面的溢料泡软，利用高压水打掉溢料。

（3）化学浸泡+高压水喷法，是目前比较流行的方法。先将塑封体浸煮在一定温度的软化药水中一段时间，将其表面的溢料泡软，再将产品放入专用的高压喷水去溢料设备，去除软化的产品溢料。

（4）介质去毛刺飞边：用研磨料和高压空气一起冲洗模块，研磨料在去除毛刺的同时，可将引脚表面擦毛，有助于后续上锡操作。

（5）用气枪对准料片缝隙进行吹料，按由上向下顺序吹料，确认料片塑封体表面无毛边即可。

2. 金属封装

封帽工艺后，常出现外壳附着物飞溅、焊渣、咬边等问题，可用毛刷去除，也可用符合一定压力的氮气吹除。

9.2.2 分立器件外观质量要求基础知识

1. 塑封技术

封帽工艺外观质量要求：表面无刮痕、无污点、无顶白、无气纹、无混色、无明显缩水等注塑缺陷，无油污或不可擦除的斑渍、无飞边、无裂纹、无气孔和毛刺等。

2. 金属封装技术

封帽工艺外观质量要求：管帽与管座对位正确并对准；管帽与管座之间的焊接有良好的气密性（无缝隙问题）；不存在打火痕迹；无镀层变色，管帽镍层无坏损情况；管腿无扭曲变形、无切蹭痕迹，管盖平整；锡环饱满、无翻锡，表面无划痕等。

封装外观质量的总体要求：标志清晰、耐久；引出端定位标志明显；无机械损伤、无缺陷；外引线正直、完整；镀层光亮、覆盖完整；表面清洁。

9.2.3 防静电措施及工艺记录的填写

为了防止静电损伤，在装架工艺室必须有严格的防静电设施，具体来说：

（1）室内要铺设防静电地板。

（2）工作桌面用防静电台面。

（3）穿防静电工作服和工作鞋。

（4）人体必须戴防静电腕带。

（5）装管芯的设备仪器、器具和容器、包装材料，甚至搬运工具及篮子都要用防静电材料制成或有相应防静电措施。

（6）一切防静电设施，包括桌面、地板、腕带都必须良好接地，每天检查接地电阻是否合格。例如，人体佩戴的接地腕带的合格接地电阻值应为 $7.5 \times 10^5 \sim 3.5 \times 10^7 \Omega$。

9.2.4 封帽后处理所需的材料、设备仪器

根据封装材料的不同，封帽后有不同的工艺流程，封帽后处理所需的材料、工装、设备仪器各不相同。

金属/陶瓷封装封帽后处理工艺流程，如图 9-16 所示。

引脚上锡 → 切筋成型 → 打码

图 9-16 金属/陶瓷封装封帽后处理工艺流程图

塑料封装封帽后处理工艺流程，如图 9-17 所示。

固化 → 去飞边毛刺 → 引脚上锡 → 切筋成型 → 打码

图 9-17 塑料封装封帽后处理工艺流程图

1. 塑封后固化

定义：将产品放置在高温烘箱内进行烘烤。

作用：使塑料固化更彻底并与芯片和框架结合更紧密，以提高产品的可靠性和稳定性。

后固化条件：在塑封工艺中，为完全固化大部分环氧模塑料，需要在 170~175℃之间进行后固化。

2. 去飞边毛刺

塑料封装中塑封料树脂溢出、贴带毛边、引线毛刺等统称为飞边毛刺现象。若渗出部分较多、较厚，则称为毛刺或飞边毛刺。造成溢料或毛刺的原因很复杂，一般认为与模具设计、注模条件及塑封料本身有关。

毛刺的厚度一般小于 10μm，它给后续工序（如切筋成型）带来麻烦，甚至会损坏机器。因此，在切筋成型工序之前，要进行去飞边毛刺工序。

去飞边毛刺工序的工艺主要有：介质去飞边毛刺、溶剂去飞边毛刺、水去飞边毛刺。另外，当塑封料溢出发生在框架背后时，可采用所谓的树脂清除工艺去除。其中，介质去飞边毛刺和水去飞边毛刺的方法用得最多。

用介质去飞边毛刺时，将研磨料（如粒状的塑料球）与高压空气一起冲洗模块。在去飞边

毛刺过程中，介质会与框架引脚的表面轻微摩擦，这将有助于焊料和金属框架的粘连。曾经使用天然介质，如粉碎的胡桃壳和杏仁核，但由于它们会在框架表面残留油性物质，目前已不再使用。

用水去飞边毛刺工艺：利用高压的水流来冲击模块，从而去掉毛刺，有时也会将研磨料与高压水流一起使用。用溶剂去飞边毛刺通常只适用于很薄的毛刺。溶剂包括 N-甲基吡咯烷酮（NMP）或双甲基呋喃（DMF）。

3．引脚上锡

目的：增加保护性镀层，以增强引脚抗蚀性，并增强其可焊性。
上锡方法：电镀或浸锡工艺。
电镀：用电化学的方法使金属或非金属制品表面沉积一层金属。
电镀设备与材料：纯锡球、前处理药水（电解除胶液、电解退银剂）、电镀液、后处理药水（中和液）、退镀液。

4．电镀后检查

目的：检查电镀后产品的外观质量和镀层厚度、合金含量。
设备：10~40倍显微镜，X-RF、X-RAY测厚仪，防静电手套，指套。

5．电镀后烘烤

目的：消除引线框架的应力，降低纯锡镀层晶须的生长速度。
设备：烤箱、隔热手套。

6．切筋成型

切筋：通过切筋机将产品从框架或基板上冲压下来并形成符合设计要求的尺寸。
切筋的作用：切除引脚之间的连筋，使引脚分离。
将已完成封装和电镀的产品变为标准或客户需要的形状，并从框架上切割分离成单个的具有设定功能的成品。（可在切筋冲压的同时完成）
设备：切筋机。

7．打码

打码：采用激光机打印或喷涂工艺在产品封装的正面（或背面）打印代码。
打码（又称打标）的种类：主要有油墨打标和激光打标。
（1）油墨打标：工艺过程像敲橡皮图章，一般用橡胶来刻制打码所用的标识。油墨通常是高分子化合物，是基于环氧或酚醛的聚合物，需要进行热固化或紫外光固化。
（2）激光打标：利用高能量密度的激光束对目标作用，使材料表面发生物理或化学变化，材料迅速汽化，形成凹坑，从而形成永久可见的图形。激光源常常是 CO_2 或 Nd：YAG。
打标的作用：标示产品的品名、类型及相关属性。
打标设备：激光打印机。

9.2.5　切筋成型工艺流程

根据封装形式的不同，切筋成型工艺流程会略有不同，现以分离后成型过程为例，其工艺

流程如图 9-18 所示。

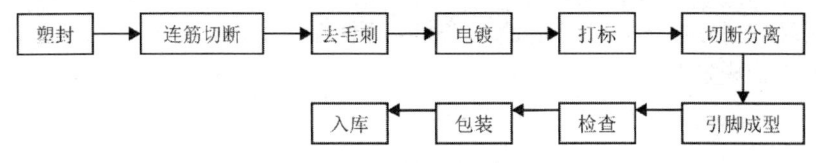

塑封 → 连筋切断 → 去毛刺 → 电镀 → 打标 → 切断分离 → 引脚成型 → 检查 → 包装 → 入库

图 9-18 切筋成型工艺流程

9.2.6 器件外引线电极整形

器件包括：二极管、三极管、场效应管和集成电路。

所谓"整形"有两层含义：① 封帽后，对外引线进行形状整理；② 电子元件在安装到电路板上时，必须事先对元件的引脚进行整形，以适应电路安装的需要。

此部分内容，"整形"为第一种含义，若发现外引线有歪斜、打弯等情况，可以人为戴防静电手套，用防静电镊子完成对外引线的形状规整，使每根引线平直，多引线间相互平行、间距相等，引脚无翘曲，器件各边引脚达到平坦性要求（在同一平面上）。

9.2.7 工艺异常情况报告流程

内容见 7.2.6 节。

9.2.8 封帽工艺设备对封帽质量的影响

根据封帽的方法不同，运用的封帽设备不同，塑料封装设备的工艺对产品质量的影响因素很多，本部分的主要内容是较为重要的工艺参数对封帽质量的影响。

1．注射温度

注射温度高，则物料黏度低，充模容易；制件内大分子的取向低；制件表面光泽高，表观性能好。但不能过高，否则会出现溢边，物料易分解，出现表面波纹、气泡分解等质量缺陷。

2．注射压力、保压压力

注射压力、保压压力影响制件凹陷、填充的饱满程度，是否会出现溢边，熔接纹和强度，制件挠曲变形、内应力大小，脱模困难与否等。

3．注射速度

注射速度低，则制件尺寸稳定，制件内应力低，但易分层，容易产生熔接线，表面光泽度低；注射速度高，则制件的表面光泽度高，高黏度物料易充满模腔，薄壁制件易充满模腔。但注射速度过高会导致制件易变形，出现气孔或焦斑，内应力高，易开裂，出现云雾斑，不透明等质量缺陷。

通常采用多级注射，开始时高速充填，后期低速充满，保持制件饱满。

4．模具温度

模具温度低，则表面光泽度低，出现熔接纹、制件内应力高等质量问题，但其循环周期短，生产效率高；模具温度高，则其表面光泽度高，熔接纹、流纹减少，制件内应力低，制件内大分子的取向低，但循环周期长，生产效率低。

5．模具形状

模具形状影响制品填充的均匀程度，容易填充不满，而局部填充过度会造成挠曲变形、局部应力集中等质量缺陷。

6．模具表面质量

模具表面磨损会造成模具表面的光洁度下降，从而增加了模塑料与模具表面的黏结力而影响脱模。

封装模具在使用一段时间后，在模塑料等的不断摩擦冲击下，模具的接合面之间缝隙不断增大或排气孔的间隙增大，模塑料在模塑过程中从此缝隙中溢出，形成溢料模具，污染模具表面。污染严重时会影响脱模剂的脱模效果，增加了封装体与模具之间的黏结力而难以脱模，产生黏模现象。

7．浇口的位置和尺寸

浇口的位置和尺寸对制件以下几个方面有重要影响：① 熔接纹的位置、尺寸；② 制件内大分子的取向；③ 制件填充的均匀程度；④ 模具的排气。

8．冷却、加热水流道的位置和尺寸

① 不均匀冷却会使制件内大分子的取向变高；② 不均匀冷却会使制件挠曲变形；③ 不均匀冷却会使制件表面光泽不一致。

9．物料对产品质量的影响

物料的力学性能与拉伸强度、拉伸模量和伸长率、抗冲击强度、维卡软化温度、弯曲强度和弯曲模量有关。物料的加工性能与熔体流动指数、物料收缩率、制件脱模性能有关。预制料过重会引起产品黏模、填充不足等质量问题。

10．固化时间

固化时间太短，易出现黏模现象。

9.2.9 镜检设备的工作原理及使用说明书

目前半导体器件封装所用镜检设备是显微镜，下面就介绍显微镜的相关知识。

1．显微镜的基础知识

显微镜是由一个透镜或几个透镜组合而成的光学仪器，是人类进入原子时代的标志。显微镜以显微原理进行分类，可分为偏光显微镜、光学显微镜、电子显微镜和数码显微镜。

半导体器件封装工艺中镜检用到的显微镜是光学显微镜。

2．光学显微镜

光学显微镜通常由光学部分、照明部分和机械部分组成，具体结构包括：目镜、镜筒、转换器、物镜、载物台、通光孔、遮光器、压片夹、反光镜、镜座、粗准焦螺旋、细准焦螺旋、镜臂、镜柱。其中光学部分是最为关键的，它由目镜和物镜组成。光学显微镜可把物体放大 1600 倍，分辨的最小极限达 0.1μm。光学显微镜的种类很多，主要有明视野显微镜（普通光学显微镜）、暗视野显微镜、荧光显微镜、相差显微镜、激光扫描共聚焦显微镜、金相显微镜、偏光

显微镜、微分干涉差显微镜、解剖显微镜、倒置显微镜。暗视野显微镜是一种具有暗视野聚光镜，从而使照明的光束不从中央部分射入，而从四周射向标本的显微镜。荧光显微镜是以紫外线为光源，使被照射的物体发出荧光的显微镜。

3. 金相显微镜

金相显微镜主要用于鉴定和分析金属内部结构组织，它是金属学研究金相的重要仪器，是工业部门鉴定产品质量的关键设备。该仪器配用摄像装置，可摄取金相图谱，并对图谱进行测量分析，对图像进行编辑、输出、存储、管理等。

金相显微镜主要包括放大系统、光路系统和机械系统。

1）金相显微镜的放大系统

显微镜放大成像原理如图 9-19 所示。

由图 9-19 可见，显微镜的放大作用由物镜和目镜共同完成。物体 AB 位于物镜的焦点 F_1 外，经物镜放大而成为倒立的实像 A_1B_1，这一实像恰巧落在目镜的焦点 F_2 以内，最后由目镜再次放大为一虚像 A_2B_2，人们在观察组织时所见到的像，就是经物镜、目镜两次放大，在距人眼约 250mm 处形成的虚像。

因此，显微镜的总放大倍数 M 等于物镜放大倍数和目镜放大倍数的乘积。目前，普通光学金相显微镜的最高有效放大倍数为 1600～2000 倍，常用放大倍数有 100 倍、450 倍和 650 倍。

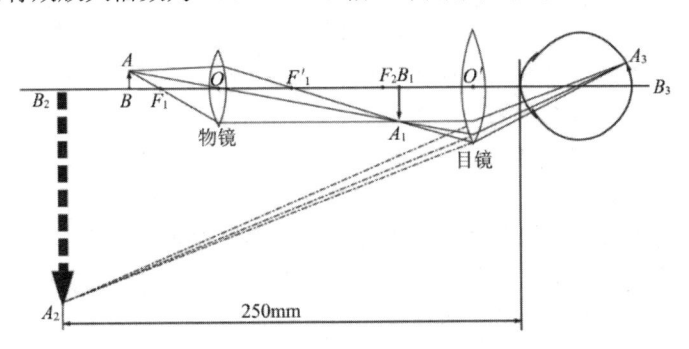

图 9-19 显微镜放大成像原理示意图

2）金相显微镜的光路系统

小型金相显微镜，按光程设计不同可分为直立式和倒立式两种。凡试样磨面向上，物镜向下的为直立式；而试样磨面向下，物镜向上的为倒立式，如图 9-20 所示。

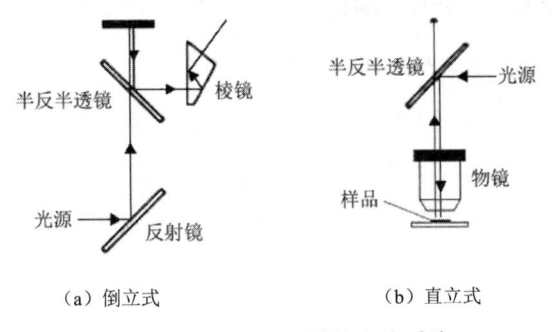

（a）倒立式　　　　（b）直立式

图 9-20 金相显微镜的光路系统

以倒立式为例，光源发出的光，经过透镜组投射到反射镜上，反射镜将水平走向的光变成

垂直走向的光，自下而上穿过平面玻璃物镜（半反半透镜），投射到试样磨面上；反射进入物镜的光又自上而下照到平面玻璃物镜（半反半透镜）上，反射后水平进入棱镜，通过折射，反射后进入目镜。

3）金相显微镜的机械系统

金相显微镜的机械系统主要包括载物台、粗调机构、微调机构和物镜转换器。载物台是用来支承被观察物体的工作台，大多数显微镜的载物台都能在一定范围内平移，以改变被观察的部位。粗调机构是在较大行程范围内，改变物体和物镜前透镜间轴向距离的装置，一般采用齿轮齿条传动装置。微调机构是在一个很小的行程范围内（约2mm），调节物体和物镜前透镜间轴向距离的装置，一般采用微调齿轮传动装置。物镜转换器是为了便于更换物镜而设置的。物镜转换器上同时装几个物镜，可将所需物镜固定在显微镜光轴上。

4．解剖显微镜

解剖显微镜，又称为实体显微镜、体视显微镜或立体显微镜，是为了不同的工作需求所设计的显微镜。它是一种具有正像立体感的目视仪器，是从不同角度观察物体，使双眼产生立体感觉的双目显微镜。对待观察物体无须加工制作，直接放入镜头下配合照明即可观察，像是直立的，便于操作和解剖。解剖显微镜视场直径大，适用于要求放大倍率在200倍以下的场合。解剖显微镜的特点如下：双目镜筒中的左右两光束不是平行的，而是具有一定的夹角——体视角，一般为12°~15°，因此成像具有三维立体感，这是目镜下方的棱镜把像倒转过来的缘故；虽然放大率不如常规显微镜，但其工作距离很长，焦深大，便于观察物体的全层。解剖显微镜常常用于一些固体样本的表面观察，或是解剖、钟表制作和小电路板检查等。

解剖显微镜光学结构的原理是：一个共用的初级物镜对物体成像，成像后的两个光束被两组中间物镜（也称变焦镜）分开，并形成一定的角度（体视角），再经各自的目镜成像，它的倍率变化是通过改变中间镜组之间的距离而获得的，利用双通道光路，双目镜筒中的左右两光束不是平行的，而是具有一定的夹角，为左右两眼提供一个具有立体感的图像。解剖显微镜实质上是两个单镜筒显微镜并列放置，相当于人们用双目观察一个物体，由此形成三维空间的立体视觉图像。

5．镜检设备仪器使用说明书

镜检设备仪器使用说明书参考表7-2，这里不再赘述。

9.2.10 半导体分立器件外壳制造方法

1．半导体分立器件、集成电路对外壳的要求

外壳应有小的寄生参数，使器件的电特性得到有效发挥。

外壳应有小的热阻，使芯片的热量有效地散逸出去，保证器件在正常结温下工作。

外壳应有足够的机械强度、气密性和可焊性。

外形尺寸应尽量符合国际标准或国家标准。

外壳在设计、制造和材料上应合理，在保证器件正常工作的前提下，尽量降低成本。

2．外壳设计包括的内容

外壳设计包括电性能设计、热性能设计和结构设计三部分，可靠性设计也包含在这三部分内。

3．外壳电性能设计包括的具体内容

外壳电性能设计包括引线电阻、极间电容、引线电感、特性阻抗、传输延迟、导电损耗、介质损耗、驻波比、隔离度设计。

4．外壳制造方法

1）塑料封装外壳的制造方法

（1）转移成型技术是最主要的成型技术。转移成型技术使用的材料一般为热固性聚合物。

转移成型技术的工艺过程：将已贴装芯片并完成引线键合的框架置于模具中，将塑封的预成型块在预热炉中加热（预热温度为 90～95℃），然后放进转移成型机的转移罐中。在转移成型活塞的压力下，塑封料被挤压到浇道中，并经过浇口注入模腔（在整个过程中，模具温度保持在 170～175℃之间），塑封料在模具中快速固化，经过一段时间的保压，使得模块达到一定硬度，然后用顶杆顶出模块，成型过程结束。

（2）喷射成型技术。

轴向喷洒涂胶属于喷射成型技术的一种，利用喷嘴将树脂原料喷涂于 IC 芯片表面，与涂封工艺类似，但涂布的厚度较大；喷洒过程中需对 IC 芯片进行加热以改变树脂原料的黏滞性（流体内摩擦性对涂封厚度和外观有显著影响）。

（3）反应注射成型类似于喷射成型，不同之处在于喷射前需将原料搅拌混合后送入铸孔发生聚合反应完成涂封。

（4）预成型技术适用于陶瓷封装。

2）陶瓷封装中基板的制造方法

氧化铝为陶瓷封装常使用的材料，此外，陶瓷封装材料还有氮化铝、氧化铍、氧化硅、玻璃与玻璃陶瓷、蓝宝石等，现以氧化铝为陶瓷封装材料为例，叙述陶瓷基板制造工艺。

（1）材料。

陶瓷基板或盖板的基材是浆料，其中的主要成分包括有机材料和无机材料两部分。有机材料包括高分子胶黏剂、塑化剂和有机溶剂等；无机材料为氧化铝中添加的玻璃粉末。

（2）工艺主要步骤及流程，如图 9-21 所示。

（3）以制作多层陶瓷基板为例，说明其工艺过程。

① 生胚片的制作工艺。

陶瓷粉末和胶黏剂、塑化剂、有机溶剂等均匀混合后制成油漆般的浆料，通常以刮刀成型的方法制成生胚片，刮刀成型机在浆料容器的出口处置有可调整高度的刮刀，可将随着多元酯输送带移出的浆料刮制成厚度均匀的薄带，生胚片的表面同时吹过与输送带运动方向相反的滤净热空气使其缓慢干燥，再卷起，并切成适当宽度的薄带。未烧结前，一般生胚片的厚度在 0.2～0.28mm 之间。

② 冲片工艺。

冲片工艺：将生胚片以精密的模具切成适当尺寸的薄片，冲片时片的四边也冲出对孔以便叠合时对齐。

导孔成型则将生胚片冲出大小适当的导孔，直径在 125～200μm 之间，现有的技术也能制成 80～100μm。导孔成型可以利用机械式冲孔、钻孔或激光钻孔等方法完成，一般的工艺为先

将生胚片固定，利用精密平移台移至适当位置后，再以冲模机冲出导孔，以二氧化碳激光进行钻孔是较新颖的方法，其速率为 50～100 个导孔/秒。

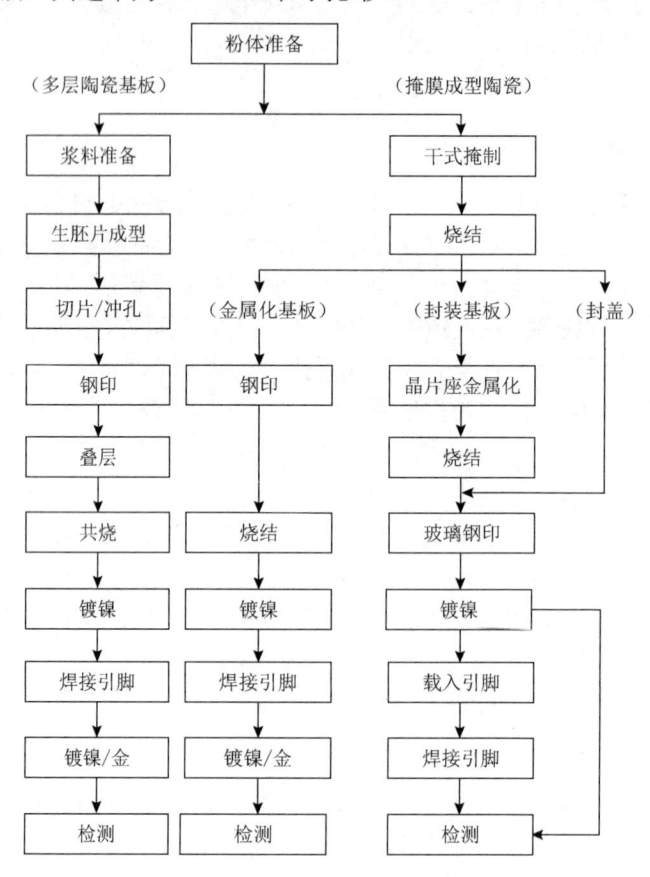

图 9-21　陶瓷封装工艺流程

③ 生胚片的叠压（叠层）工艺。

生胚片以厚膜印技术印上电路布线图形及填充导孔后，即可进行叠压。叠压工艺：根据设计要求将所需的金属化生胚片置于模具中，再施予适当的压力叠成多层连线结构。

④ 生胚片的烧结工艺。

烧结为陶瓷基板成型中的关键步骤之一，高温与低温的共烧条件虽有不同，但目标只有一个，就是将有机成分烧除，将无机材料烧结成致密、坚固的结构。

在高温的共烧工艺中，有机成分的脱脂烧除与无机成分的烧结通常在同一个热处理炉中完成，完成叠压的金属化生胚片先缓慢地加热到 500～600℃以除去溶剂、塑化剂等有机成分，待有机成分完全烧除后，根据所使用的陶瓷与厚膜金属种类，将热处理炉以适当的速度升温到 1375～1650℃，在最高温度停留数小时进行烧结。在烧结完成后的冷却过程中热处理的气氛通常转换为干燥的氢气，同时应避免冷却过程过快而产生热爆震效应，致使基板破裂。一个完整的高温烧结工艺通常耗时 13～33 小时。

低温的共烧工艺通常使用带状炉以使有机成分的脱脂烧除与陶瓷成分的烧结过程分开进行。近年来，已有特殊设计的热处理炉可使脱脂与烧结的过程在同一炉中进行。低温共烧工艺的温度曲线与热处理炉气氛的选择及所使用的金属种类有关。若使用金或银金属膏基板的共烧

工艺，则先将炉温升至 350℃，再停留约 1 小时以待有机成分完全除去，炉温再升至 850℃并维持约 30 分钟以完成烧结；共烧工艺均在空气中进行，耗时 2～3 小时。

⑤ 表面镀层工艺：共烧完成之后，基板的表层需要再制作电路、金属键合点或电阻等，以供 IC 封装元器件及其他电路元器件的连线接合，采用网印与烧结技术制作。

使用银等高导电性材料制作内层导体的低温共烧型基板，表面通常再烧结一层铜导线，以利于后续焊接的进行。

对高温共烧型陶瓷基板，键合点表面必须用电镀技术先镀上一层约 2.5μm 厚的镍作为防蚀保护层及用于引脚焊接，镀镍完成之后必须经热处理，以使其与共烧成型的钼、钨等金属导线形成良好的键合。镍的表面通常覆上一层金的电镀层以防止镍的氧化，并加强引脚硬焊接时焊料的浸润性。以化学镀技术镀镍时，因钨或钼、锰金属导线表面均为非活化表面，故必须先以钯氯溶液将基板表面活化，再进行镍的化学镀。

引脚焊接工艺：以金锡或铜银共硬焊的技术将引脚与基板焊接，一般将焊料置于引脚与金属键合焊垫之间，在还原气氛中加热至共晶温度以上。

3）金属封装中外壳的制作工艺

金属封装是采用金属作为壳体或底座，芯片直接或通过基板安装在外壳或底座上，引线穿过金属壳体或底座大多采用玻璃-金属封接技术的一种电子封装形式。它广泛用于混合电路的封装，主要是军用和定制的专用气密封装，在许多领域，尤其是在军事及航空航天领域得到了广泛的应用。

（1）金属封装外壳实体图，如图 9-22～图 9-27 所示。

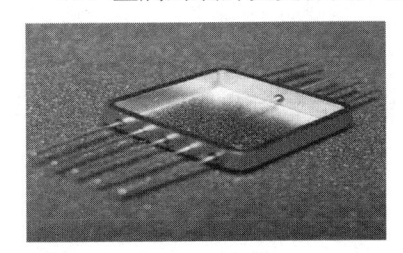

图 9-22 UP 系列
（腔体直插式金属外壳）

图 9-23 FP 系列
（扁平式金属外壳）

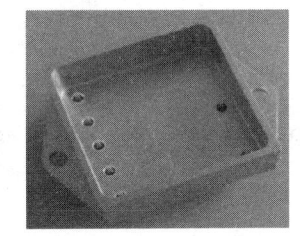

图 9-24 UPP 系列
（功率金属外壳）

图 9-25 FPP 系列
（扁平式功率金属外壳）

图 9-26 PP 系列
（平底式功率金属外壳）

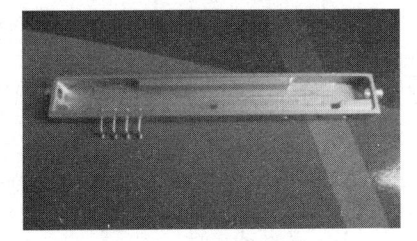

图 9-27 FO/TO 系列
（光电器件金属外壳）

（2）传统金属封装材料包括 Al、Cu、Mo、W、钢、可伐合金及 Cu-W 和 Cu-Mo 等。

（3）金属管座制造工艺流程。

现以典型的小功率晶体管为例介绍金属管座制造工艺流程（见图 9-28）。

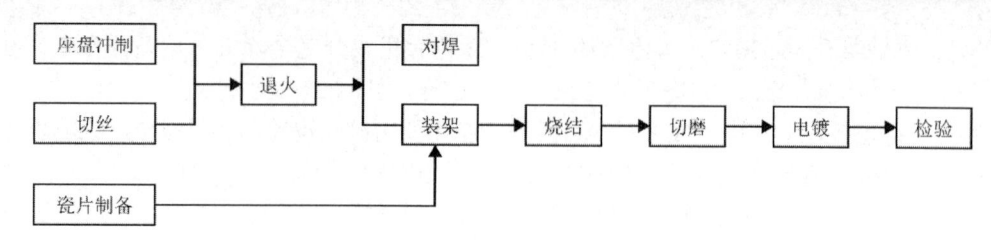

图 9-28　金属管座制造工艺流程

① 底盘退火：将冲制成的底座在氢气炉内进行退火，以去除材料的内部应力和材料表面的杂质。退火温度一般为 1050～1100℃（指可伐合金），炉内通以湿的氢气，时间为 20 分钟至一小时。

② 切丝：首先用汽油等去油剂对一定规格的可伐合金丝进行清洗以去除油污，然后在切丝机上把干净的可伐合金丝绕成盘，再切成规定长度，最后把切成段的可伐合金丝进行氢气退火，约半小时，退火温度为 1050℃。

③ 对焊：对于一部分要求外壳接地起屏蔽作用的小功率管，需要把一根引脚焊在底座上。这项工作是在电容式储能焊机上进行的。

5. 外壳检验内容

外壳检验一般包括以下内容：

（1）外观检验：如外形尺寸、几何公差、镀覆形貌等。

（2）电性能检验：如外壳引线电阻、极间电容、引线电感、绝缘电阻、应用频率、特性阻抗、驻波比、隔离度等。

（3）热性能检验：如外部热阻等。

（4）可靠性检验：如引线拉伸强度、引线弯曲强度、漏率。此外，还可做离心加速度、冲击、振动、热冲击、温度循环、盐雾试验等。

9.2.11　半导体分立器件检漏知识

半导体器件的气密性是高可靠产品质量控制的基本保证。在失效器件中，泄漏往往是导致器件失效，乃至整机失效的主要原因之一。随着人们对整机寿命要求的不断提高，整机的核心——半导体器件的可靠性是非常关键的因素，尤其是在高可靠性和应用环境比较恶劣的仪器设备中，必须采用气密性封装，并对器件进行泄漏的检测即检漏工艺。

检漏的方法有两类，漏率大于 $10^{-6}Pa·m^3/s$ 的为粗检，漏率小于 $10^{-6}Pa·m^3/s$ 的为细检。细检一般采用氦质谱检漏仪背压法或放射性同位素氪-85 检漏法。粗检的方法较多，常用的有氟碳化合物加压法和高温液体冒泡法。

1. 漏率的概念

漏率（漏气速率）是用来表征半导体器件漏孔大小的量。漏率的单位是 $Pa·m^3/s$，导出单位是 $Pa·cm^3/s$ 或 $100kPa·cm^3/s$。

2. 氦质谱检漏仪

1）基本原理

氦质谱检漏仪是以氦气作为示踪气体，通过质谱分析方法，测量经被检器件的微小漏孔进入质谱室内氦气分压强的大小，以检查漏孔的漏率。

2）氦质谱检漏仪的组成

氦质谱检漏仪由真空系统、真空测量部分、质谱室、离子流放大器和控制部分组成。

3）氦质谱检漏仪的操作

（1）将器件置于压力箱中并抽低真空。
（2）给压力箱充氦气并保持一段时间。
（3）取出器件将表面吸附氦气吹掉。
（4）用标准漏孔校准输出表读数后，将器件置于测试箱中并抽低真空。
（5）测试箱与氦检漏仪接通，读出测量值。
（6）计算等效标准漏率。
（7）关闭机器。

4）在用氦质谱检漏仪检漏时选用氦气作为示踪气体的优点

（1）氦在空气中只占 20 万分之一（约 67Pa），因此仪器本底低，反应灵敏。
（2）氦质量小（$m=4$），黏度小，易穿过漏孔，也容易从系统中排除，不易沾污系统，仪器灵敏度高。
（3）氦是惰性气体，无毒，使用安全。
（4）氦和其他气体离子质量差较大，容易和相邻谱线分开，不易受干扰，便于提高测试精度。

5）使用氦质谱检漏仪检漏的注意事项

（1）检漏前应对器件进行清洁处理，然后用真空烘箱烘烤，以去除污垢和恢复可能被堵塞的漏孔。烘烤温度一般为 120℃以上，时间大于 4 小时。
（2）器件从加压箱中取出后，视其表面吸附氦气的情况，用干燥空气或氮气喷吹。若器件表面很致密，也可以在大气中解吸，此过程一般在 5 分钟内完成。
（3）检漏时视器件漏气比例大小，测试箱中一次可以放一只或多只。
（4）在大批量检漏筛选中，实际上并不需要计算每个器件的等效标准漏率。通常，先根据器件筛选标准进行计算，用标准漏孔在仪器输出表上定出"拒收值"，检漏过程中，输出表指示超过"拒收值"即为不合格品。

3. 氟碳化合物加压检漏法

1）基本原理

将器件置于压力箱内抽真空，在不破坏真空的情况下注入示踪液——低沸点氟碳化合物（简称低沸点氟油），然后充入一定压力的空气或氮气，并保持一定时间。器件若有漏孔，低沸点氟油即被压入器件内部。取出器件干燥后，放入加热到 125℃±5℃的高沸点氟油浴槽中，器件内部的低沸点氟油在高温下急剧汽化，使器件内压力增加，急剧膨胀的汽化物就会从漏孔中溢出，形成明显的气泡流，用眼睛或放大镜观察冒泡情况，即可判断器件是否漏气，也可定性地判断漏孔的大小和部位。检漏灵敏度可达 $1Pa·cm^3/s$，即 $1×10^{-6}Pa·m^3/s$。

2）氟碳化合物加压检漏工艺流程

（1）将器件置入加压箱内并抽真空。

（2）在不破坏真空的条件下，注入低沸点氟油，充入一定压力的气体，保持一定时间。

（3）取出器件并使其干燥。

（4）将器件置于检漏仪浴槽中，浴槽中的高沸点氟油已加热至 125℃±5℃，观察冒泡情况，判断是否漏气。

（5）关闭机器。

3）常用的低沸点氟油和高沸点氟油

常用的低沸点氟油是三氟三氯乙烷（F113），沸点为 46.7℃；常用的高沸点氟油有全氟三丁胺（FC43）、聚三氟乙烯油（4830）和聚三氟氯乙烯油（CFC-A-I0），沸点均为 175℃。

4）氟碳化合物加压检漏法中的加压规范

压力箱充压时应考虑到器件的耐压能力、充压压力大小和时间随器件内腔体积不同而不同，如表 9-2 所示。

表 9-2 充压条件

内腔体积(cm³)	最小压力(绝对值)(kPa)	加压时间(h)
≤0.1	600	1
>0.1	300	2

5）氟碳化合物加压检漏工艺注意事项

（1）被检器件要保持清洁，避免用手碰触，否则容易产生误检。

（2）加压时低沸点氟油的液面应超出器件 15mm 左右。

（3）加压箱若不抽真空，所加压力应比规定值高出 10^5Pa。

（4）器件从低沸点氟油中取出后，一定要等其干燥后方可投入高沸点氟油检漏，否则容易产生虚漏。

（5）腔体较大、外壳结构强度差的器件，腔体充满低沸点氟油后检漏，有时会引起外壳炸裂。

（6）器件通过挂篮置入高沸点氟油时，使封接面向上，浸入氟油液面内 5cm 左右，观察 30 秒，封口处若有明显的连续气泡或两个以上的大气泡，以及体积逐渐变大的气泡，即判断为漏气。

（7）使用的氟油应保持清洁，当有污垢时，可过滤后再使用。高沸点氟油第一次使用时，最好先加热至 140℃左右去气，然后降至 125℃±5℃使用。

（8）高沸点氟油加热至 300℃以上时容易分解，产生有毒气体，加热 125℃出来的氟油蒸气，若接触时间长对人也有一定影响，故检漏操作应在通风柜中进行。

4．粗检漏作业指导书

以 HF-4 的氢气氟油加压检漏装置和粗检漏仪的检漏操作为例，学习粗检漏作业指导书相应内容和操作技能，如表 9-3 所示。

表 9-3 粗检漏作业指导书

1．准备
HF-4 的氢气氟油加压检漏装置（左压力罐为粗检氟油加压罐，右压力罐为细检氢气加压罐）。 粗检漏仪。

续表

防静电腕带、医用镊子、塑料漏斗、搪瓷盘、标注纸、绸布、铝盘。

确认设备电源接好，粗检漏仪重氟油的油量在 1/2 左右，油质清洁无杂物。

2. 氟油加压操作规程

2.1 氟油加压粗检自动操作：

a. 打开加压电源，打开氮气开关，打开机械泵。

b. 将所需加压产品放入氮气罐内，盖好氮气罐，拧紧螺母。

c. 按下启动键，进入自动运行状态，同时设定抽真空时间为 1h，保压时间为 2h。

d. 保压结束后按下停止键，打开氮气罐，将产品拿出。

2.2 氟油加压粗检手动操作：

a. 按下左边停止键，进入手动控制状态。

b. 按下左边放气键，放气灯亮，此时放气阀打开，对氮气罐放气。

c. 按下左边停止键，放气灯灭，此时放气阀关闭。

d. 拧开氮气罐上的螺母，打开氮气罐，倒入一定量的轻氟油，油位低于罐壁上进油口 50mm，盖好氮气罐，拧紧螺母，螺母顺序为 1→6 号。

e. 按下左边充氮键，充氮灯亮，此时充氮阀打开，高压氮气进入氮气罐，当氮气罐压力表的读数达到设置的上限点(0.4MPa)时，充氮灯灭，此时充氮阀关闭。氮气罐内有 0.4MPa 的压力。

f. 按下导油键，导油灯亮，此时导油阀打开，在压力的作用下，充氮罐内的氟油经导油阀进入储油罐。当右面板上的下限灯亮时，说明导油完毕，同时导油灯灭，导油阀关闭。

g. 按下左边放气键，放气灯亮，此时放气阀打开，对氮气罐放气。

h. 拧开氮气罐上的螺母，将被检工件放入提篮中，再置入氮气罐里，盖好氮气罐，拧紧螺母。

i. 按下左边停止键，放气灯灭，放气阀打开。

j. 按下左边抽空键，抽空灯亮，此时抽空阀打开，当真空表的读数达到预先设置的 50Pa 时，抽空灯灭，按下导油键，同时导油灯亮，抽空阀关闭，导油阀打开，在负压的作用下，储油罐中的氟油经导油阀进入氮气罐。

k. 面板上的液位显示正常的灯亮、导油灯灭，此时氮气罐内的氟油达到正常位，导油阀关闭。

l. 按充氮键 1s 后，充氮灯亮，此时充氮阀打开，高压氮气进入氮气罐，当氮气罐压力表的读数达到预先设定的 0.4MPa 时，充氮灯灭，此时充氮阀关闭，这样氮气罐中有 0.4MPa 的压力。

m. 设置保压时间（一般为 2~10h）。当保压时间到时，左边的四个保压灯同时闪烁，提示保压时间到，1min 后，保压灯灭而导油灯亮，此时保压程序结束，导油阀打开，在压力的作用下，氟油经铜管返回储油罐。

n. 当下限灯亮时，导油灯灭，导油程序完毕。

o. 按下左边放气键，放气灯亮，对氮气罐放气。

p. 拧开氮气罐上的螺母，打开氮气罐，取出提篮。待检产品被取出后应在空气中干燥 2min，然后进行氟油检漏工作。

2.3 关机

2.3.1 当检漏结束后，确保氟油全部在储油罐中，盖上氮气罐，拧紧螺母。关闭机械泵开关，关上空气开关，拔下电源线插头。若长期不检漏，应该将储油罐中的氟油通过底部的放油手动阀存入可密封的容器中，密封保存。

2.3.2 保压时间的设定：按键盘上的保压时间设定键，一般来说，保压时间在 2~10h 之间，保压时间可分别设定，如按下 1 键，表示保压时间为 1h，也可相加设定，如同时按下 1 键和 2 键，表示保压时间设定为 1h+2h＝3h。最多可设置保压 10h。

3. 氟油检漏的操作规程

3.1 打开位于氟油检漏仪右下方的电源开关，等待将重氟油（全氟三丁胺）加热到 125℃。

3.2 当重氟油温度达到 125℃时，按下位于设备右下方的"照明"键，通过观察窗检查重氟油的液面高度是否远远高于托盘的高度。打开设备上方的排风扇，同时向清洗槽导入一定量的轻氟油（F113）（液面应高于托盘中电路的高度）待用。

3.3 将装有电路的托盘完全浸入重氟油内，托盘停留时间要大于 30s，观察电路有无气泡冒出。

3.4 将电路从重氟油中取出后，马上放置在清洗槽中清洗，除去附着在电路上的重氟油及其他杂质。

3.5 对检漏的产品进行检漏记录，并填写随工单和现场记录表。

习 题

1. 简述金属封装技术中，封帽工艺后，对外观目检的要求。
2. 简述采用钎焊工艺完成封帽工艺后，对外观目检的要求。
3. 简述采用平行缝焊工艺完成封帽工艺后，对外观目检的要求。
4. 简述 GL 系列——连续变倍体视显微镜调整与使用方法。
5. 叙述工作距离与焦距的调整方法。
6. 叙述调焦手轮张力的调节方法。
7. 叙述倍率调整方法。
8. 叙述光源调整方法。
9. 叙述瞳距调整方法。
10. 请写出哪些环境因素对非密封器件的性能有影响。
11. "爆米花"失效的含义是什么？
12. 什么是低温、温度失效？有什么影响？
13. 叙述填写记录单的注意事项。
14. 叙述工作人员进入洁净室的工作着装要求。
15. 封帽后处理有哪些工序？
16. 简述切筋成型工艺。
17. 什么是飞边毛刺？
18. 去飞边毛刺工序的工艺方法有哪些？
19. 解释"用介质去飞边毛刺"工艺方法。
20. 上焊锡工艺目的是什么？方法有哪些？
21. 请回答首件检验方法和工具有哪些？
22. 首件检验标准是什么？
23. 首件检查内容有什么？
24. 简述金相显微镜的工作原理。
25. 简述体视显微镜的光学结构原理。
26. 塑料封装中，外壳所用塑料是由哪些成分组成的？
27. 塑料封装中，外壳所用塑料中各部分常用的材料有哪些？
28. 陶瓷封装中，多层陶瓷基片的制作工艺流程是什么？
29. 陶瓷封装材料有哪些？
30. 金属封装中常用的材料是什么？
31. 简述金属封装中的外壳制造工艺。
32. 半导体器件的检漏方法有哪些？
33. 氦质谱检漏仪的工作原理是什么？
34. 氟碳化合物加压检漏法的原理是什么？
35. 氦质谱检漏工艺有哪些步骤？
36. 氟碳化合物加压检漏工艺的注意事项有哪些？

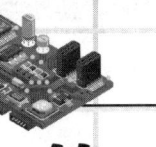

第 10 章　常用元器件基础知识

10.1　电阻器

电阻器是电路元件中应用最广泛的一种,在电子设备中约占元件总数的 30%以上,其质量好坏对电路工作的稳定性有很大影响。

10.1.1　基本概念

电阻是指导电材料在一定程度上阻碍电流流通,并将电流的能量转换成热能的一种物理性能。在电工和电子技术中应用的具有电阻性能的实体元件称为电阻器。

电阻器用英文字母 R 表示,电阻器的阻值单位用欧姆(Ω)表示。

1 欧姆写作 1Ω;1000 欧姆写作 $1000\Omega=10^3\Omega=1k\Omega$;1 兆欧姆写作 $10^6\Omega=1M\Omega$。

10.1.2　电阻器的主要性能参数

(1)标称阻值:电阻器表面标示的电阻值,以欧姆(Ω)为单位。

(2)额定功率:指电阻器在标准大气压下,环境温度为 70℃下长期工作,且不显著改变其性能,所允许消耗的最大功率。

(3)电阻温度系数:所有材料的电阻率都是温度的函数。电流流经电阻时会产生发热现象,引起电阻值发生改变。电阻器材质不同,发热量不同。不同电阻材料对温度的敏感性,以电阻温度系数大小来衡量。

电阻温度系数定义为当温度改变 1℃时电阻值的相对变化,单位为 ppm/℃。电阻温度系数包括负温度系数、正温度系数及在某一特定温度下电阻只会发生突变的临界温度系数。电阻温度系数的计算公式为

$$TCR=(R_2-R_1)/R_1(t_2-t_1)$$

式中,R_1 为室温 t_1 下电阻的阻值;R_2 为温度 t_2 上升后电阻的阻值。

(4)电阻精度:实测电阻值与标称电阻值之间所允许的最大偏差,以%表示。

$$电阻精度=\frac{R_1-R_0}{R_0}\times 100\%$$

式中,R_1 为测量时的阻值;R_0 为电阻的标称阻值。

10.1.3　电阻器的分类

1. 按特性分类

电阻器按特性分类,可分为固定电阻器和可变电阻器(又称电位器)两类。

2. 按材料分类

电阻器根据电阻体所用的材料可分为合金型、合成型、薄膜型和厚膜型四大类。
（1）合成电阻器：有机实心电阻器、无机实心电阻器。
（2）合金电阻器：金属线绕电阻器、合金箔电阻器。
（3）薄膜电阻器：碳膜电阻器、金属膜电阻器、氧化膜电阻器。
（4）厚膜电阻器：片式电阻器、玻璃釉膜电阻器等。

3．按用途分类

（1）特殊电阻器：热敏电阻器、光敏电阻器等。
（2）电阻网络（又称电阻排）：多个电阻（等值或不等值）连在一起。

4．按装配形式分类

电阻器按装配形式分为插装式电阻器、贴片电阻器。
下面主要介绍贴片电阻器。

随着科学技术的突飞猛进，电子设备等不断发展，为适应电子设备小型化的需求，用于表面安装工艺的电阻器等电子元器件需求量增大。近年来，生产厂家大力研发精密化、小型化的电子元器件产品，用于表面安装工艺。

贴片电阻器（也称为表贴电阻器）就是其中的一种。

贴片电阻器的电阻体材料为钌系列玻璃釉浆料，经高温烧结而成，电极由钯银合金浆料，经丝网印刷成膜烧结而成。贴片电阻器（见图10-1）的特点是：体积小、精度高、稳定性好、高频特性好（因为是片状）。贴片电阻器的尺寸及额定功率如表10-1所示。

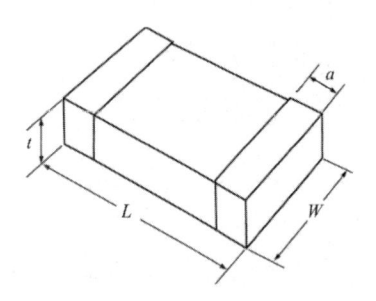

图 10-1　贴片电阻器

表 10-1　贴片电阻器的尺寸及额定功率

英制	公制	长(L)(mm)	宽(W)(mm)	高(t)(mm)	a(mm)	b(mm)	额定功率(70℃)
0201	0603	0.60±0.15	0.3±0.05	0.23±0.05	0.10±0.05	0.15±0.05	1/20W
0402	1005	1.00±0.10	0.50±0.10	0.30±0.10	0.20±0.10	0.25±0.10	1/16W
0603	1608	1.60±0.15	0.8±0.15	0.40±0.10	0.30±0.20	0.30±0.20	1/16W，1/20W
0805	2012	2.00±0.20	1.25±0.15	0.50±0.10	0.40±0.20	0.40±0.20	1/10W，1/8W
1206	3216	3.20±0.20	1.60±0.15	0.55±0.10	0.50±0.20	0.50±0.20	1/8W，1/4W
1210	3225	4.50±0.20	2.38±0.20	0.55±0.10	0.50±0.20	0.50±0.20	1/4W，1/3W
1812	4832	4.50±0.20	3.20±0.20	0.55±0.10	0.50±0.20	0.50±0.20	1/2W
2010	5025	5.00±0.20	2.50±0.20	0.55±0.10	0.60±0.20	0.50±0.20	1/2W，3/4W
2512	6432	6.40±0.20	3.20±0.10	0.55±0.10	0.60±0.20	0.50±0.20	1W

10.1.4　电阻器的标识

1．数字标识法（数码法）

（1）三位数标识法。

第一、二位数字是代表电阻阻值的实数，第三位数字表示0的个数，单位为Ω。

例：100 表示电阻为 10Ω；102 第三位为 2，表示电阻为 1000Ω。
（2）四位数标识法，前 3 位数字为该电阻的阻值实数，第四位数字为第三位数后加 0 的个数，单位为 Ω。

例：1001=1000Ω；1005=10000000=10MΩ。

2．色标法

电阻各色环所代表的数值如表 10-2 所示，允许误差及字母对照如表 10-3 所示。

表 10-2　电阻各色环所代表的数值

颜色	有效数字	倍率	允许误差（%）	颜色	有效数字	倍率	允许误差
棕	1	10^1	±1	灰	8	10^8	—
红	2	10^2	±2	白	9	10^9	−50%～−20%，20%～50%
橙	3	10^3	—	黑	0	10^0	—
黄	4	10^4	—	金	—	10^{-1}	±5%
绿	5	10^5	±0.5	银	—	10^{-2}	±10%
蓝	6	10^6	±0.2	无	—	—	±20%
紫	7	10^7	±0.1				

表 10-3　电阻值允许误差与字母对照表

字母	允许误差（%）	字母	允许误差（%）
W	±0.05	G	±2
B	±0.1	J	±5
C	±0.25	K	±10
D	±0.5	M	±20
F	±0.1	N	±30

3．直标法

用阿拉伯数字和文字符号在电阻上直接标出其主要参数的标注方法，称为直标法。直标法主要用于体积较大的元器件上，如图 10-2 所示。

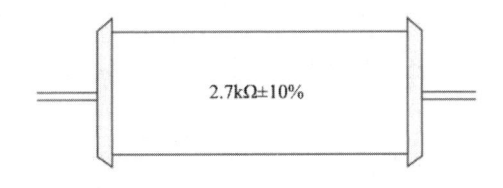

图 10-2　直标法示意图

4．文字符号法

文字符号法：将阿拉伯数字和文字符号有规律地组合，在电阻上标出主要参数的标示方法。文字符号表示电阻的单位，如 R 或 Ω 表示欧姆，K 表示千欧，M 表示兆欧，G 表示吉欧等；电阻值（阿拉伯数字）的整数部分写在阻值单位的前面，电阻值的小数部分写在阻值单位的后面。例如：2R2 表示 2Ω；5K6 表示 5.6kΩ。

10.1.5 不同材质的电阻器的适用范围

1．线绕电阻器

用高阻合金丝绕在绝缘骨架上，外面涂上耐热的绝缘漆或绝缘釉就形成了线绕电阻器。线绕电阻器具有低的温度系数，且阻值精度高，耐热耐腐蚀，可用作精密电阻、大功率电阻。但因分布电容大，它不能用在高频领域。

2．薄膜电阻器的分类及适用范围

（1）金属膜电阻：精度高、稳定性好、温度系数小、噪声小，适合用作精密电阻器，在薄膜集成电路中采用。

（2）金属氧化膜电阻：耐热冲击，高温下稳定性好，负载能力强，常用作负载电阻。

（3）碳膜电阻：阻值范围广、性能稳定、温度系数低、成本低、应用广泛。

（4）金属玻璃釉电阻：指厚膜电阻，材料成分不同则性能各异，在厚膜集成电路中采用。

（5）特殊电阻：指电阻的性能对温度、湿度、光照、气氛、磁场、压力等敏感的电阻器，如热敏电阻、光敏电阻、湿敏电阻。电路中常用的对温度敏感的电阻有正温度系数热敏电阻和负温度系数热敏电阻，常用作温度补偿电阻。

（6）实心电阻：用碳质颗粒状导电物质、填料、胶黏剂等物质制成的实体电阻器，价格低，但阻值误差大，稳定性差。其中有一种称为水泥电阻器，可用作负载电阻。

10.1.6 电阻器的选用

1．阻值的选用及阻值误差的选用

（1）阻值的选用：所用电阻器的标称值与所需电阻器阻值之差越小越好。

（2）阻值误差的选用：一般电路使用的电阻器阻值允许误差为±（5%～10%），精密仪器及特殊电路中使用的电阻器应选用精密电阻器。

2．电阻器的极限参数

额定电压：当电阻器的实际使用电压超过额定电压时，即便满足功率要求，电阻器也会被击穿损坏。

额定功率：所选电阻器的额定功率应大于实际承受功率两倍以上，才能保证电阻器在电路中长期稳定工作。

3．根据电路的特点选用电阻器

（1）高频电路：受分布参数影响造成性能不稳，高频电路用电阻器要求电阻器分布参数越小越好，可选用金属膜电阻、金属氧化膜电阻和碳膜电阻，不宜选用线绕电阻。

（2）低频电路：可选用线绕电阻、碳膜电阻。

（3）功率放大电路、偏置电路和取样电路：因要求稳定性高，对温度不敏感，所以选用温度系数小的电阻，如金属膜电阻。

（4）退耦电路、滤波电路：对电阻要求不高，任何类型电阻均可使用。

10.2 电容器

电容器，通常简称电容，用字母 C 表示。

定义 1：电容器，顾名思义，是装电的容器，是一种容纳电荷的器件。电容器是电子设备中大量使用的电子元件之一，广泛应用于电路中的隔直通交、耦合、旁路、滤波、调谐回路、能量转换、控制等方面。

定义 2：电容器，任何两个彼此绝缘且相隔很近的导体（包括导线）间都构成一个电容器。

通用公式：$C=Q/U$。平行板电容器专用公式：板间电场强度 $E=U/d$。电容器电容决定式：$C=\varepsilon S/4\pi kd$。

单位进制：

1F（法拉）=1000mF（毫法）；1mF=1000μF（微法）；1μF=1000nF（纳法）；1nF=1000pF（皮法）。

10.2.1 电容器的主要性能参数

1. 标称容量

电容器表面上标出的电容器的电容值。

2. 额定电压

电容器的额定电压是指电容器在规定的温度范围内，能够连续可靠工作的最高直流电压或交流电压的有效值。额定电压的大小与电容器使用的绝缘介质和使用环境温度有关，其中与环境温度的关系尤为密切。

3. 绝缘电阻

加在电容器上的直流电压与电容器的漏电流之比称为绝缘电阻，不同绝缘介质的电容器对绝缘电阻有不同要求，如陶瓷电容器、有机薄膜电容器要求绝缘电阻越高越好，但对电解电容器，其介质组成是电解液（渗透在电容器中），要求绝缘电阻越小越好。

4. 损耗角正切（tanδ）

在规定频率的正弦波电压下，电容器会产生一定的漏电流，电容器的损耗主要由介质损耗、电导损耗及电容器电极部分的电阻损耗三部分组成。这三部分功能耗散产生的有功功率与电容器的无功功率之间的夹角 α 的正切值，称为损耗角正切，用 tanδ 表示。

5. 频率特性

一般电容器的电容值随工作频率上升呈下降趋势。

10.2.2 插装电容器电容量的标识

1. 直标法

用数字和单位直接标出电容量，如 1μF 表示 1 微法。

2. 数码法

数码法即三位数字表示法，前两位数字表示有效数值，第三位数字表示 0 的个数，单位为 pF。

如 272→27×100pF=2700pF；483→48×1000pF=48000pF

3. 文字符号法

文字符号法用数字和文字表示电容量。

如 P10→0.1pF，R86→0.86μF，2μ2→2.2μF，6P8→6.8pF。

4. 电容器的允许偏差与精度

电容器的实测电容量与标称电容量之差，称为误差。允许的偏差字母范围称为精度。精度等级与允许偏差的对应关系如表 10-4 所示，允许偏差字母如表 10-5 所示。

表 10-4　精度等级与允许偏差

精度等级	允许偏差
00 级	±1%
0 级	±2%
Ⅰ级	±5%
Ⅱ级	±10%
Ⅲ级	±20%

表 10-5　允许偏差字母

字　母	F	G	J	K	M
允许偏差	±1%	±2%	±5%	±10%	±20%

10.2.3　电容器的选用

1. 介质材料的选用

根据电容器在电路中的作用，选用合适的介质材料电容器，如表 10-6 所示。

表 10-6　不同介质材料电容器与电容器种类的关系

电容器种类	不同介质材料电容器
高频旁路电容	云母电容、玻璃釉电容、涤纶电容
高频耦合电容	云母电容、陶瓷电容、聚苯乙烯电容
低频耦合电容	纸介电容、陶瓷电容、铝电解电容、固体钽电容
低频旁路电容	纸介电容、陶瓷电容、铝电解电容、涤纶电容
调谐电容	陶瓷电容、云母电容、玻璃釉电容、聚苯乙烯电容
滤波电容	铝电解电容、纸介电容、复合纸介电容、液体钽电容

2. 温度稳定性

根据电路温度稳定性要求选用合适的电容器，电容器的温度稳定性如表 10-7 所示。

表 10-7　电容器的温度稳定性

稳定性	分类	材质	温度范围（℃）	电容温度系数及允许偏差
超稳定	Ⅰ级	COG 或 NPO	-55～125	0±30ppm/℃
		COH	-55～125	0±60ppm/℃
稳定	Ⅱ级	X7R	-55～125	±5%
		X5R	-55～85	±5%
能用	Ⅳ级	Z5U	0～85	22%～56%
		Y5V	-30～85	22%～82%

3．电解电容器

电解电容器的容量密度大，漏电流大，稳定性差，只适用于滤波电路。低频电路中采用钽电解电容。铌电解电容体积小、容量大、性能稳定、温度特性好、绝缘电阻大、寿命长，适用于要求较高的电子线路中。

为防止电路自激，可根据表 10-8 选用所需电容量。

表 10-8　电容量与自谐振频率的对应关系

电容量（pF）	自谐振频率（MHz）	电容量（pF）	自谐振频率（MHz）
1μF	1.7	820	38.5
0.1μF	4	680	42.5
0.01μF	12.6	500	45
3300pF	19.3	470	49
1800pF	25.3	390	54
1100pF	3.3	330	60

4．RLC 等效参数

电容器可以等效成 R、L、C 两端线性网络，不同电容器的等效参数 R、L、C 差异颇大，如铝电解电容器，因铝箔卷绕当电极，等效电感很大，不适合耦合旁路高频信号。

5．耐压值

两个工作电压不同的电容器并联时其耐压值取决于耐压低的电容器，当两个电容量不同的电容器串联时，电容量小的电容器所承受的电压高于电容量大的电容器。

两电容器并联时，

$$C=C_1+C_2$$

两电容器串联时，

$$1/C=1/C_1+1/C_2=\frac{C_1 \cdot C_2}{C_1+C_2}$$

6．电容器耐压值

（1）在滤波电路中使用的电容器的耐压值不要小于交流有效值的 1.4 倍。

（2）电容器使用时实际要求的电压不能超过它的耐压值，而应是 $U_{额定}>(1.1～1.4)U_{实际}$。

7. 电容器的允许偏差

（1）用于低频耦合电路中的电容器的允许偏差为±(10%～20%)。

（2）用于振荡和延时电路中的电容器的允许偏差应尽可能小。

10.2.4 贴片电容器

贴片电容器（MLCC）的实质是多层片式陶瓷电容：由印好电极（内电极）的陶瓷介质膜片，以错位方式叠合在一起，经一次性高温烧结，形成陶瓷芯片，然后在芯片的两端封上金属层（外电极），从而形成片式电容。

它的优点是：体积小，容量大，寿命长，可靠性高，适合表面组装；无极性，安全性高。其封装尺寸如表 10-9 所示。

表 10-9 贴片电容器的封装尺寸

英 制	公 制	长（mm）	宽（mm）	高（mm）
0201	0603	0.60±0.05	0.30±0.05	0.23±0.05
0402	1005	1.00±0.10	0.50±0.10	0.30±0.10
0603	1608	1.60±0.15	0.80±0.15	0.40±0.10
0805	2012	2.00±0.20	1.25±0.15	0.50±0.10
1206	3216	3.20±0.20	1.60±0.15	0.55±0.10
1210	3225	3.20±0.20	2.50±0.20	0.55±0.10
1812	4832	4.50±0.20	3.20±0.20	0.55±0.10
2010	5025	5.00±0.20	2.50±0.20	0.55±0.10
2512	6432	6.40±0.20	3.20±0.20	0.55±0.10

10.3 电感器

用导线绕制一个空心线圈，当线圈通过交流电流时，在线圈内及周围空间能产生感应磁场，感应磁场会产生感应电流来抵制通过线圈的电流，人们将这种电流与线圈的相互作用称为电流的感抗，简称电感。

电感用英文字母 L 表示，单位是亨利（H），$1H=10^3$ 毫亨（mH）$=10^6$ 微亨（μH）。

10.3.1 电感器的作用

1. 电感器与电容器组合

电感器与电容器会组成 LC 谐振电路、谐振发生器、振荡电路、时钟电路、脉冲电路、波形发生器等。

电感器在功率电路中可作为扼流圈使用，此时要求电感线圈阻值小，Q 值低，额定电流大。

2. 电感器在电路中对交流信号的作用

电感器对交流信号起隔离、滤波作用。

3. 用于谐振回路的电感器的特性

用于谐振回路的电感器，必须具有高 Q 值。

4. 用于高频电路中的电感器的特点

用于高频电路中的电感器，要求体积小，电感量小，分布电容小。

5. 变压器的组成

变压器一般由电感线圈组成。变压器可以用来完成升压、降压、阻抗变换及耦合等功能。

10.3.2 电感器的主要特性

1. 主要技术参数

（1）电感量（L）：电感量是电感线圈本身的特性，与电流大小无关。

（2）感抗（X_L）：电感线圈对交流电流的阻碍作用的大小称为感抗，单位是欧姆，感抗与电感量和交流电的频率 f 的关系为 $X_L=2\pi f \cdot L$。

（3）品质因数（Q）：品质因数是衡量电感线圈质量优劣的物理量，电感线圈的品质因数 Q 的表达式如下：

$$Q=X_L/R$$

式中，X_L 为线圈的感抗，单位为欧姆；R 为线圈的等效电阻，单位为欧姆。

所以，$Q=X_L/R$ 为一数值，无单位，品质因数 Q 越大，线圈的质量越好。

（4）标称电流：指电感线圈允许通过的电流的大小，通常用字母 A、B、C、D、E 分别表示标称电流值：

A：50mA　　B：150mA　　C：300mA　　D：700mA　　E：160mA

2. 影响电感线圈品质的因素

（1）电感线圈的直流电阻。

（2）绕制电感线圈的骨架的介质损耗。

（3）电感线圈屏蔽罩、铁芯损耗，使品质因数下降。

（4）高频电流的趋肤效应会影响电感线圈的品质因数。

（5）分布电容。在电感线圈中绕组匝与匝之间，线圈与屏蔽罩之间，线圈与底板之间都存在大小不一的分布电容。分布电容的存在，会使品质因数变小，使电感线圈的电感量的稳定性变差，所以要提高品质因数，必须想办法减小分布电容。

3. 电感器串联、并联时电感量计算公式

电感器串联，总电感值为

$$L=L_1+L_2+L_3+\cdots+L_n$$

电感器并联，总电感值为

$$L=\frac{1}{\frac{1}{L_1}+\frac{1}{L_2}+\cdots+\frac{1}{L_n}}$$

10.3.3 电感器的种类

片式电感器制作工艺主要有 4 种：绕线型、叠层型、编织型和薄膜型，常用的是绕线型、叠层型。前者是传统绕线电感器小型化的产物；后者采用多层印刷技术和叠层生产工艺制作而成，其体积小，是电感元件领域重点开发的产品。

近年来，片式电感器又推出一体成型电感器，其工艺方法是将座体和绕线本体埋入金属磁性粉末内部压铸而成。其具有更高的电感量和更小的漏电流，其工作频率高达 5MHz；具有全屏蔽结构，有效降低电磁干扰，还具有大电流、高饱和度、低噪声和高可靠性的特点。

电感器的种类如表 10-10 所示。

表 10-10 电感器的种类

划分方式	种类	注释
按结构形式分	空心电感器	电感线圈中无铁芯或磁芯
	实心电感器	电感线圈中有铁芯或磁芯
按工作频率分	高频电感器	电感量较小，适用于高频电路
	低频电感器	电感量较大，主要用于低频电路
按安装形式分	立式电感器	电感器垂直安装在电路板上
	卧式电感器	电感器水平安装在电路板上
	小型固定电感器	
	贴片电感器	直接贴装在电路板上

10.3.4 用 RLC 电桥测量电感量

用 RLC 电桥测量电感器的电感量，如表 10-11 和表 10-12 所示。

表 10-11 用 RLC 电桥测量电感量（1）

被测量	方式	频率
L（按 LCE 按钮）	串联	10kHz

表 10-12 用 RLC 电桥测量电感量（2）

两测量表笔开路	按清零按钮	表头显示 SH
两测量表笔短路	按清零按钮	表头显示 OP
两测量表笔开路	按清零按钮	开始测量

电感量可通过直读 RLC 电桥左边表头读数得到，注意单位。

用 LCR 电桥测量电感量。其电感量应在规定范围内，电感量误差不超过±20%。

10.3.5 电感器的标注方法

1. 直标法

在电感线圈的外壳上直接用数字和文字标出电感线圈的电感量、允许偏差及最大工作电流等主要参数。

2．色标法

电感器的色标法同电阻器的色标法，但单位为 H（亨）。

10.3.6 片状电感器

1．片状电感器的尺寸

片状电感器的尺寸，如表 10-13 所示。

表 10-13　片状电感器封装尺寸

单位：mm

	A	B	C	D	E	F	G
0402	1.30	0.70	0.70	0.23	0.64	0.40	0.64
0603	1.78	1.10	0.95	0.30	1.02	0.84	0.64
0805	2.3	1.70	1.52	0.50	1.78	1.02	0.76
1206	2.92	2.75	2.10	0.50	2.54	1.02	1.27
1210	3.50	2.90	2.25	0.50	2.54	1.02	1.78
1812	4.8	3.40	3.15	0.65	3.05	1.14	3.00

2．片状电感器电感量的标识

片状电感器的外形和贴片电容器相似，电感量用三位数字标识，前两位数字为有效数字，第三位数字表示有效数字后的"0"的个数，得出的电感的单位为微亨。其偏差等级用英文字母表示：

$$J: \pm5\% \quad K: \pm10\% \quad M: \pm20\%$$

3．大功率贴片电感器

大功率贴片电感器均为线绕式的，主要用于电源逆变器中，用作储能器件或大电流 LC 滤波器件（降低噪声电压输出）。它为方形或圆形、工字形，铁氧体为骨架，采用不同直径的漆包线绕制而成。

4．小功率贴片电感器

（1）线绕式贴片电感器：采用漆包线，绕在小骨架上的片状电感器。

（2）多层贴片电感器：采用铁氧体胶浆及导电胶浆交替印刷在陶瓷基片上，然后采用烧结工艺，形成一种单体单片结构，适合表面安装工艺。

5．高频贴片电感器

高频贴片电感器是在陶瓷基片上，采用薄膜工艺制作的片状电感器，有方螺旋和圆螺旋两种，均为平面型电感器；电感量小，只能用在高频电路中。

6．片式电感器规格代号表示方法

产品代号	规格尺寸	材料代号	电感量(μH)	误　差	包装方式
CM	201209	V	47	K	T

结合上例具体说明如下：

产品代号：CM 表示叠层片式电感器；VHF 表示叠层片式高频电感器；FHW 表示片式绕线电感器；LBS、PLO、HC、PB、PS 均为系列功率电感器。

规格尺寸：201209 表示 2.0mm×1.2mm×0.9mm（长×宽×高）。

材料代号：V 表示使用 V 料。

47N 表示含量为 47nH=0.047μH。

K 表示误差精度为±10%。

其他精度说明：D 表示 0.05 级（±0.5%）；F 表示 0.1 级（±1%）；G 表示 0.2 级（±2%）；J 表示Ⅰ级（±5%）；K 表示Ⅱ级（±10%）；L 表示（±15%）；M 表示Ⅲ级（±20%）。

包装方式：T 表示卷带包装；B 表示散装。

10.4 磁 珠

磁珠是一种新型元件，其本质就是铁氧体，能吸收电磁干扰，并将其转换成热能耗散掉。磁珠也称为铁氧体磁珠滤波器，是目前发展最快的抗干扰元件，磁珠的主体材料是软磁铁氧体，经烧结成为高体积电阻率的独石结构。

10.4.1 磁珠的技术参数

（1）直流电阻：直流电通过磁珠时，磁珠所呈现的电阻值，单位为 mΩ。

（2）额定电流：表示磁珠正常工作时的最大允许电流，一般是 85℃以内的额定电流大小。

（3）阻抗：这里指的是交流阻抗，单位为 Ω。

（4）阻抗-频率特性：描述阻抗值随频率变化的曲线。

（5）电阻-频率特性：描述电阻值随频率变化的曲线。

（6）感抗-频率特性：描述感抗随频率变化的曲线。

10.4.2 磁珠的型号规格

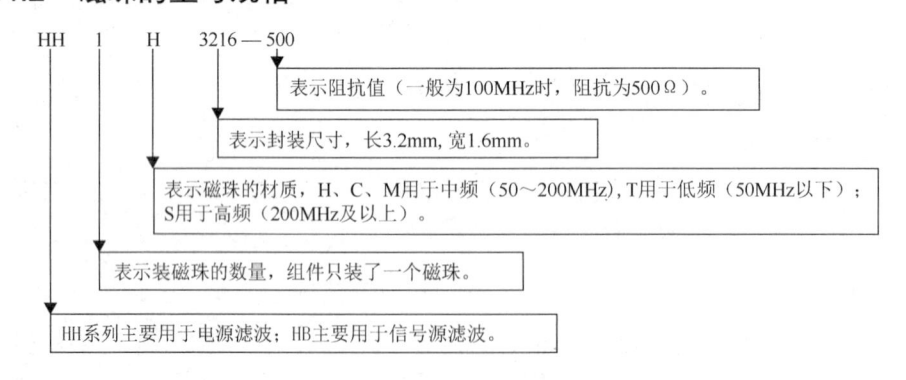

HH 1 H 3216 — 500

- 表示阻抗值（一般为100MHz时，阻抗为500Ω）。
- 表示封装尺寸，长3.2mm，宽1.6mm。
- 表示磁珠的材质，H、C、M用于中频（50～200MHz），T用于低频（50MHz以下）；S用于高频（200MHz及以上）。
- 表示装磁珠的数量，组件只装了一个磁珠。
- HH系列主要用于电源滤波，HB主要用于信号源滤波。

10.4.3 磁珠的作用

（1）消除存在于传输线结构（PCB 电路）中的射频噪声和尖峰干扰，还具有吸附静电脉冲的能力。

（2）磁珠允许直流电流通过而滤除交流信号，在电路中扮演高频衰减器的角色。

（3）在电路中，磁珠等效于一个电感器和一个电阻器串联，其阻抗与频率有关。

（4）磁珠是能量转换器件，多用于信号回路，用来吸收超高频信号，如射频电路、PLL 电路、振荡电路、超高频存储器电路等。

10.4.4 磁珠与电感的区别

（1）电感器是储存磁能的元件；磁珠是能量转换元件，可将高频信号转换成热能消耗掉。

（2）电感器多用于 LC 振荡回路、中低频的滤波电路；磁珠多用于高频信号电路。

（3）磁珠和电感器的功效都和其长度成正比，特别是磁珠的长度，对其抑制高频干扰的能力有明显影响，其长度越长，抑制高频干扰的作用越强。

（4）磁珠由氧磁体组成，电感器由磁芯和线圈组成，磁珠把交流信号转化为热能，电感器把交流信号存储起来，缓慢地释放出去。

（5）单位不同：电感器的电感量的单位是 H（亨），磁珠的单位是按照它在某一定频率下产生的阻抗来标称的，而阻抗的单位是 Ω。磁珠的标牌上，一般会提供频率和阻抗的特性曲线图，一般以 100MHz 为标准，比如 600R@100MHz，是指在 100MHz 频率下，磁珠的阻抗相当于 600Ω。

（6）用途不同：电感器是储能元件，多用于电源滤波回路，侧重于抑制传导性干扰，如用在 LC 振荡回路、中低频滤波电路中，其应用频率较低，很少超过 50MHz。磁珠多用在信号回路中，起抑制高频电磁辐射的作用。

10.4.5 磁珠的使用

电子设备（系统）要稳定、可靠地工作，必须解决好两个技术问题，即电磁兼容（EMC）和电磁干扰（EMI）。所谓电磁兼容，是指设备（系统）在其电磁环境中符合要求地运行时不对其环境中的任何设备产生无法忍受的电磁干扰的性能，而电磁干扰则指任何能使设备（系统）性能降级的电磁现象。电磁干扰有传导干扰和辐射干扰两种方式。

磁珠的研发成功并实际应用解决了上述两个技术问题。磁珠分为电阻式和电感式两种，可根据需要选择。

（1）磁珠广泛用于控制电磁干扰的场合。

因为铁氧体可以衰减高频信号，允许低频信号几乎不受阻碍地通过，因此可将磁珠做成各种形状，广泛应用于各种场合。例如，在 PCB 的电源线的入口端套上磁珠（较大的），用于吸收线路上的高频干扰信号，同时不破坏系统的稳定性。

磁珠相当于电阻器和电感器串联，因而具有较高的电阻率和磁导率。因为电阻值和电感值是随频率变化的，所以在高频段比普通的阻性滤波器具有更好的滤波效果。

（2）磁珠可用于抑制信号线和电源线上的高频干扰及尖峰干扰。

（3）磁珠还具有吸收静电放电脉冲干扰的能力，且磁珠的长度对抑制有显著效果，磁珠长度越长，抑制效果越好。

（4）磁珠可用于滤除射频电路中的高频传导干扰，也可用于抑制计算机、打印机、录像机、电视系统中的电磁噪声。

（5）磁珠可用于去耦滤波，抑制高频电路中的寄生振荡。

磁珠可增加高频损耗，又不引入直流损耗，而且其体积小、安装方便，易安装在导线或间隔导线上，对 1MHz 以上噪声信号的抑制效果明显，所以可用于去耦滤波，抑制高频电路中的寄生振荡。

（6）磁珠能有效消除电路内部开关器件引起的电流突变，可滤除电源或其他导线引入的高频噪声干扰。

10.4.6 磁珠的使用提示

（1）磁珠滤除高频噪声时是通过铁氧体磁矩与其晶格耦合而转变为热能散发出去的，是主动型滤波，因而在电路中安装磁珠时不需要为它设置接地，这是磁珠的突出优点。

（2）需要消除不需要的电磁噪声时，片式磁珠是最佳选择。

（3）使用硅钢片或铁氧体作线圈铁芯，可以较少的匝数获得较大的磁导率。

（4）单个磁珠的阻抗一般为十欧至几百欧姆，应用时如果一个磁珠衰减量不够，可以将多个磁珠串联，但一般不超过三个，因为三个以上磁珠增加阻抗的效果就不明显了。

（5）磁珠的长度对抑制噪声有影响，其长度越长，效果越好。

（6）不同的铁氧体抑制元件有不同的抑制频率范围；通常铁氧体体积越大，抑制效果越好。当体积一定时，长而细的形状比短而粗的形状抑制效果好。内径越小，抑制效果越好，但在有直流或交流偏流情况下，还存在磁饱和问题，横截面积越大，越不容易饱和，其可承受的偏流也越大。

10.5 二极管

10.5.1 二极管的构成和图形符号

1．二极管的结构

在半导体材料硅或者锗晶体中掺入 3 价元素杂质，可构成空穴浓度大大增加的 P 型半导体，掺入 5 价元素杂质，可构成自由电子浓度大大增加的 N 型半导体。

两种半导体接合在一起，就构成 PN 结，由 PN 结构成二极管。二极管是最简单的有源器件，它能将交流电转换为脉动直流电。

2．常用二极管的图形符号

常用二极管的图形符号，如图 10-3 所示。

| 二极管的一般符号 | 发光二极管 | 光电二极管 | 稳压二极管 | 变容二极管 |

图 10-3 常用二极管的图形符号

10.5.2 常用二极管的种类

整流二极管：将交流电整流为直流电的二极管，它是面结型功率器件，因结电容大，故工作频率低，通常电流在 1A 以上的二极管采用金属外壳，利于散热；电流在 1A 以下的二极管采用塑料外壳。

检波二极管：用于把叠加在高频载波上的低频信号检测出来，它具有较高的检波效率和良好的频率特性。

开关二极管：有接触型、平面型和扩散台面型等。一般电流<500mA 的硅二极管多采用环氧树脂陶瓷片状封装。

稳压二极管：采用硅材料制作的面结型二极管，它利用 PN 结反向击穿时的电压基本上不随时间、电流变化而变化的特点来达到稳压的目的。

变容二极管：利用 PN 结的电容随外加偏压的变化而变化的特性制成的非线性电容元件，它通过结构设计及制作工艺等，来突出其结电容与电压的非线性关系，并提高 Q 值，适用于电子调谐及倍频器等微波电路。

10.5.3 二极管的主要参数

正向电流：在额定功率下，允许通过二极管的直流电流。

正向压降：二极管通过额定正向电流时，在两极间产生的电压降。

最大整流电流（平均值）：在半波整流二极管连续工作的情况下，允许的最大半波电流的平均值。

反向击穿电压：二极管反向电流急剧增加到出现击穿现象时的反向电压。

反向峰值电压：二极管正常工作时，所允许的反向电压峰值，通常为 U_p 的三分之二或略小一些。

反向电流：指二极管在规定最高反向电压作用下，流过二极管的电流。反向电流越小，说明二极管的单向导电性能越好。但值得注意的是，反向电流与温度密切相关。大约温度每升高 10℃，反向电流增大 1 倍。所以在使用时要密切注意反向电流值。

结电容：二极管在高频场合下使用时，要求结电容小于某规定值。

最高工作频率：二极管具有单向导电性的最高交流信号的频率。

最高反向工作电压：加在二极管两端的反向电压高到一定值时，会击穿管芯使之失去工作能力。为了保证使用安全，应规定反向最高工作电压。

动态电阻 R_d：指二极管特性曲线上静态工作点 Q 附近，电压的变化与相应变化量之比。

二极管的最大额定电流：是指二极管连续工作时允许通过的最大正向电流值，其值与 PN 结的面积及外部散热条件有关，因为电流流过管子时，管芯发热，温度升高，温度超过允许值（硅管为 140℃左右，锗管为 290℃左右）时会损坏管芯，所以在使用时，在规定散热条件下，电流不要超过二极管最大额定电流。

10.5.4 二极管的特性及选用

1．二极管的正向特性（选用二极管时注意）

加在二极管两端的正向电压（P 为正，N 为负）很小时（锗管小于 0.1V，硅管小于 0.5V），管子是不导通的，处于死区状态，当正向电压超过一定数值后，二极管才导通，然后电压稍微增大，则电流急剧增大。不同材料的二极管的起始电压不一样，硅管为 0.7V（0.5Ω），锗管为 0.3V（0.1Ω）。

2．二极管的选用

一般来说，选用二极管时可以将表示二极管性能好坏和适应范围的技术指标，作为二极管的性能参数。

二极管的测量：用万用表（数字）测量二极管时，红表笔接二极管的正极，黑表笔接二极管的负极，此时测得的阻值才是二极管的正向导通电阻。

3. 发光二极管（LED）

发光二极管采用砷化镓、镓铝砷和磷化镓等材料制成，其内部结构为 PN 结，具有单向导电性。发光二极管的发光原理是：电流流过杂质半导体时，电子与空穴结合，产生过剩能量，以光的形式释放，达到发光效果。制作发光二极管时，使用的材料不同，则发光的颜色不同，有红光、黄光、绿光等。

常用的发光二极管应用电路有三种，即直流驱动电路、脉冲驱动电路、变色发光驱动电路。

使用发光二极管作指示灯时，应该串联限流电阻。该电阻阻值大小，应根据不同使用电压和发光二极管所需工作电流来选择，发光二极管的电压降一般为 1.5～2.0V，工作电流以 10～20mA 为宜。

1）贴片发光二极管

（1）发光原理为冷发光，所以工作寿命比钨丝灯长 50～100 倍，约 10 万 h。

（2）点亮速度比一般电灯快很多（点亮时间为 3～400ns）。

（3）电光转换效率高，耗电量小，比灯泡节能。电能消耗只有灯泡的 1/3～1/20。

（4）耐振动，可靠性高。

2）发光二极管的关键参数

（1）波长：红色发光二极管发出的光的波长一般为 650～700nm，琥珀色发光二极管发出的光的波长一般为 630～650nm，橙色发光二极管发出的光的波长一般为 610～630nm，黄色发光二极管发出的光的波长一般为 585nm 左右，绿色发光二极管发出的光的波长一般为 555～570nm。

（2）正向工作电压：前向导通工作电压。

（3）正向工作电流：前向导通工作电流。

（4）发光强度：光源在某一方向立体角内的光通量大小，单位为坎德拉（cd）。

（5）色温：用于定义光源颜色的物理量。

以某一特定温度来定义光的颜色，具体操作是，把某个黑体加热到某一温度时，其发射光的颜色与某个光源发射的光的颜色相同，则这个黑体加热的温度称为该光源的颜色温度，简称色温，单位为 K（开尔文）。

3）片式发光二极管的正负极

片式发光二极管的正负极区分图，如图 10-4 所示。

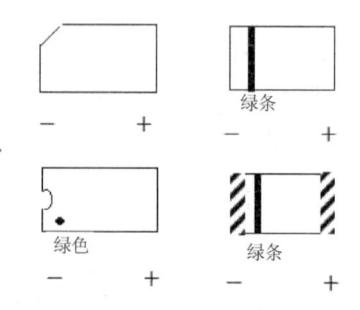

图 10-4　片式发光二极管的正负极区分图

10.6 三极管

三极管是一种半导体器件，它由三个引脚组成，内部结构为一对 PN 结。其图形符号如图 10-5 所示，B 为基极，E 为发射极，C 为集电极。工作时，基极电流的大小控制集电极电流的大小。发射极电流最大，集电极电流次之，基极电流最小。三极管的图形符号如图 10-5 所示。

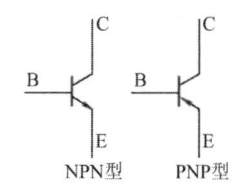

图 10-5 三极管的图形符号

10.6.1 三极管的分类及结构

三极管是一种电流放大器件，按半导体结构分为 NPN 型和 PNP 型，NPN 型三极管中 P 为基极（P 型半导体），发射极电流从管内流向管外。PNP 型三极管中 N 为基极（N 型半导体），发射极电流由管外流向管内。其结构图如图 10-6 所示。

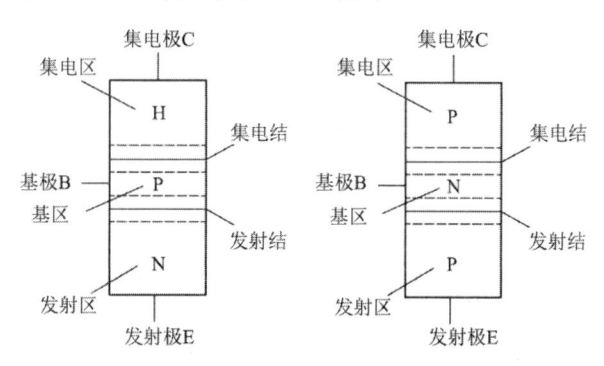

图 10-6 三极管的结构图

10.6.2 三极管的工作原理

无论 PNP 型三极管还是 NPN 型三极管都有电流放大作用，都可用很小的基极电流 I_B 来控制较大的集电极电流 I_C 和发射极电流 I_E，没有 I_B 就没有 I_C 和 I_E。$I_C = \beta I_B$，其中 β 称为放大系数。三极管中，只要有很小的基极电流，就可以获得很大的输出电流，基极电流由两部分组成，即直流电源提供的静态偏置电流和信号源提供的信号电流。如果没有基极电流，三极管就处于截止状态。

10.6.3 三极管的主要性能参数

1. 电流放大系数

三极管的电流放大系数主要有共基极电流放大系数 α 和 $\overline{\alpha}$，共发射极电流放大系数 β 和 $\overline{\beta}$。β 值的大小表示管子放大能力的大小，但并不是 β 值大的管子性能就好。β 值大的管子温度稳定性较差，其值一般为20～200。

2．极间反向电流

（1）集电极-基极反向饱和电流 I_{CBO}。

发射极开路时集电结的反向饱和电流。其值很小，I_{CBO} 越小越好。

（2）穿透电流 I_{CEO}。

基极开路时在集电极和发射极间加上规定电压时的电流。由于 $I_{CEO}=(1+\beta)I_{CBO}$，所以 I_{CEO} 比 I_{CBO} 大得多。

3．极限参数

（1）集电极最大允许电流 I_{CM}。

I_{CM} 是指 β 值明显下降时的 I_C。当 $I_C>I_{CM}$ 时，管子不一定会损坏，但性能显著下降。

（2）集电极最大允许功耗 P_{CM}。

三极管主要在集电结上损耗功率，P_{CM} 是指集电结上允许损耗功率的最大值，超过此值将导致管子性能变差或烧毁。

（3）集电极-发射极间击穿电压 $U_{(BR)CEO}$。

$U_{(BR)CEO}$ 表示基极开路时，集电极与发射极之间所允许加的最大电压，使用时不能超过此值，否则将使管子性能变差甚至烧毁。

10.6.4　三极管的选用

1．按不同材料选用

三极管有 Si（硅）三极管和 Ge（锗）三极管，一般来说，Si 三极管较 Ge 三极管性能优良，其工作稳定性能好，而 Ge 三极管反向电流较大，温度影响大，所以一般使用 Si 三极管。

2．按结构不同选用

在 PNP 三极管和 NPN 三极管中，常选用 NPN 三极管。

3．按功率大小选用

小功率三极管，输出功率很小，常用于前级放大。
中功率三极管，输出功率较大，常用于功效输出级及末级。
大功率三极管，输出功率很大，常用于功效输出级。

4．按工作频率不同选用

三极管有低频三极管和高频三极管之分，其中低频三极管常用于直流放大器、音频放大器；高频三极管则用于高频放大器。

5．按三极管的用途选用

三极管按用途分为放大管、开关管、振荡管等，根据需要选用。

6．按三极管的封装结构不同选用

金属封装，多用于大功率三极管和高频三极管，利于散热和高频屏蔽。塑料封装属于半密封结构，用于小功率三极管。金属封装成本高，塑料封装成本低。

随着电子技术的快速发展，电子器件的组装方式有很大的进步，三极管本身的封装形式也发生变化，表面封装工艺使用片式、贴装式三极管，混合集成电路则使用三极管裸芯片。当然，还有大量的小型三极管封装采用传统的焊接安装。

三极管可用于逻辑电路中，工作在饱和或截止状态，起开关作用；用在功效电路中，用于电路放大。

10.7 场效应管

10.7.1 场效应管的工作原理

场效应晶体管（简称场效应管）是一种金属氧化物半导体器件，利用半导体表面的电场效应在半导体中感生出导电沟道进行工作。当栅极电压 U_G 增大时，P 型半导体表面的多数载流子束（空穴）逐渐减少，耗尽，而电子逐渐积累增多，到反型（P 型→N 型）时，电子积累层将在 N+源区 S 和 N+漏区 D 之间形成导电沟道，当 $U_{DS}≠0$ 时，源、漏极之间有较大电流 I_{DS} 流过，使半导体表面达到强反型时，所需加的栅源电压，称为阈值电压 U_T。当 $U_{GS}>U_T$，并取不同数值时，反型层的导电能力将改变。在不同的 U_{DS} 下，也将产生不同的 I_{DS}，从而实现 U_{DS}（漏源电压）对漏源电流 I_{DS} 的控制，如图 10-7 所示。

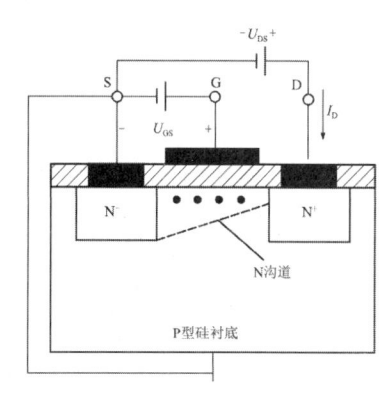

图 10-7 N 沟道增强型 COMS 管结构示意图

场效应管工作时，由多数载流子参与导电，属于电压控制型半导体器件。场效应管可用作开关，还可实现放大作用。场效应管具有输出电阻高、噪声小、功耗低、动态范围大、没有二次击穿现象、安全工作区域大等优点。相对三极管，场效应管易于集成。场效应管有三个极，即源极、漏极、栅极。

10.7.2 场效应管和晶体管的比较

（1）场效应管是电压控制型器件，而晶体管是电流控制型器件。

（2）场效应管应用多数载流子导电，称为单极型器件。晶体管既有多数载流子导电的，也有少数载流子导电的，称为双极型器件。

10.7.3 场效应管的应用

（1）用于阻抗变换，由于它的输入阻抗高，非常适用于阻抗变换及多级放大器的输入。

（2）用于放大，由于它的输入阻抗高，因此用于放大时耦合电容较小，可不必使用电解电容，简化了电路。

（3）场效应管可用作恒流源，也可用作电子开关。

（4）场效应管作为电压控制器件通过栅源电压控制漏极电流，起放大作用。

10.8 晶闸管

晶闸管（SCR）是一种大功率电气元件。它具有体积小、效率高、寿命长等优点。在自动控制系统中，可作为大功率驱动器件，实现用小功率元件控制大功率设备。它在交直流电动机调速系统、调功系统及随动系统中得到了广泛的应用。

10.8.1 晶闸管的结构

晶闸管的结构及图形符号，如图 10-8 所示。

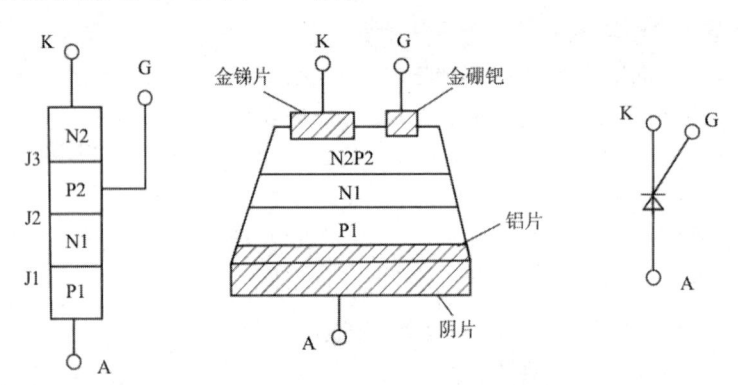

图 10-8 晶闸管的结构及图形符号

晶闸管有三个极：阳极（A）、阴极（K）、控制极（G）。

10.8.2 晶闸管的标称方法

晶闸管的型号由字母和数字组成，不同型号代表不同用途。

10.8.3 晶闸管的分类

1. 按关断、导通及控制方式分类

晶闸管按其关断、导通及控制方式不同，可分为普通晶闸管、双向晶闸管、逆导晶闸管、门极关断晶闸管、BTG 晶闸管、温控晶闸管和光控晶闸管等多种。

2. 按引脚和极性分类

晶闸管按其引脚和极性不同，可分为二极晶闸管、三极晶闸管和四极晶闸管。

3. 按封装形式分类

晶闸管按其封装形式不同，可分为金属封装晶闸管、塑料封装晶闸管和陶瓷封装晶闸管三种。其中，金属封装晶闸管又分为螺栓形、平板形、圆壳形等多种；塑料封装晶闸管又分为带散热片型和不带散热片型。

4．按电流容量分类

晶闸管按电流容量不同，可分为大功率晶闸管、中功率晶闸管和小功率晶闸管三种。通常，大功率晶闸管多采用金属封装，而中、小功率晶闸管则多采用塑料封装或陶瓷封装。

5．按关断速度分类

晶闸管按其关断速度不同，可分为普通晶闸管和高频（快速）晶闸管。

6．按过零是否能触发分类

（1）过零触发：一般是调功，即当正弦交流电电压相位过零点触发，必须是过零点才触发，导通晶闸管。

（2）非过零触发：无论交流电电压在什么相位都可触发导通晶闸管，常见的是移相触发，即通过改变正弦交流电的导通角（相位），来改变输出百分比。

10.9 集成电路

半导体集成电路是 20 世纪 60 年代初期发展起来的一种新型的半导体器件。它是采用半导体制造工艺，把构成具有一定功能的电路所需的半导体器件和电阻、电容等无源元件，以及连线，集成在一小块硅片上，然后封装在一个外壳中的电子器件，用 IC 表示。

半导体集成电路具有体积小、质量小、性能优良、可靠性高、能耗低、可降低元件之间的互连的寄生效应等优点，用集成电路构成的电子设备装配密度大大提高，稳定工作的时间大大延长，可靠性和工作寿命随之大幅提高。

半导体集成电路的发展以摩尔定律快速推进，即每 18 个月集成度增加一倍。同时由于半导体工艺技术的长足进步，半导体集成电路的品种日益增多。各种新技术、新原理、新产品层出不穷。

10.9.1 半导体集成电路的分类

1．按功能分类

（1）数字集成电路：组合逻辑电路、时序逻辑电路。

（2）模拟集成电路：线性集成电路、非线性集成电路。

（3）数模集成电路：D/A 转换电路、A/D 转换电路。

2．按用途分类

按用途分类，半导体集成电路可分为 CPU 集成电路、存储器集成电路。

3．按结构分类

集成电路按结构分类，如图 10-9 所示。

双极型集成电路的特点：速度快，驱动能力强，功耗大，集成度低。MOS 型集成电路属于单极集成电路，主要有 PMOS、NMOS、CMOS 等，其特点：能耗低，输入阻抗高，抗干扰，集成度高，静态功耗低，电源电压范围宽，输出电压幅度宽（无阈值损失），具有高速度、高

密度潜力。MOS 型集成电路可与 TTL 电路兼容，但电流驱动能力低；BIMOS 型集成电路兼有双极型集成电路和 MOS 型集成电路的优点，但工艺复杂。

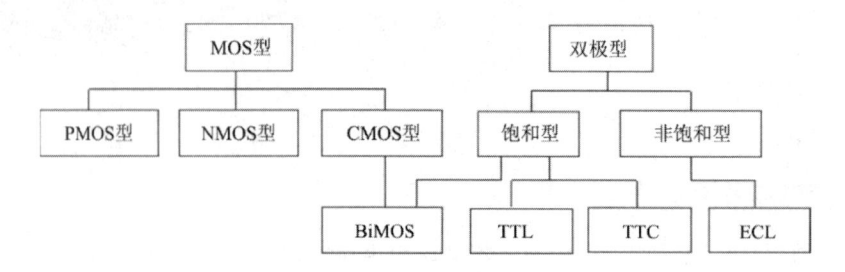

图 10-9　集成电路按结构分类

4．按集成电路制备工艺分类

按集成电路制备工艺分类，混合集成电路可分为薄膜混合集成电路和厚膜混合集成电路。

5．按集成度分类

集成电路按集成度（规模）分类，如表 10-14 所示。

表 10-14　集成电路按集成度（规模）分类

集成电路规模	数字集成电路		模拟集成电路
	MOS 型	双　极　型	
小规模（SSi）	单位芯片内器件数量<10^2	单位芯片内器件数量<100	单位芯片内器件数量<30
中规模（MSi）	单位芯片内器件数量：10^2～10^3	单位芯片内器件数量：100～500	单位芯片内器件数量：30～100
大规模（LSi）	单位芯片内器件数量：10^3～10^5	单位芯片内器件数量：500～2000	单位芯片内器件数量：100～300
超大规模（VLSi）	单位芯片内器件数量：10^5～10^7	单位芯片内器件数量>2000	单位芯片内器件数量>300
特大规模（VLSi）	单位芯片内器件数量：10^7～10^9		
巨大规模（GSi）	单位芯片内器件数量>10^9		

10.9.2　集成电路引脚识别

集成电路的引脚多少不一，少的只有几只，多的有几百个。对于引脚多的集成电路，因内部电路复杂，功能多，所以引脚的功能是不一样的，贴装或焊接时一定要按产品说明书所标示的一一对应，对号焊接，不能弄错。一旦一个引脚弄错了，就会造成集成电路工作不正常，甚至烧毁，因此我们一定要知道集成电路引脚的识别方法。不管什么集成电路，都有一个标记脚，指示第 1 脚的位置，然后按逆时针方向数第 2 脚、第 3 脚、第 4 脚、第 5 脚、…、第 n 脚。

1．双列扁平或双列直插式

双列扁平或双列直插式集成电路的引脚排列，如图 10-10 所示。

2．单列直插式

单列直插式集成电路的引脚排列，如图 10-11 所示。

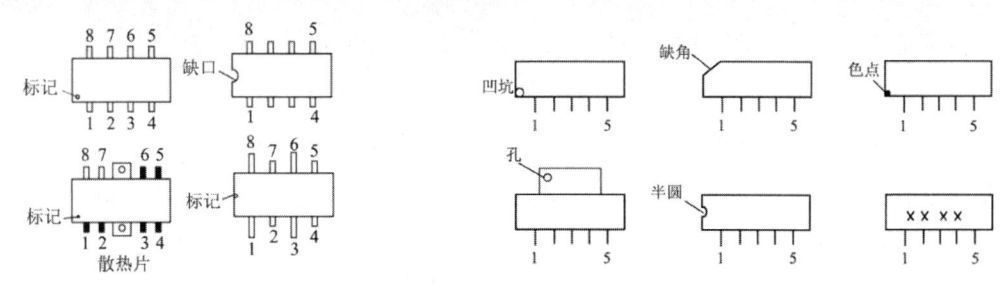

图 10-10 双列扁平式或双列直插式集成电路的引脚排列　　图 10-11 单列直插式集成电路的引脚排列

3. 四边带引脚

四边带引脚的集成电路的引脚排列，如图 10-12 所示。

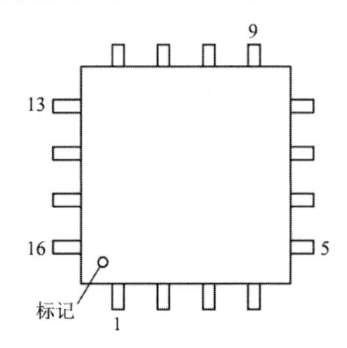

图 10-12 四边带引脚的集成电路的引脚排列

10.9.3 常见的集成电路封装

（1）QFN（又称 LCC）：方形扁平无引脚封装。

（2）SOP：小外形封装。

（3）TSSOP：薄小外形封装。

（4）QFP：方形扁平式封装。

（5）TQFP：薄（1.0mm）塑封四角扁平封装。

（6）LQFP：薄（1.4mm）方形扁平式封装。

（7）SOT：指引脚数不超过 28 的小外形封装。

（8）SOL：翼型短引线小外形封装。

（9）SOJ：J 型短引线小外形封装。

（10）BGA：球栅阵列封装。

10.9.4 集成电路的代用

1. 直接代换

直接代换指用其他集成电路，不经任何改动，直接取代原集成电路，替换后，不影响原集成电路的主要性能指标。代换集成电路的功能、性能指标、封装形式、引脚用途、引脚序号和间隔等与原集成电路均相同。其中集成电路的功能相同，不仅指功能相同，还指逻辑极性相同，即输出输入电平极性、电压、电流幅度也必须相同。

性能指标是指集成电路的主要电参数（或主要特性曲线），即最大耗散功率、最高工作电压、频率范围及各信号输入输出阻抗等要与原集成电路相近，功率大的代用件要加散热片。

2．非直接代换

非直接代换指不能进行直接代换的集成电路，但对外围电路稍加修改或改变原引脚排列或增加个别元件等，可使之成为可代换的集成电路。代换原则要求代换后与代换前相比，功能相同、性能参数相近，不影响原机使用。在具体工作中一定要详读代用件说明书，熟悉代用件的电路功能，分析内部电路原理，了解各引脚的作用及各点的正常电压值、波形图等。

习　　题

1．常用的元器件有哪些？
2．电阻器的标注方法有哪些？请举例说明。
3．电阻器用数码法标注"103"和"1003"的含义是什么？
4．四色环电阻器上色环的颜色为棕、红、绿、棕，其电阻值是多少？偏差是多少？
5．标有"5M6"的电阻器的阻值是多少？
6．电容器的主要性能参数有哪些？其含义各是什么？
7．电容器上面标注"272"，请问是哪种标注方法？容值是多少？
8．标有"6P8"的电容器，电容量是多少？
9．默写电容器的允许偏差字母表。
10．电容器有哪些介质材料？
11．从耐压值的角度考虑选用电容器，有哪些原则？
12．简述贴片电容器的结构。
13．电感器在电路中的作用有哪些？
14．请说明品质因数的含义。
15．电感器有哪些标注方法？举例说明。
16．请说明磁珠的作用。
17．对磁珠与电感器的区别进行说明。
18．二极管的特性是什么？并画出四种常用二极管的图形符号。
19．写出二极管的主要性能参数。
20．请画出 NPN 型三极管和 PNP 型三极管的图形符号和结构图。
21．场效应管可以分为哪几类？请写出具体名称。
22．场效应管和三极管的作用各是什么？有什么区别？
23．画出绝缘栅型场效应管的结构图。
24．请写出晶闸管的结构图和图形符号。
25．晶闸管有什么作用？
26．举例说明集成电路的引脚排列。
27．请写出六种集成电路的封装形式。

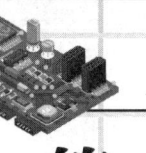

第 11 章 半导体材料基础知识

11.1 半导体材料

导电能力介于导体与绝缘体之间的物质称为半导体,其电导率在 $1\times10^{-9}\sim1\times10^{-3}$ S/cm 之间。不同物质的电导率如表 11-1 所示。

表 11-1 不同物质的电导率

种　类	材　料	电导率（S/cm）
导体	铝、金、钨、铜等金属 镍、铬等合金	10^5
半导体	硅、锗、砷化镓 碳化镓、掺杂多晶硅	$10^{-9}\sim10^{-3}$
绝缘体	SiO_2、Si_3N、玻璃塑料	$10^{-22}\sim10^{-14}$

11.1.1 半导体材料的分类

半导体材料多种多样,用途各异,要精细分类比较困难。半导体按化学成分通常分为:元素半导体、化合物半导体、固溶体半导体、有机半导体、非晶半导体等。

1. 晶体半导体材料

1）元素半导体材料

元素半导体材料是由单一元素构成的半导体材料,以硅和锗为典型元素,硅在地壳中储藏量非常丰富,约占 25%。纯硅半导体是一种立方晶体,排列整齐、有序,无色透明,又称为本征半导体。目前半导体有源器件及集成电路 80%以上产品都离不开硅材料。锗是一种稀有元素,地壳中含量较少,因而应用不如硅广泛。锗主要用于制造二极管、三极管。

2）化合物半导体材料

化合物半导体是指由两种或两种以上元素,以确定的原子配比形成的化合物,具有确定的禁带宽度和能带结构,如砷化镓、硫化镉、硒化锌、碳化硅等。这类半导体材料在超高速器件、微波器件中已有应用。

3）固溶体半导体材料

固溶体半导体材料是指由元素半导体或化合物半导体互相溶解而形成的具有半导体性质的固体材料。

2. 非晶体及微晶半导体材料

非晶体及微晶半导体材料是由半晶体组成的半导体材料,如 α-硅、α-锗、α-硒、α-砷化

镓、α-硫化砷等，原子排列短程有序，而长程无序，故又称无定形半导体，如玻璃半导体。这类半导体最大的特点是可采用液相快冷方法、真空蒸发方法和真空溅射方法制备，可作为研发薄膜晶体管的首选材料。

3．有机半导体材料

这是一类具有热激活电导率的有机物，例如萘、蒽、聚苯烯、聚二乙烯苯以及碱金属和蒽的络合物，这类半导体材料制作芯片的性能较差，但加工处理方便，成本低。有机半导体材料用于制造笔记本电脑、有机太阳能电池等产品。

4．微结构半导体

微结构半导体包括纳米硅、CaAlAs/GaAs、InCaAs（P）、InP 等超晶格及量子（阱、线、点）微结构材料。

5．半（稀）磁半导体

半（稀）磁半导体包括 CdrxMnxTe、Ga1-xMnxAs、MnAs/NiAs/CaAs。

6．半导体陶瓷

半导体陶瓷包括 $BaTiO_3$、$SrTiO_3$、$TiO_2-MgCr_2O_4$。

11.1.2 半导体的特性

1．掺杂特性

向本征半导体中掺入一定量杂质，能显著改变半导体的导电能力。杂质浓度的改变，能引起载流子浓度的变化，实现半导体性能的可控。掺入杂质种类不同，其电阻率变化也不同，而且在半导体中可以实现非均匀掺杂。

2．温度特性

半导体的导电能力随温度升高而迅速增强，即电阻率随温度上升而呈指数级上升。

3．光电导现象

半导体的导电能力因光照发生变化，如半导体硒的电阻值具有随光强的增加而急剧减小的特性。

4．光生伏特效应

光照在 PN 结上，产生电子空穴对，在内建电场作用下，产生光生伏特现象，可用于太阳能电池的制造。

5．高能电子注入、电场和磁场

高能电子注入、电场和磁场均影响半导体的电导率。

11.1.3 半导体

1．本征半导体和元素半导体

不含杂质且无晶格缺陷的半导体称为本征半导体。

纯净的单一元素半导体称为元素半导体，Si 和 Ge 是典型的元素半导体。

2．半导体掺杂

在本征半导体材料的晶格中，掺入杂质，以改变其电特性，这一过程称为掺杂。

掺杂一般采用扩散工艺和离子注入工艺。掺杂是半导体的特征工艺，掺入本征半导体材料中的杂质浓度与特性，会对半导体的电特性产生巨大影响，使半导体具有多种功能，广泛应用在各种技术中。

3．杂质半导体

在本征半导体中掺入某些元素（杂质）后称为杂质半导体，如图 11-1 所示。

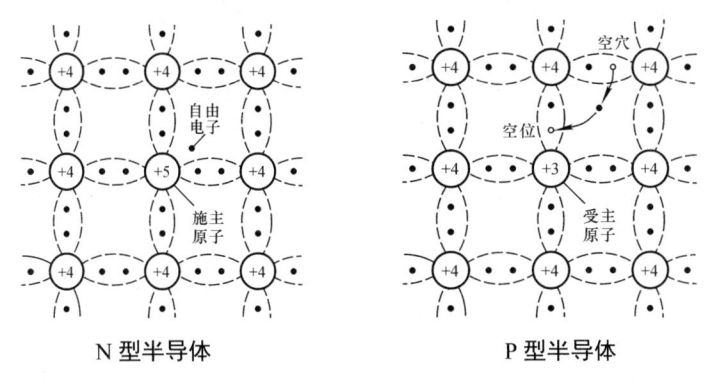

图 11-1 杂质半导体

（1）N 型半导体：在纯净的 4 价硅晶体中，掺入 5 价的元素（如磷）取代硅晶格中的硅原子，便形成 N 型半导体。N 型半导体中自由电子浓度多于空穴浓度，所以其导电作用靠自由电子，掺入杂质越多，其导电性能越好。

（2）P 型半导体：在纯净的 4 价硅晶体中，掺入了 3 价元素（如硼）取代硅原子的位置就形成 P 型半导体，P 型半导体中空穴浓度大于自由电子浓度，故 P 型半导体为空穴导电，掺入杂质越多，空穴浓度越大，导电性越好。

4．晶体介绍

1）单晶制备

（1）拉单晶：本征半导体的提纯制备工艺。

（2）其工艺过程是：将一个单晶（如硅）的晶体，放入熔解的同质材料的液体中，以旋转的方式缓慢向上拉起。在晶体拉起时，溶质将会沿着固体与液体的接口处固化而旋转，在旋转的同时往上提拉，接口处固化的硅材料渐渐扩大而成为硅单晶棒，此过程形象地称为拉单晶。重复多次拉单晶过程，硅材料就被提纯了。

2）晶圆

拉单晶的产物，是圆形的高纯度的硅棒，再经适当处理打磨，然后切割成薄晶圆片，这种硅薄晶圆称为晶圆，晶圆的尺寸以英寸为单位。

5．PN 结

1）PN 结的特性

将 P 型半导体和 N 型半导体制作在同一硅片上，在它们的交界面就形成 PN 结，PN 结具

有单向导电性。

2）导电机理

（1）能带。

① 禁带宽度。

禁带宽度由半导体材料的电子态、原子组态决定，它反映了组成这种材料原子中的价电子从被束缚状态激发到自由状态所需的能量。一般禁带宽度的半导体耐高温。

禁带宽度是半导体物理学中的一个名词。半导体物理学认为，晶体中的电子，处于所谓的能带状态，能带由许多能级组成，能带与能带之间隔着禁带。半导体中大量电子处在价带上，称为价电子。价电子被束缚，不能导电，只有价电子获取外来能量跃迁到导带上（本征激发）成为自由电子，才能导电。

半导体物理学将价带顶到导带底之间的宽度定义为禁带宽度。禁带宽度越大，价电子就越不易变为自由电子，故耐高压，工作温度高。

② 导带。

导带是半导体物理的能带理论中的名词，本征半导体中存在价带和空带，低温下半导体中电子存在于价带中，温度上升后，部分电子获得能量跃迁至空带，此时存在电子的空带就称为导带。

③ 载流子。

施主：5价磷掺入4价硅中，多一个电子，成为自由电子而导电，5价磷在此贡献了一个电子导电，扮演施主角色，称为施主杂质。

受主：3价元素掺入4价硅中，得到一个电子，称受主杂质。

（2）导电机理。

① 空穴导电机理。

电子空穴对：在构成物质的原子中，电子是围绕原子核运动的，根据半导体物理的能带理论，电子具有的能量大小不同，而在不同能带上运动。而没有电子的能带称为空带，有电子活动的能带称为价带，在低温下因为空带能量高，电子上不去，故为空带。但温度升高，电子获得能量会跃迁至空带上，此时有电子活动的空带就称为导带，而缺失电子的价带上留下了一空位称为空穴，这种电子和空穴一起称为电子空穴对，空穴和电子均能导电，故电子空穴对又称为载流子。

空穴导电：在外电场作用下，自由电子移动，在电子移动后原来位置上留一空位，称为空穴，后边的电子马上过来，占住了空穴位置，相对而言，就像是空穴在移动，故称为空穴导电。

② 本征导电机理。

在外电场作用下，载流子定向运动而形成的宏观电流由两部分组成，由电子产生的电流称为电子导电，由空穴产生的电流称为空穴导电，这种由电子空穴对形成的混合型导电，称为本征导电。

也可以这样表述：在一定的温度下，半导体材料中电子空穴对的产生和复活同时存在，并达到动态平衡，因而半导体中具有一定的载流子密度，具有一定的导电能力，这种导电能力由电子导电和空穴导电组成，但电子导电和空穴导电方向相反。

复合：导带中的电子，在某种条件下会落入空穴中，此时电子空穴对消失，此过程称为复合。

③ 发光二极管发光的原理。

在复合过程中会释放能量，此能量可能以电磁波形式辐射出来，产生光。

11.2 第三代半导体材料

第一代半导体材料为元素半导体材料，代表材料有 Si 和 Ge。

第二代半导体材料为化合物半导体材料，代表材料有砷化镓、磷化镓、磷化铟。

第三代半导体材料为宽禁带化合物半导体材料，代表材料有 GaAs（砷化镓）、SiC、ZnO、GaN、立方氧化硼、硒化锌、金刚石等。

11.2.1 第三代半导体材料的主要性能参数

第三代半导体材料的主要性能参数如表 11-2 所示。

表 11-2 第三代半导体材料的主要性能参数

材料名称	GaAs	GaN	SiC	金刚石
电子迁移率(m²/(V·s))	8500	2000	1000	
击穿场强(kV/cm)	0.4	3.3	2.8	
电子饱和漂移速率 (10²cm/s)	1	2.7	2.2	
热导率(W/(cm·K))	0.5	1.3	4.9	
禁带宽度（室温下）(eV)	1.43	3.44	3.3	5.47
器件最高工作温度（理论值）(℃)	350	800	600	>500

由表 11-2 可以看出，第三代半导体材料的特点是禁带宽度大，电子饱和漂移速率高，击穿场强大，热导率高。这些特点对于研制开发高温工作的大功率半导体器件十分有利。

11.2.2 器件性能的影响因素

（1）电子迁移率和电子饱和漂移速率会影响器件的高频特性。

（2）材料的禁带宽度直接决定了器件的耐压和最高工作温度。

11.2.3 第三代半导体材料代表品种的应用

1. 金刚石

金刚石一般情况下是绝缘体，因为碳（C）的原子序数很低（原子序数为 6），它的禁带宽度很大（为 5.47eV）。它不导电，但在数百摄氏度温度下仍呈现出半导体特性（C 在Ⅳ族，与 Si 同族），因此可以用来制作工作温度超过 500℃的晶体管。

2. SiC

SiC 的最大特点是热导率高达 4.9W/(cm·K)，因此在大功率方面占有优势，SiC 的外延片通过化学气相沉积技术获得，根据掺杂类型不同，可制作 N 型和 P 型两种外延片，以及耐高压的器件。据报道，耐压 600~1700V 的 MOSFET 已经量产，主流产品耐压在 1200V 左右。

3. GaN

GaN 的禁带宽度为 3.44eV，比 SiC 略高，用 GaN 制作的器件有高的功率密度输出和更高的能量转换效率。因此，采用 GaN 为材料可以更高的功率密度实现器材的小型化和系统集成。

此外，GaN 的电子饱和漂移速率比 SiC 高，特别适合制作高频器件，高频器件是目前半导体器件的发展方向。

4. 石墨烯

第三代半导体材料中，石墨烯有望取代硅。

石墨烯是一种从石墨材料中剥离出来的单层原子面材料，它是一种碳原子以 SP2 杂化轨道组成的六角形，呈蜂巢状晶格的二维碳纳米材料，具有非同一般的特性。

（1）这种单层晶体非常薄，厚度只有 0.355nm，将 20 万张石墨烯叠加在一起，总厚度只有一根头发丝的直径。

（2）强度高：石墨烯强度比钻石还高两倍。

（3）透明度高，光敏性好。对可见光、紫外光的透光率均为 97.7%。

（4）极高的电子传导速度，到目前为止，它的电子传导速度超过已知所有导体。

（5）石墨烯具有优异的光学、电学、力学性能。

石墨烯具有重要而广泛的应用前景。其中最有潜力的应用是成为半导体硅的代用品，可以用它来制造超微型晶体管，用这种石墨烯晶体管制作的计算机，其计算速度较硅晶体管计算机高数百倍。

中国科学院金属研究所以肖特基结作为发射极的垂直结构，研发成功了硅-石墨烯-锗晶体管，将石墨烯基区晶体管的延迟时间缩短为原来的 1/1000，可将其截止频率由兆赫兹（MHz）级提升至吉赫兹（GHz）级，未来有望在太赫兹（THz）级高速器件中应用。

中国科学院上海微系统研究所研制成功 8 英寸石墨烯晶片，就是碳基芯片，有望打破目前硅基芯片一统天下的局面。同样的工艺，碳基芯片的性能是硅基芯片的十倍以上。因为石墨烯纳米晶体管的电子迁移率更快，电子在石墨烯里活动更自由。石墨烯晶体管研制成功意味着不需要精度那么高的光刻机，也能满足芯片的制作需求。

习 题

1. 半导体的定义是什么？
2. 半导体的特性有哪些？
3. 简述半导体材料的分类。
4. 叙述 PN 结形成过程。
5. 详述能带相关概念。
6. 解释空穴导电机理。
7. 举例说明三代半导体材料分别有哪些。
8. 举例说明第三代半导体材料的应用。

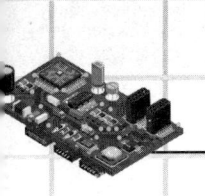

第 12 章　电镀基础

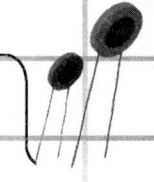

12.1　电镀的基础知识

电镀作为一种重要的表面处理技术，在材料防护、精饰和获得功能镀层等方面具有重要的应用。电镀是指用电化学的方法对材料表面进行处理与改性，属于应用电化学的范畴。

1. 电镀的基本原理

电镀是指通过电化学方法在固体表面上沉积一薄层金属或合金的过程。对这个过程的形象说法，就是给金属或非金属穿上一件金属"外衣"，此金属"外衣"称为电镀层。在进行电镀时，将被镀件与直流电源的负极相连，欲镀覆的金属板与直流电源的正极相连，随后，把它们一起放在电镀槽中，镀槽中有含欲镀覆金属离子的溶液（当然还有其他物质），当接通直流电源时，就有电流通过，欲镀的金属便在阴极上沉积出来。电镀装置示意图如图 12-1 所示，1 接正极，2 接负极。

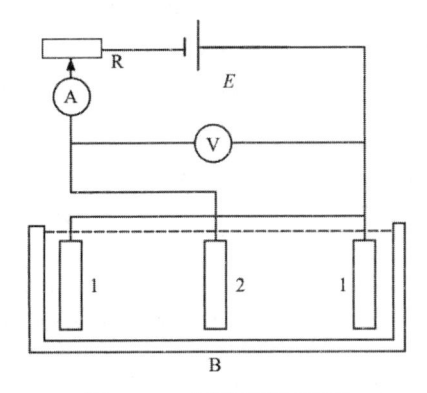

图 12-1　电镀装置示意图

据初步统计，目前可以获得的工业镀层达到 60 多种，其中单金属镀层 20 多种、合金镀层 40 多种，而进行过研究的合金电镀层则有 250 多种，极大地丰富和延伸了冶金学中关于合金的概念。因此，电解液（镀液）、阳极材料也千差万别。

欲镀零件的材料可以是钢铁、铝、锌、铜及其合金等，也可以是塑料、布料、陶瓷等非金属，但这些非金属材料自身不导电，电镀前必须进行导电化处理。

2. 电镀产生的形式

电镀操作因工件大小、工件形状、生产领域不同而差异很大。例如，根据工件大小、形状，可采用挂镀、滚镀、连续镀和刷镀等方式。根据生产规模可选择手工操作和机械化、自动化操作等。

3. 电镀过程

图 12-2 所示为电镀过程（以铜材料为例）。

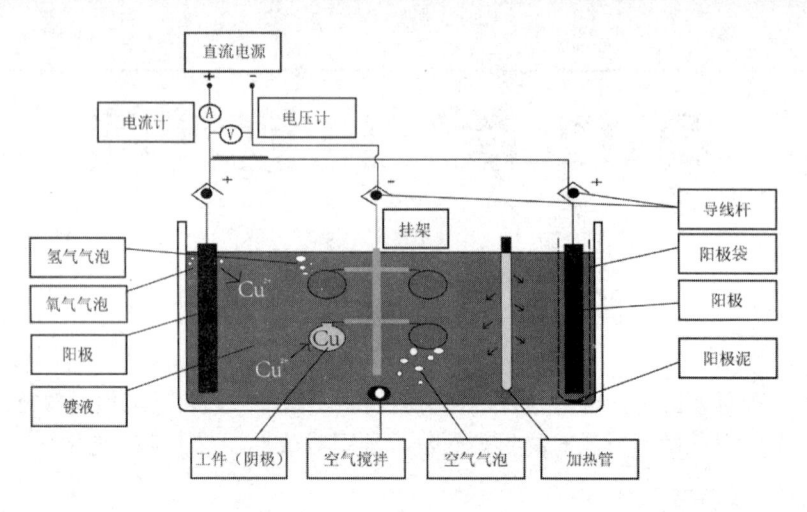

图 12-2 电镀过程示意图

从图 12-2 可知，被镀物体为阴极，与直流电源的负极相连，金属阳极与直流电源正极相连，阳极与阴极均浸入镀液中。镀液为含欲镀金属离子的溶液。当在阴、阳两极之间施加电压时，会在阴极上发生下述反应：

在阴极上，从镀液内部扩散到电极和镀液界面的金属离子 M^+，从阴极上获得 N 个电子，还原成金属 M。

而在阳极上则发生与阴极上相反的反应，即在阳极的界面上发生了金属的溶解，释放出 N 个电子而产生金属离子 N^+，这一过程就是电镀过程。

电镀过程如下：镀液中的金属离子（该金属离子即阳极金属离子）在外电场作用下，在阴极上发生还原反应，并在阴极表面淀积阳极金属膜层。在这个过程中，阳极金属在镀液中不断溶解，以补充镀液中不断流失的金属离子，这一系列化学反应是在外电场作用下完成的，因此称为电镀。

4. 镀层的分类

金属镀层的分类方法主要有两种：一是按镀层的用途分类；二是按镀层与基体金属的电化学关系分类。

1）按镀层的用途分类

按镀层的用途，可将镀层分为以下三大类。

（1）防护性镀层。

防护性镀层可用来防止金属零件腐蚀。将金属零件进行电镀，是防腐蚀的有效措施之一。

通常，镀锌层、镀镉层和镀锡层及锌基合金镀层（Zn－Fe、Zn－Co、Zn－Ni 等）属于此类镀层。对于黑色金属零件，在一般大气条件下用镀锌层来保护，在海洋性气候条件下，常用镀镉层来保护。对于接触有机酸的黑色金属零件，如食品容器，则采用镀锡层来保护，它不仅具有较强的防腐蚀能力，而且腐蚀产物对人体无害。

在海洋性气候条件下，当要求镀层薄而防腐蚀能力强时，可用锡镉合金来代替镀镉层，而对由铜合金制造的航海仪器，则使用银镉合金更好些。

（2）防护-装饰性镀层。

对很多金属零件，既要求防腐蚀，又要求具有经久不变的光泽外观，这就要求施加防护—

—装饰性电镀。因为单一金属镀层很难同时满足防护与装饰的双重要求，所以，这种镀层常采用多层电镀，即首先在基体上镀上底层，而后再镀上表层，有时还要镀中间层。例如，通常的铜-镍-铬多层电镀即属于此类。日常所见的自行车、缝纫机、轿车的外露部件大都采用这种组合镀层。有些合金镀层也可作为这类镀层使用，如化学镀 Ni-P 合金镀层，有望作为铜-镍-铬的替代镀层。除上述镀层外，彩色电镀层及仿金电镀层也属于此类镀层。

（3）功能性镀层。

为了满足工业生产或科学技术的一些特殊机械、物理性能的需要，研发了各种各样的功能性镀层，现分述如下。

① 耐磨和减摩镀层。

耐磨镀层是给零件镀一层高硬度的金属，以增强它的抗磨能力。在工业上对许多直轴或曲轴的轴颈、压印辊的辊面、发动机的汽缸和活塞环、冲压模具的内腔、枪和炮管的内腔等均镀硬铬，使它的显微硬度高达 1000HV。另外，对一些仪器的插拔件，既要求具有高的导电能力，又要求耐磨损，常要求镀硬银、硬金、铑等。

减摩镀层多用于滑动接触面，在这些接触面上镀上韧性金属（减摩合金），能起润滑作用，从而减少了滑动摩擦。这种镀层多用在轴瓦、轴套上，以延长轴和轴瓦的使用寿命。作为减摩镀层的金属有锡、铅锡合金、铅铟合金、铅锡铜及铅锑锡三元合金等。

② 热加工用镀层。

为了改善机械零件的表面物理性能，常常要进行热处理。但是对一个部件来说，并不需要改变它所有的性能，甚至某些部位性能改变后会带来危害，那就要在热处理之前，先把不需要改变性能的部位保护起来。例如，在工业生产中为了防止局部渗碳要镀铜，防止局部渗氮要镀锡，这是利用碳或氮在这些金属中难以扩散的特性来实现的。

③ 导电性镀层。

在电器、无线电及通信设备中，大量使用提高表面导电性的镀层。通常镀的铜、银、金等属于此类镀层。同时，若要求耐磨，就要镀银锑合金、金钴合金、金锑合金等。另外，在波导元件生产中，大多要镀银、金等。

④ 磁性镀层。

在录音机及电子计算机等设备中，所用的录音带、磁环线、磁鼓、磁盘等存储装置均用磁性材料制成。目前多用电镀和化学镀方法来制造磁性材料。在生产中，当电镀工艺条件改变时，镀层的磁特性也相应发生变化，故控制电镀工艺条件，可以获得满意的磁特性。常用的磁性合金镀层有钴镍、镍铁、钴镍磷、钴磷、钴钨磷、钴锰磷、钴镍铼磷等。常用的磁光记录材料有钆钴、钐钴、铽铁钴等。

⑤ 抗高温氧化镀层。

当前在许多先进技术部门中，需使用高熔点的金属材料制造特殊用途的零件，但这些零件在高温腐蚀介质中容易氧化而损坏。例如，转子发动机的内腔、喷气发动机的转子叶片、电子管及晶体管的引脚与插座等，常需要镀镍、铬和铬合金。在某些情况下，还使用复合镀层，如 Ni - ZrO_2、Ni - Al_2O_3、Cr - TiO_2、Cr - ZrB_2 等及 Fe、Ni、Cr 扩散镀层。

⑥ 修复性镀层。

一些重要机器零件磨损以后，可以采用电镀法进行修复，如汽车、拖拉机的曲轴、凸轮轴、齿轮、花键、纺织机的压辊、深井泵轴等均可用电镀硬铬、镀铁（或复合镀铁）的方法加以修复；印染、造纸、胶片行业的一些机件也可用镀铜、镀铬的方法来修复；印刷用的字模或版模

则可用镀铁的方法来修复。

除上述外，为了防止被硫酸和铬酸腐蚀，常需要电镀铅；为了增强反光能力，常电镀铬、银、高锡青铜等；为了消光，可电镀黑镍或黑铬镀层。此类镀层太多，这里不再赘述。

随着科学技术的发展，电镀或电沉积方法还可用于制备一些高性能尖端材料薄膜，如超导氧化物薄膜、电致变色氧化物薄膜、金属化合物半导体薄膜、形状记忆合金薄膜、梯度材料薄膜等。

2）按镀层与基体的电化学关系分类

按照镀层金属和基体金属（或合金）的电化学关系，可把镀层分为两大类，即阳极镀层和阴极镀层。前者如铁上镀锌，后者如铁上镀锡，如图 12-3 所示。这种分类对镀层选择和金属组件的搭配是十分重要的。

（1）阳极镀层。

阳极镀层就是当镀层与基体金属构成腐蚀微电池时，镀层作为阳极而首先溶解。这种镀层能对基体起机械保护作用和电化学保护作用。为了防止金属被腐蚀，应尽可能选用阳极镀层。

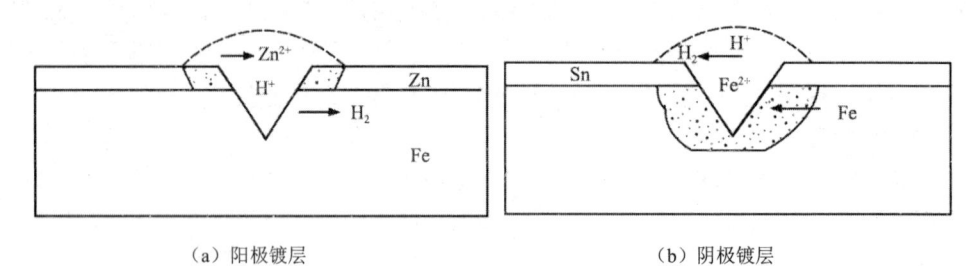

图 12-3　不同镀层的腐蚀模型

（2）阴极镀层。

阴极镀层就是镀层与基体构成腐蚀微电池时，镀层为阴极。这种镀层只能对基体金属起机械保护作用。阴极镀层只有完整无缺时，才能对基体起机械保护作用，一旦镀层被损坏，它不但保护不了基体，反而加速了基体的腐蚀。

必须指出，金属的电极电势是随介质而发生变化的，因此，镀层究竟属于阳极镀层还是阴极镀层，需视介质而定。例如，锌对铁而言，在一般条件下是典型的阳极镀层，但在 70～80℃的热水中，锌的电势发生变化而变成了阴极镀层。再如，锡对铁而言，在一般条件下是阴极镀层，但在有机酸中却成了阳极镀层。

值得注意的是，并非所有比基体金属电势负的金属都可以用作防护性镀层。如果镀层在所处的介质中不稳定，它将迅速被介质腐蚀，从而失去了对基体的保护作用。锌在大气中能成为黑色金属的防护性镀层，就是由于它既是阳极镀层，又能形成碱式碳酸锌[$ZnCO_3·Zn(OH)_2$]保护膜，所以很稳定。但是在海水中，锌对铁而言仍是阳极镀层，然而，它在氯化物中不稳定，从而失去保护作用，所以航海船舶上的仪器不能单独用锌镀层来防护，而需要用镉镀层或代镉镀层。

12.2　电镀在微电子技术中的应用

（1）在共晶焊中镀金。

（2）镀锡便于焊接。

（3）微波电路中，传输导带金层加厚。

（4）Co-P 非晶镀膜具有铁磁性，是一种储磁材料，这类镀膜可用于性能更好的小型记忆元件。

（5）利用非晶镀可制造太阳能电池，传统的太阳能电池材料是晶态的非晶镀 Gd-Fe、Ca-S-Se、Bi-S 等。控制不同的析出条件，可制成 P 型和 N 型半导体，还可以镀非晶态硅。

（6）Co-P、NI-P、NI-B 等非晶体比对应晶体材料电阻率高，可用作电阻材料。

习　　题

1．解释电镀原理。
2．说明电镀过程。
3．从功能性镀层来说，有哪几种镀层？
4．什么是阳极镀层？什么是阴极镀层？
5．电镀在微电子技术中有什么用途？

第 13 章 表面安装技术基础

13.1 绪论

电子整机的高性能、小型化、便携式、低成本、高可靠性等要求，促使微电子封装技术向表面安装型发展。小型无引线片式元器件的出现，使表面安装技术的发展更上一层楼。表面安装工艺中常用的两种焊接方法是再流焊和波峰焊。

本章介绍的几种表面安装工艺流程都灵活运用了再流焊、波峰焊工艺。

13.1.1 表面安装工艺对元器件的要求

1. 结构要求

所用元器件最好能适合表面安装的片式贴装结构或小型通孔插装式结构。

2. 焊接温度要求

因为表面安装工艺的元器件焊接，采用再流焊和波峰焊工艺，所以所采用的元器件必须经受下列焊接温度考验。常用焊接温度及时间要求：气相再流焊 215℃/60s，红外再流焊 230℃/30s，波峰焊 260℃/10s。元器件的耐焊接温度检验，至少应为在上述焊接温度下，经受焊接时间的 5~10 倍考验，焊点正常为合格。

13.1.2 表面安装技术中的清洗工艺

表面安装工艺一般包含清洗工艺，所用元器件必须能经受下述考验：清洗温度 40℃ 左右。耐清洗溶剂：在氟利昂液体中浸泡至少 40min。超声清洗频率 40kHz，功率 20W，时间至少 1min，元器件性能不受影响，标记清晰。

13.2 表面安装工艺流程

13.2.1 一般表面安装工艺流程图

图 13-1 所示为一般表面安装工艺流程，其中的焊膏涂敷方式、焊接方式，都可根据组装方式的不同而有所不同。

上料 → 焊膏印刷 → 元器件贴装 → 固化 → 再流焊 → 检测 → 下料

图 13-1 一般表面安装工艺流程图

根据组装方式的不同，点胶、清洗工序在图 13-1 中没有表示出来，现加以说明。

点胶是将胶水滴到 PCB 的固定位置上，其主要作用是在采用波峰焊时，元器件可以固定

在 PCB 上。所用设备为点胶机，位于 SMT 生产线的前端。此道工序也可采用类似焊膏印刷的方式，将贴片胶漏印到焊盘之间。

清洗的作用是将组装好的 PCB 上的焊接残留物如助焊剂等去除。

13.2.2 不同组装方式的表面安装工艺流程

合理的工艺流程是组装质量和效率的保障，表面组装方式确定后，就可以根据需要和具体设备条件确定工艺流程。不同的组装方式有不同的工艺流程，同一组装方式也可以有不同的工艺流程，这主要取决于所用元器件的类型、SMA（表面组装器件）的组装质量要求、组装设备和组装生产线的条件，以及组装生产的实际条件等。表 13-1 列出了各种组装方式的表面安装工艺流程。

表 13-1　各种组装方式的表面安装工艺流程

名　称	流　程	特　点
单面贴装	来料检测→施加焊膏（施加贴装胶）→贴装 SMD→焊膏烘干（贴片胶固化）→再流焊→清洗→检测	全部采用表面贴装元器件，在单面 PCB 的电路面贴装，单面再流焊接简称单面组装
双面贴装 Ⅰ	来料检测→PCB 的 A 面施加焊膏（或贴片胶）→贴装 SMD→焊膏烘干（贴片胶固化）→A 面再流焊→清洗→翻板→PCB 的 B 面施加焊膏→贴装 SMD→焊膏烘干→再流焊（最好仅对 B 面）→清洗→最终检测	双面 PCB，全部采用 SMD，此工艺采用二次再流焊，适用于在 PCB 的两面均贴 PLCC 等较大的 SMD，不宜采用易引起桥接的波峰焊工艺
双面贴装 Ⅱ	来料检测→PCB 的 A 面施加焊膏（施加贴片胶）→贴装 SMD→焊膏烘干（贴片胶固化）→A 面再流焊→清洗→翻板→B 面施加贴片胶→贴装 SMD→贴片胶固化→B 面波峰焊→清洗→最终检测	PCB 的 A 面再流焊，B 面波峰焊，在 PCB 的 B 面组装的 SMD 中只有 SOT 或 SOIC（28 引脚）时才采用此工艺流程
单面混装	来料检测→PCB 的 A 面施加焊膏（施加贴片胶）→贴装 SMD→焊膏烘干（贴片胶固化）→再流焊→清洗→插装通孔元器件→波峰焊→清洗→最终检测	采用双面 PCB 但单面混合组装 SMD 和通孔插装元器件。PCB 通过二次焊接过程，先贴装，再流焊；后插装，波峰焊。无须翻板，简称单面混装
双面混装	来料检测→PCB 的 B 面施加贴装胶→贴装 SMD→贴装胶固化→翻板→从 PCB 的 A 面插装通孔元器件→波峰焊→清洗→最终检测	采用单面或双面 PCB，在双面组装元器件中，一部分元器件是 SMD，另一部分元器件是通孔插装元器件，在单面焊接时采用波峰焊，也可采用双面焊接，采用两种焊接方法，简称双面混装，先贴后插，适于 SMD 数量大于通孔插装元器件数量的情况

13.3　自动焊接技术

13.3.1 再流焊

再流焊也称回流焊。再流焊是伴随微型化电子元器件的出现而发展起来的焊接技术，主要应用于各类表面组装元器件的连接。

1．再流焊的工作原理

靠热气流作用重新熔化预先印刷在印制板焊盘上的焊膏，使之软化熔融，在一定的温度

（一般为焊锡合金的共晶温度）下发生物理反应，实现片式元器件的焊端或引脚与印制板焊盘之间的机械与电气相互连接的软钎焊过程中，热气流在焊机内循环流动，产生高温而完成焊接，称为回流焊（再流焊）。在此焊接过程中无须添加任何额外焊料。

2．再流焊设备加热

再流焊设备加热过程，一般分为四个阶段。

（1）升温阶段：当印制板进入升温阶段后，焊膏里的溶剂气体蒸发掉，同时焊膏中的助焊剂润湿焊盘、元器件端头（或引脚）。润湿现象，指熔融的焊料在被焊金属表面上形成均匀、平滑、连续，而且附着牢固的合金。焊膏软化塌落，覆盖了焊盘和元器件引脚（端头），使之与空气中的氧气隔离，从而保护其不被氧化。

（2）保温阶段：在保温阶段温度基本恒定，元器件得到充分预热，以防突然进入焊接阶段而导致元器件及印制板被损坏。

（3）焊接阶段：即高温阶段，印制板进入焊接阶段，温度迅速提升，使焊膏达到熔融状态，液态焊膏对印制板的焊盘元器件的端头（或引脚）进行润湿，并漫流或回流混合，从而形成焊接点。

（4）冷却阶段：印制板进入冷却阶段，焊点凝固，再流焊完成。

以上过程，对不同焊膏、不同元器件，可能有差异。要根据实际情况对再流焊的温度曲线进行合理的设计，从而达到良好的焊接效果。再流焊有多种形式，如红外再流焊、气相再流焊、氮气保护再流焊等。

13.3.2 波峰焊

1．波峰焊的工作原理

将熔融的液态焊料，经电动泵或电磁泵喷流成满足设计要求的焊料波峰。将预先插装好电子元器件的 PCB 置于传送链上，经某一特定角度及一定的浸入深度穿过焊料波峰，从而实现元器件的焊端（或引脚）与 PCB 焊盘之间的机械与电气连接。

2．影响波峰焊焊接质量的主要因素

（1）焊料波峰高度。波峰高度要适当，波峰过高会造成锡焊点拉尖，因而焊点堆锡量过多，使焊锡溢到元器件表面；波峰过低，则会造成虚焊或漏焊。

（2）焊接温度。焊接温度指被焊物体与熔化焊料相接触时的温度，此温度过低会使焊点有毛刺、不光滑，还能造成虚焊、假焊或焊点拉尖等缺陷。此温度过高则易使 PCB 变形，还可能会给 PCB 焊盘及器件带来损伤，一般此温度应控制在 245℃±5℃左右。

（3）预热温度。一般经验认为，预热温度设定在 80～150℃之间较为合适。具体要根据 PCB 的材质及含水量来确定。预热后 PCB 的单面温度为 80～90℃，双面温度为 90～100℃，效果较好。若温度过高，PCB 会受热变形，产生翘曲。

（4）传送速度与角度。传送速度过慢，则焊接时间长，对 PCB 有损害；过快则焊接时间短，易造成虚焊、漏焊、假焊等缺陷，一般认为焊接阶段接触焊料的时间以 3s 左右为宜。传送角度一般在 3°～10°之间，但要根据 PCB 上插装元器件大小及 PCB 的尺寸，通过实验找到最佳传送角度。

（5）焊料成分。焊接时 PCB 上或被焊元器件上的金属杂质坠入锡炉而污染锡焊料，使焊料

成分发生了变化。另外，焊接时助焊剂中的成分如松香、甘油、乙二醇等溶剂易挥发，时间长了，会使助焊剂的成分、比例等发生变化。焊料中助焊剂的比例对焊接质量的影响表现为：比例太高，易使 PCB 上残留物过多，会造成焊点粘连、焊点过大等缺陷，甚至使 PCB 绝缘电阻下降；比重过低则易出现焊点拉尖、焊点桥接、虚焊等现象。

（6）PCB 设计因素影响焊接质量主要表现在 PCB 走线间隙过窄，可造成焊点桥接等不良现象。

3．波峰焊使用的材料

1）焊料

波峰焊一般采用 Sn63-Pb37 的共晶焊料，熔点为 183℃。

2）助焊剂

波峰焊使用的助焊剂，要求表面张力小，扩展率大于 85%，黏度小于熔融焊料，容易被置换且焊接后容易清洗。

助焊剂在波峰焊中的作用：清除金属接触面的氧化物膜，有利于焊接；在焊接物表面形成一层液态保护膜，从而隔离高温时四周的空气，防止金属被氧化；降低焊锡表面张力以增强其扩散能力，从而提高波峰焊的速度。

3）焊料添加剂

在波峰焊的焊料中，还要根据需要加入添加剂或补充一些辅料。抗氧化剂可以减少高温焊接时焊料的氧化，不仅可以节约焊料，还能提高焊接质量。

习　　题

1．怎样的元器件才适合表面安装工艺？
2．叙述一般表面安装工艺流程。
3．电路的组装形式有哪些？
4．简述再流焊原理。
5．简述波峰焊原理。
6．再流焊过程分为哪几个阶段？
7．影响波峰焊焊接质量的因素有哪些？

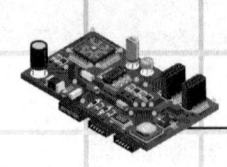

第 14 章 薄厚膜混合集成电路制造工艺基础

14.1 混合集成技术概述

微组装技术是高密度互连基板技术、多芯片组装技术、3D 组装技术等关键工艺技术的综合，是把构成电子线路的各种元器件（半导体集成电路芯片、片式元器件）组装起来，形成 3D 结构的高密度、高性能、高可靠性的微小型的模块化的电子产品的装连技术。

微组装技术（MPT）是在表面安装技术（SMT）和混合集成技术基础上发展起来的新一代电子组装技术。

本章讨论微组装技术的基础——基于薄膜集成技术、厚膜集成技术、表面安装技术的多层布线基板的制作技术。

1. 混合集成电路的概念

半导体集成电路芯片（IC 芯片）是采用半导体技术集成的，以有源器件为主体，以及少量的无源元件（电阻、电容）集成。由于集成的元器件有限，自然集成的电路功能也就不会太丰富，电路比较简单。

对于电路复杂，使用的元器件品种多、数量多，功能多的电子产品，单纯采用半导体集成技术，难以实现。单纯 IC 芯片不可能完成如此重任。在这种情况下，为了满足电子产品小型化、轻量化的要求，发展了混合集成技术。

"混合集成"中的"混合"，就是将薄膜技术、厚膜技术和表面安装技术以及半导体集成技术综合起来，博采众长，取长补短，紧密结合，推动电子产品向高密组装、小型化、多品种、高可靠方向发展。事实证明，这种策略是对的，微组装技术至今已成为系统集成的主流技术。

2. 薄膜技术与厚膜技术

薄膜工艺制作的膜式元件（如薄膜电阻、薄膜导带）的膜层厚度（膜厚）大多在 1μm 以下。而厚膜工艺制作的膜式元件（厚膜电阻、厚膜导带）的膜厚一般在 10μm 以上。

所以人们最初以膜厚为标准来定义薄膜电路和厚膜电路。薄膜集成电路：电路元件的膜厚在 1μm 以下的集成电路。厚膜集成电路：电路元件的膜厚在 10μm 左右的集成电路。

随着集成电路频率向微波领域发展，微波集成电路一般都采用薄膜混合集成技术来实现。因为工作频率达到微波频率时，电磁波的趋肤效应明显。趋肤效应能增加电磁波的传输损耗。为了减小传输损耗，微波集成电路中的传输线，膜厚至少要达到 2 倍的趋肤深度，膜厚在 10μm 以上，在这种情况下，以膜厚来区分薄、厚膜电路就显得不合适了。

所以，人们认为不能以膜层厚度来定义薄膜集成电路和厚膜集成电路，而应该从二者的制作工艺入手来区分。

薄膜集成技术中的关键工艺之一的成膜工艺，是以真空蒸发或溅射工艺在衬底上成膜的，其成膜机理涉及凝聚态物理。

厚膜集成技术中的关键工艺之一的厚膜成膜工艺是采用丝网印刷工艺和高温烧结工艺在衬底上成膜的，其成膜机理属于固体物理范畴。

所以较准确的界定是：采用真空蒸发、阴极溅射等工艺成膜为薄膜集成。真空蒸发、阴极溅射成膜工艺，为薄膜混合集成电路的特征性工艺。

采用丝网印刷、高温烧结工艺成膜的为厚膜集成。高温烧结工艺为厚膜集成电路的特征性工艺。也就是说，丝网印刷工艺形成的膜为湿膜，湿膜不具有任何电性能，必须经高温烧结后才具有电性能，所以丝网印刷不是厚膜集成电路的特征性工艺。

14.2 薄膜混合集成电路技术

制作薄膜混合集成电路的工艺流程如图 14-1 所示。

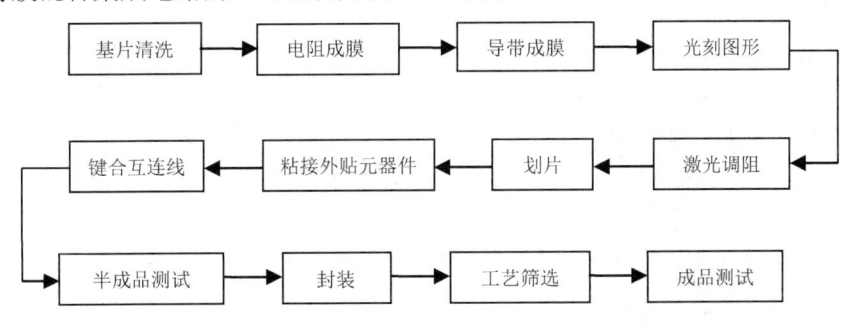

图 14-1 制作薄膜混合集成电路的工艺流程

14.2.1 薄膜材料

1. 薄膜导体材料

1）导体材料在薄膜集成电路中的作用

（1）用于制作薄膜元件之间的互连线。

（2）用于制作外贴元器件之间的互连线。

（3）用于制作膜式元件之间的端头连接。

（4）用于制作微波集成电路的电磁波传输线。

（5）用于制作接地线。

2）导体材料的要求

（1）应有良好的导电率。

（2）应与衬底材料、介质材料、电阻材料附着力好。

（3）有良好的化学稳定性。

（4）与导体材料、膜式元件的端头材料能形成良好的欧姆接触。

（5）能经受高温处理和电镀加厚。

（6）成本低、来源广。

3）现阶段常用的导体材料

金、银、铜三种金属是目前薄膜电路常用的导体材料，如表 14-1 所示。

表 14-1　三种金属的电阻率

材料的名称	金（Au）	银（Ag）	铜（Cu）
电阻率 ρ（Ω/cm）	2.44	1.47	1.69

（1）银材料的性能及应用。

从上述数据可以看出，三种导体材料中，银的电阻率最低，电导性好，是一种优良的导体材料。但它有两个严重缺陷：

① 银在空气中极易被氧化和硫化，因而在大气中时间长或在潮湿环境中表面发黑、发黄，成为银的氧化物、硫化物，电阻率大增。

② 银在高温潮湿环境下，能产生迁移现象，用银制作薄膜导带时，两导体之间会发生银迁移，使得两导体之间绝缘性下降，甚至短路。

因此，目前一般不利用银制作薄膜导带。

（2）铜材料的性能及应用。

铜是一种优良的导体，在电子工业中应用广泛，且来源广泛，价格低廉。但它有一个缺点，在空气中易氧化，因而限制了它在薄膜电路中的应用。铜不宜单独制作薄膜导带，但它可以用作薄膜导带的辅助材料，即在复合型薄膜导带中作为中间层材料，发挥它导电性好的优势。此外，铜在薄膜电路、光刻工艺中作为反刻膜层材料使用。

（3）金材料的性能及应用。

金的导电性虽然比银、铜稍差，但仍然称得上优秀，能满足薄膜集成电路的使用要求。

金有诸多优点，化学稳定性好，在高温下，在大气中均十分稳定，不会被氧化，可以电镀加厚，与薄膜工艺能兼容，适合键合工艺，所以金是最常用的薄膜集成电路导体材料。

但金是贵金属，价格不菲。因为它不易氧化，故它与陶瓷基片附着力欠佳，为了节约金的用量，也为了克服金与陶瓷基板附着力差的缺点，人们常采用复合导体。

4）常用的复合导体膜

真空蒸发工艺：Cr-Cu-Cr-Au、Cr-Cu-Ni-Au、Cr-Au、Cr-Cu-Au。

溅射工艺：Ti-W-Au、Ti-W-Cu-Au。

从复合导带角度可以分析出：

（1）与衬底直接接触的为 Cr，因 Cr 易氧化，其氧化物与陶瓷基片有强附着力。

（2）Cu 导电性好，价格低，用它可减少 Au 的用量。

（3）据清华大学有关试验证明，Ni 是一种强阻挡层。在 Cr-Cu-Ni-Au 中 Ni 阻挡 Cu 向 Au 扩散，因 Cu 向 Au 中扩散后会影响其键合特性。

（4）Ti-W 是一种很好的黏附材料。Ti、W 均为难熔金属，只能做成 Ti-W 靶，采用电子束蒸发实现溅射工艺。

（5）上述复合导体材料中最表层金属均为 Au，因为 Au 性能稳定，与整个封装工艺兼容。其缺点是与基片附着力差，所以在 Au 下边的 Cr-Cu-Ti-W 等均称黏附层，也称为捆绑层。

2. 薄膜电阻材料

1）薄膜电阻材料的要求

（1）有高的电阻率。高的电阻率能缩小薄膜电阻的截面面积。

（2）有低的电阻温度系数。

（3）与衬底材料有强的附着力。

（4）稳定性好。

2）电阻阻值分类

（1）按电阻材料的阻值分类（以方块电阻为例）。

低电阻材料方块电阻：$R_方$<100Ω。

中电阻材料方块电阻：$R_方$为 100～200Ω。

高电阻材料方块电阻：$R_方$>200Ω。

（2）按电阻材料分类。

合成材料：镍-铬（Ni-Cr）电阻、镍-铬-钴（Ni-Cr-Co）电阻、钽-钨（Ta-W）电阻。

金属陶瓷：Cr-SiO、Cr-Si、Cr-SiO$_2$。

金属氮化物：氮化钽（TaN）。

单组分金属材料：钛、铼、铬、钽等。

3）常用薄膜电阻的特性

常用薄膜电阻的特性，如表 14-2 所示。

表 14-2　常用薄膜电阻的特性

电阻	方块电阻 $R_方$(Ω)	电阻温度系数(×10^{-6}/℃)	成膜工艺
TaN	25～100	100	反应溅射
NiCr	75～200	50	溅射蒸发
CrSi	500～2000	200	溅射成膜
CrSio	1000～5000	300	溅射成膜

金属 Ta 的氮化物 TaN 是一种电阻材料。金属 Ta 的氧化物 Ta$_2$O$_5$ 是一种介质材料，分立元件 Ta 电解电容，以 Ta$_2$O$_5$ 为介质。在薄膜工艺中可以溅射 Ta 膜，用氧化方法生成 Ta$_2$O$_5$，制成薄膜电容器。用薄膜工艺可实现电阻器、电容器全集成，但是工艺过程中其兼容问题尚未能彻底解决，故处在试验阶段。

3. 薄膜介质材料

1）薄膜介质材料的要求

（1）能够用光刻工艺进行加工。

（2）具有较低的介电常数。

（3）与薄膜载体、陶瓷基片、硅基片、微晶玻璃基片附着力强。

（4）介质的热膨胀系数能与半导体芯片上的元器件相匹配。

（5）介质材料在经薄膜工艺加工之后其性能仍然保持不变。

（6）介质材料吸水性越小越好。

2）薄膜介质材料简介

（1）聚酰亚胺。

它是一种有机聚合物，具有优良的电性能、优良的机械稳定性和热稳定性，因而作为高性能介质材料被广泛应用，同时它具有成本低、加工步骤少的特点，已得到人们的广泛认可。

聚酰亚胺有光固化型和非光固化型两大类，其部分特性如表14-3所示。

表14-3 聚酰亚胺部分特性

特 性	性 能 指 标	非光固化型	光固化型
物 理 性 能	玻璃转化温度（℃）	350	365
	分解温度（℃）	620	620
	质量损失百分比（500℃空气中）	1.0%	1.5%
	热膨胀系数（×10^{-6}/℃）	5	10
	残余应力（MPa）	10	20
	吸水性（在50%RH）	0.8%	1.2%
机 械 性 能	杨氏模量（MPa）	6.6	6.1
	抗拉强度（MPa）	600	330
	断裂延伸率	60%	50%
电 性 能	介电常数（1kHz/10%RH）	2.9	3.0

在选用介质材料时必须引起重视的三个指标是介电常数、热膨胀系数（CTE）和吸水性。现列出9种聚酰亚胺胶的三个关键性能指标，如表14-4所示。

表14-4 9种聚酰亚胺胶的三个关键性能指标

聚酰亚胺类型	介电常数	CTE（×10^{-6}/℃）	吸水性（%）
Ciba Geingy293	3.3	28	4.48
Du Pont 2525	3.6	40	1.36
Du Pont 2555	3.6	40	2.52
Du Pont 2574D	3.6	40	1.68
Du Pont 2611D	2.9	3	0.34
Hitachi PIQ-L100	3.1	3	1.56
Hitachi PIX-L100	3.4	5	0.55
National Starch Thermid EL	2.8	5-10	0.7
Toray SP-840	3.4	30	55

（2）苯并环丁烯（简称BCB）。

它是一种树脂类有机聚合物。和聚酰亚胺相比，具有更好的平整性和低吸湿性，密度高，不但有优良的电特性，而且在潮湿条件下能继续保持优良的电性能。BCB的电性能和物理性能参数如表14-5所示。

表14-5 BCB的电性能和物理性能参数

性 能 参 数	数 值
抗弯强度（MPa）	3.278
杨氏模量（MPa）	2.340

续表

性 能 参 数	数 值
玻璃转化温度（℃）	>350
氮气中温度稳定性（℃）	350
击穿电压（V/cm）	4.0×10^6
体电阻（Ω）	9.0×10
介电常数	2.7～2.6
损耗系数	0.0008～0.002
吸水性	0.23%
热膨胀系数	65
折射率	1.56

此外，BCB 还具有高稳定性和良好的加工性。在惰性气体中采用箱式加热炉固化，固化温度 210～250℃，固化时间 4～5h。其稳定性表现在与活泼金属 Cu 导体之间的化学作用很弱。

14.2.2 薄膜制造工艺

1. 真空镀膜工艺

真空镀膜工艺是指在真空环境中，通过高温加热的方式将需镀膜的材料镀膜的工艺。根据加热方式不同，真空镀膜工艺可以分为两种：电阻加热和电子束加热。

1）电阻加热镀膜工艺

电阻加热镀膜的热源：采用高熔点金属做成坩埚，如钨丝，钼片通电使钨丝发热而加热被蒸发物。

（1）电阻加热镀膜工艺原理。

电阻加热镀膜：采用高熔点材料如钨丝、钼片做成坩埚，将被蒸发材料放在坩埚中加热，当温度达到该物质熔点后该物质液化，继续加热，当温度达到该物质饱和蒸气压后该物质汽化，汽化的蒸气到达基片表面，冷却凝结成薄膜，其原理如图 14-2 所示。

（2）电阻加热镀膜的特点。

电阻加热镀膜工艺的优点：设备简单，造价低；蒸发速率快，成膜快。

电阻加热镀膜工艺的缺点：

① 真空蒸发只适合单一金属蒸发，而不适合多（双）组分的合金。原因是合金材料中，不同成分的熔点及饱和蒸气压不同，因此不同成分的蒸发温度、蒸发速率不尽相同，发生分馏现象，致使蒸发成形的合金薄膜与块状合金成分发生偏离，因而性能发生变化。

② 蒸发材料与蒸发源（坩埚）材料易发生反应，影响膜层的成分，膜层的均匀性也不太好。

③ 蒸发时工艺参数不易精准控制，因而重复性不易保证。

④ 对于一些难熔金属如钨（W）、钼（Mo），电阻加热镀膜工艺不适用。

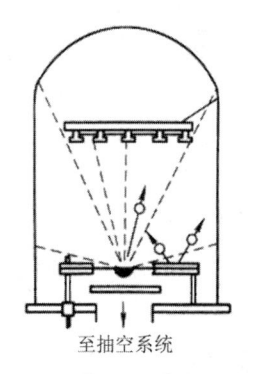

图 14-2 电阻加热镀膜原理示意图

2）电子束加热镀膜工艺

（1）工艺比较。

电子束加热镀膜工艺的缺点：

① 蒸发合金时发生分馏现象，如蒸发 NiCr 电阻，NiCr 丝的成分为：Ni：Cr=80：20，蒸发后则 Ni：Cr≠80：20，组分比发生了变化，性能也就改变了。

② 有些熔点高的材料无法用电阻加热法蒸发，如钛和钨，它们的熔点高于钨和钼。没有合适的坩埚材料，不能采用电阻加热来蒸发。

为了克服上述缺点，人们发明了电子束加热镀膜工艺。

（2）电子束加热镀膜原理。

电子束加热镀膜工艺：在真空条件下，利用电子束进行直接加热，使被蒸发物汽化，在基片上凝结形成薄膜。

电子束由电子枪灯丝加热后发射热电子，电子流被阳极加速。电子获得很大的动能，具有大动能的电子被磁场聚合成电子束，而调制这一磁场可以改变电子束前进的方向，能准确地调制电子束射向坩埚中的被蒸发物，从而实现被蒸发物的瞬间蒸发。

电子束蒸发的优点：所蒸发的膜层纯度高，蒸发速率快，可蒸发难熔金属和氧化物。

据称电子束能量可达到 $10^9 W/cm^2$，温度为 3000～6000℃。电子束蒸发装置关键件——电子枪有环形枪、直枪和 E 形枪三种。

但电子束蒸发也有缺陷，就是电子束照射蒸发物时可能产生二次电子，二次电子可能使残余气体电离带来污染。电子束蒸发化合物时要注意化合物的性能，能在高温下发生分解的化合物要慎用。

电子束蒸发物只会沉积到衬底表面而不会沉积到侧面，这是它最大的特点之一。

（3）电子束加热镀膜工艺。

采用电子束加热，使待成膜材料不经过液相，直接从固相变为气相（升华）在基片上成膜。电子束蒸发示意图如图 14-3 所示。

电子枪灯丝被加热，向外发射电子。在偏转磁场的作用下，电子流射向坩埚中的靶材（待蒸发的物质），使靶材熔化、汽化，形成分子流向基片表面飞去，在基片表面冷却停留下来，沉积成膜。

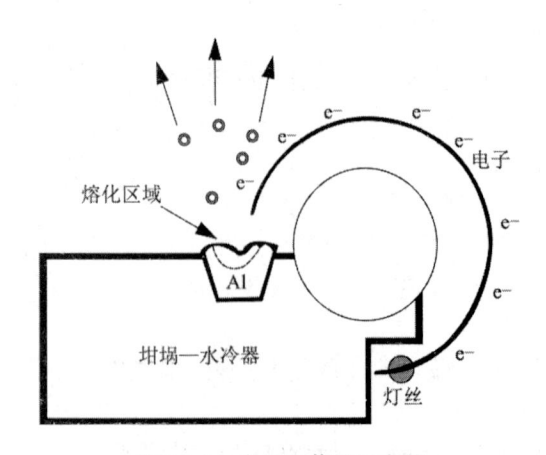

图 14-3 电子束蒸发示意图

2. 金属溅射工艺

溅膜工艺是薄膜混合集成电路的关键工艺之一，溅射工艺的作用是在衬底上成膜。

1）溅射成膜的原理

溅射又称阴极溅射，其原理是利用带有高能量的粒子（通常为带正电的惰性气体正离子）轰击位于阴极的靶材料，使靶材料表面的原子被溅出来，这些被溅出来的原子，沉积在基片上形成各种不同性质的薄膜。

在薄膜混合集成电路中，利用溅射成膜工艺可以在衬底上制作薄膜导带、薄膜电阻及其他特性的薄膜。所以溅射工艺成为薄膜混合集成电路生产中十分重要的薄膜成膜技术。

2）成膜的四个阶段

蒸发成膜和溅射成膜在初始阶段呈孤立的小岛，然后逐渐长大连成一片，从开始到成片的连续薄膜大致经历四个阶段，如图 14-4 所示。

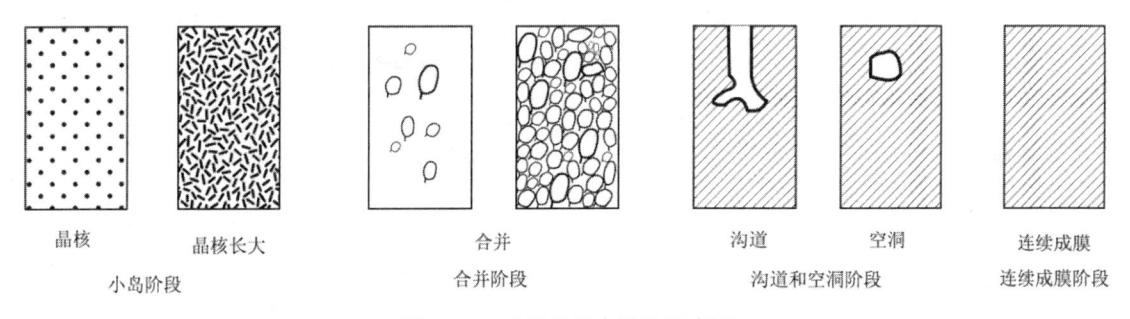

图 14-4　成膜的四个阶段示意图

3）溅射工艺的三种形式

（1）直流溅射。

直流溅射示意图如图 14-5 所示。

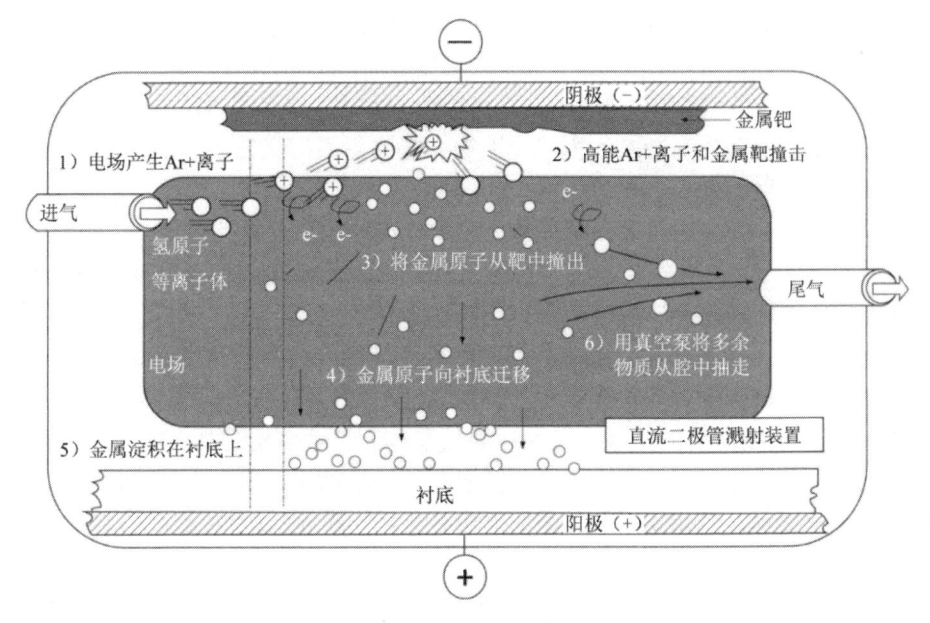

图 14-5　直流溅射示意图

在一真空室中，装有正、负高压。将要溅射的材料（靶材）装在负高压电极（阴极）上，将衬底（基片）放在正高压电极（阳极）上，将真空室抽真空，当真空室中水汽及杂质气体被抽走，真空度达到 $1×10^{-5}～1×10^{-6}$Torr 时，向真空室充入惰性气体（氩）。这时在阴极上加高压电源（1000V 左右），在真空状态下氩气分子被电离，真空室产生辉光放电，形成等离子体，通过气体放电产生带正电荷的氩离子 Ar^+，等离子体中的 Ar^+ 在电场力的作用下向阴极靶材移动，穿过阴极位降区时获得能量，到达阴极表面时与靶材交换动能和动量，使靶材发生溅射，靶材表面被溅射出来的粒子向基体迁移，并在基体表面沉积，形成薄膜。

溅射时，溅射速率（G）可近似用下式表示：

$$G=K·I·S$$

式中，K 为与溅射参数有关的比例常数，与所用惰性气体的性质有关；I 为离子电流（氩气）的流量；S 与靶材性质有关。

直流溅射时，靶材上加的是直流负高压，这种溅射方式只适合溅射纯金属材料及合金靶材，对于绝缘材料，由于下述原因不能适用。

当绝缘体受到正离子轰击时，由于没有足够的电子来中和，所以正电荷很快积累在绝缘体表面，从而阻止正离子继续撞击。这样真空室中辉光放电难以维持，溅射作用停止。为了克服直流溅射这一缺陷，人们研发了一种高频溅射工艺。

（2）高频溅射。

在阴极溅射装置上，将直流电场换成交变电场，即高频电压，则阴极靶材上的电压不再是负高压而是正、负交变电压。在交变电场的负半周，撞击靶材的氩离子 Ar^+ 到达靶材表面，将靶材溅射出来后，正离子能马上被交变电场的正半周收集的电子中和，使靶材表面又呈现负电压，Ar^+ 继续撞击靶材，真空室辉光放电继续进行，溅射作用继续进行。

高频溅射时，有一个问题要重视，就是高频电压的频率。如果频率过低，可能发生正半周收集的电子不能充分中和靶材表面的负电荷，溅射过程不稳定，溅射效率低。为克服这个缺点，人们经试验得出高频电场的频率为 2～27MHz 时效果最好，常用频率为 10～20MHz，由于工业用频率管制限定，高频溅射的电场频率定为 13.56MHz。

高频溅射可以溅射金属，也可以溅射绝缘体，扩展了溅射工艺的应用范围。但有一缺陷，即溅射时工作电压高，一般要在 1000V 以上，这样靶材受高频高压的冲击，温升很高，靶材容易开裂，设备的使用寿命也受影响。为了克服这一缺陷，人们又发明了磁控溅射工艺。

（3）高频磁控溅射。

其工作原理为：电子在加速飞向基片的过程中受到磁场洛伦兹力的影响，被束缚在靠近靶材表面的等离子体区域内，并在磁场的作用下围绕靶材表面做圆周运动，该电子的运动路径很长，在运动过程中不断与氩原子发生碰撞，电离出大量的氩离子轰击靶材，经过多次碰撞后，电子的能量逐渐降低，摆脱磁场的束缚，远离靶材，最终沉积在基片上，如图 14-6 所示。

带电粒子在电场和磁场的双重作用下，受到洛伦兹力的作用，在真空中做螺旋状摆线运动（见图 14-7）。这种摆线运动的路径比直线运动长很多，在运动过程中不断与氩原子发生碰撞，电离出大量氩离子轰击靶材，因而到达靶材表面时能量增加了。撞击出的靶材分子变多了，因而溅射速率增大了，大大提高了单个离子的能量。这样加在靶材上的电压可以降低，则靶材温度也降低了。

（4）反应溅射。

以上三种溅射工艺过程中，向真空室充入的气体都为惰性气体氩气，之所以采用氩气是因

为在惰性气体中氩离子 Ar^+ 质量最大，产生的动能最大，溅射效率最高。它不能和靶材发生化学反应。通过试验，人们发现用稳定的二原子形式的高化学活泼性原子，通过辉光放电变成离子，这些离子与靶材原子可以很容易地形成化合物，如形成氮化物、碳化物、氧化物等。由此现象，人们发明了反应溅射工艺。

具体做法是，在溅射时（高频或者直流均可）将氩气和少量能反应的气体先混合好（有一定比例）一起充入溅射室中。溅射过程中，氩气电离，起溅射作用。能发生反应的气体（如氮气）则和靶材原子发生反应生成化合物，如 TaN 电阻就是以钽为靶材，溅射时充入氮气生成 TaN 薄膜沉积在基片上。其电阻性能可以通过调节充入氮气的流量来调整。

反应溅射时，化学反应可以在溅射过程中产生，也可能发生在基片表面上。

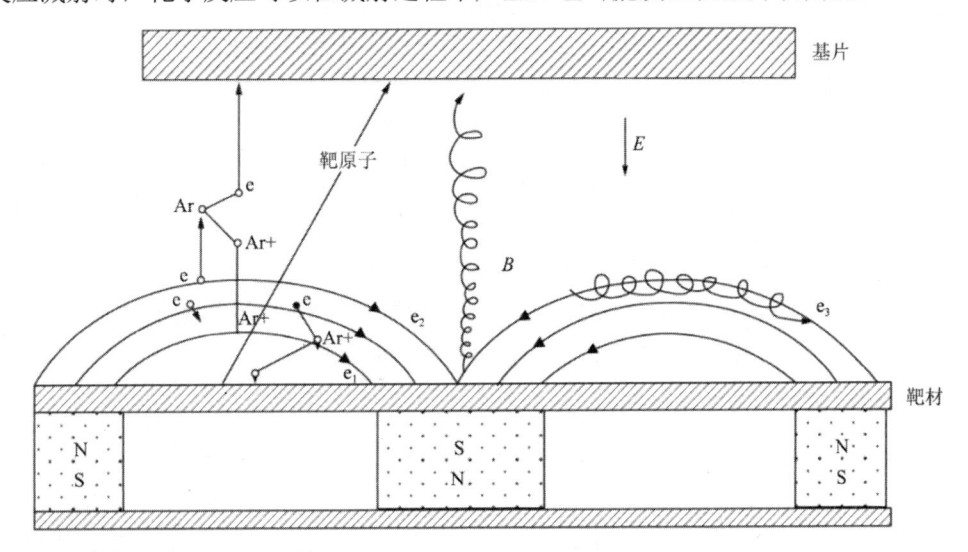

图 14-6　高频磁控溅射原理示意图

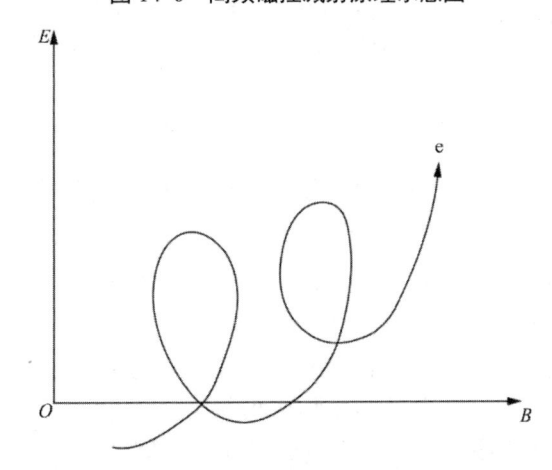

图 14-7　带电粒子在正交电磁场中的运动轨迹（摆线运动）

3. 影响薄膜性能的因素

1）成膜材料的性能

在资料上查到的各种材料的性能参数基本上是实验室数据，即理想的性能指标，大批量生产时可能达不到。在制作薄膜电路时对材料的纯度要求是很高的，一般要求材料的纯度为

99.90%～99.95%。对合金材料，其成分比例要精准，比例不同，性能有时差别颇大，如 NiCr 合金，Ni∶Cr=80∶20 和 Ni∶Cr=60∶40，制成薄膜电阻后二者的电阻温度系数相差较大。CrS_1 和 CrS_2 的电阻温度系数大不相同。

2）真空度

薄膜电路的成膜工艺，无论真空蒸发工艺还是溅射工艺，都是在真空环境中进行的，其原因之一就是避免空气中杂质气体对膜层的影响。真空设备的真空不可能是真正的"真空"。即使现代真空设备采用冷凝技术最大限度地将设备中残余的气体抽走，真空度大大提升，但仍有残余气体存在。残余气体的种类很多，主要有氢气、一氧化碳气体、氮气、氧气、水蒸气等，还有惰性气体，残余气体对膜层有不可忽视的影响。

（1）残余气体被吸附在基片表面上影响薄膜的形成、生长和凝结过程，使薄膜产生缺陷。

（2）残余气体中的氧气、氢气、水蒸气能和蒸发的材料原子发生反应，从而改变膜层的性能。

而有些反应溅射则利用真空设备注入适当气体与被成膜材料发生反应，改变薄膜的性能。例如溅射钽（Ta）时，向真空设备通入适当流量的氮气，与 Ta 反应生成 TaN 电阻薄膜。

3）蒸发源及其挥发物对膜层的影响

真空蒸发工艺中，坩埚材料（如钼、钨等）虽然熔点很高，但使用久了可能会产生共晶体而挥发，然后蒸发至基片上影响膜层的性能，所以坩埚要勤换。

4．薄膜的电导率、导电机理

块状金属的导电性，是由于在电场作用下金属内部的自由电子的定向流动产生的。因此，块状金属的电导率取决于两个因素：一是金属内的自由电子数；二是自由电子的平均自由程。自由电子多，电子的平均自由程大，则该金属电导率高，电阻小；反之则电导率下降，电阻增大。

金属导带电阻薄膜，是采用块状金属或电阻材料通过真空淀积工艺淀积在衬底上形成的。此时其电阻用方块电阻来表征。方块电阻为

$$R = \frac{\rho}{T} \cdot \frac{L}{W} = R_X \cdot \frac{L}{W}$$

式中 $R_X = \dfrac{\rho}{T}$，ρ 为金属电阻率，T 为膜厚。方块电阻说明，同一种金属变成薄膜后，其电导率下降，电阻增加。

金属薄膜的电阻率具有尺寸效应，其电阻率远远大于块状材料，原因是，其电阻率取决于电子的平均自由程。

固体中电子或空穴运动时电子与固体中的杂质或其他载流子发生碰撞，在两次碰撞之间通过的自由距离的平均值称为电子的平均自由程，物理学上用符号 λ 来表示，如图 14-8 所示。经历电子的平均自由程的时间称为平均自由时间或弛豫时间。

图 14-8　电子平均自由程示意图

块状金属成膜后，电子的平均自由程会大大缩短，其结果是导电能力下降，电阻率增大。

习　题

1. 从关键工艺角度，薄膜和厚膜的区别是怎样的？
2. 请写出制作薄膜混合集成电路的工艺流程。
3. 请写出目前常用的薄膜材料的特性。
4. 写出三种电阻材料及其关键性能参数。
5. 说明金属蒸发工艺有哪两种？各自的工作原理是什么？
6. 金属溅射是薄膜集成电路关键工艺之一，其工作原理是什么？
7. 请详细解释直流溅射的工作原理。
8. 请详细解释高频溅射的工作原理。
9. 请详细解释高频磁控溅射的工作原理。
10. 影响薄膜性能的因素有哪些？

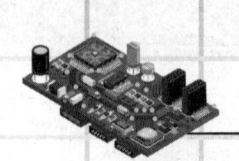

第 15 章 微系统组装基础知识

随着电子整机向多功能、高性能、高可靠、高速度、低功耗、小型化和便携式方向发展，对 LSL、VLSL 的要求越来越高。

随着 IC 设计技术和工艺水平的提高，人们欲将不同功能的 IC 整合在一起，集成在一颗芯片上。这个创新思路，不但可以进一步缩小体积，还可以缩小不同 IC 之间的距离，从而提升计算速度。这个思路中的芯片称为系统级芯片（SoC），也称为片上系统。它是一个有专用目标的集成电路。

但是这个创意思路并不十分理想，与实现电子整机的小型化、便携化、低功耗、高可靠性的目标仍有差距。人们需要运用全新的系统设计思路，以及硬件、软件协同设计，解决低功耗设计等一系列难题。

于是人们另辟蹊径，从组装技术入手，以微电子技术、高密度组装技术和微焊接技术为基础，在多层布线基板上按照整机原理图，将不同功能的 IC 芯片及微型元器件组装起来，形成高密度、高可靠性 3D 结构的微电子组件、部件，从而完成不同电子整机的系统封装。

这种能实现电子整机系统功能的封装技术称为系统级封装（SiP），相应的产品称为系统级封装产品。

15.1 系统级封装的概念

系统级封装是新世纪的微电子封装技术，引起国内外广泛关注。于是有关技术部门、标准制定部门组织多方专家，对这一技术进行了定义。

1. 国际半导体技术蓝图（ITRS）中 SiP 的定义

SiP 是将多个具有不同功能的有源器件与可选的无源元件，以及诸如 MEMS（微电子机械系统）或者光学器件等其他器件，优先组装到一起，实现一定功能的单个标准封装，形成一个系统或子系统。因此从结构上来说，SiP 是指将多种功能芯片，包括处理器、存储器等功能芯片集成在一起，封装在一个外壳内，从而实现完整的系统级功能。

2. 国内有关部门和标准部门对 SiP 的定义

SiP 是指在高密度多层互连基板上，采用表面安装和微互联技术，将构成电子电路的集成电路芯片、片式元器件及各种微型元器件组装起来并封装在一个外壳内，形成高密度、高速度、高可靠性的 3D 立体结构的高级微电子组件。

由上述两个措辞不尽相同的定义可以看出：ITRS 中的定义偏重功能。而国内的定义则偏重组成结构，但二者的表述都符合人们对 SiP 的基本认识，即 SiP 是将有关电子电路功能的 LSI、VLSI 芯片及其他电子元器件（包括分立的元器件）再封装起来，以此完成不同电子整机的系统封装，这种能实现电子整机功能的封装就称为系统级封装。

3. SiP 相对于 SoC 的优势

（1）SoC 的实现，要将电子装备的功能用单一的 LSL 或 VLSi 来实现，难度较大。而 SiP 走的路线是博采众长，扬长避短，强强结合。SiP 大都采用商用元器件，因而成本低，进入市场周期短，风险低。

（2）可采用混合组装技术，组装各类 IC 如 CMOS 电路、CaAs 电路、SiGe 电路等，还可组装各类无源元件。封装内的元器件，可采用引线键合（WB）、载带自动焊（TAB）和倒装焊（FCB）技术互连，无须开发新互连技术。

（3）封装采用 3D 结构，封装内的元器件集成向 Z 方向发展，可提高封装密度，减小封装基板面积。

（4）产品可采用混合设计技术。无论是模拟的还是数字的，只要能达到要求就可采用，给总体设计者带来很大的灵活性，缩短了设计周期。

15.2 微系统组装的特征

微系统组装技术是第五代电子组装技术和互连技术，是混合微电子技术发展的高级阶段的产物，它有别于传统的混合集成技术，其特征如下。

（1）电路功能多样化，具有部件、子系统甚至系统级功能。

（2）结构立体化，采用高密度多层布线基板，采用微焊连接。对高集成度的裸芯片及其他微型元器件，在 Z 方向上进行立体组装。

（3）集成规模，属于混合大规模集成或混合甚大规模集成范畴，集成电路裸芯片和多芯片模块（MCM）组件，二者强强结合，使微组装产品达到子系统规模。

（4）微组装产品具有小型化、轻量化、低功耗、数字化等特点，有专家估算，组装密度每提高 10%，电路模块体积可缩小 40%~50%，质量可减小 20%~30%。微系统封装是实现电子装备向多功能、高性能、高可靠性、高速度、低功耗、轻量便携方向发展的有效途径。

15.3 SiP 的主要构成

SiP 涉及的技术门类有集成电路技术、固态技术、厚薄膜技术、微电路技术、互连与微焊技术、热控制技术、可靠性技术、高密度组装技术、计算机辅助设计等，它是一门电路结构、工艺、材料、元器件等紧密结合的综合性技术。

构成 SiP 技术的关键点有高密度多层基板的设计和制造技术，包括厚薄膜混合集成电路设计和制造技术。SiP 的基本工艺包括：环氧表面安装工艺、回流焊、波峰焊、表面安装工艺、引线键合、倒装焊、钎焊等电连接工艺，平行缝焊、储能焊、激光焊等封装工艺，以及高密度组装技术，包括裸芯片组装技术（不包括半导体芯片制造技术和纯 SMT/THT 技术）。

SiP 与常规电子组装的主要区别：常规电子组装是以一般电子元器件及普通 PCB 为基础的组装技术；而 SiP 则是以芯片（载体、载带，小型封装元器件等）和高密度多层基板（陶瓷基板、表面安装的细线 PCB、被釉钢基板等），以及以微焊接为基础的综合性组装技术。

习 题

1. 系统封装的概念是什么？
2. 微系统组装的特征有哪些？
3. 简述 SiP 的主要构成。

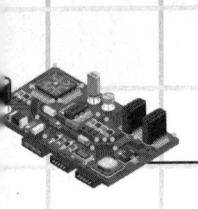

第 16 章 检验基础知识

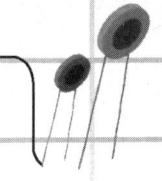

16.1 原材料检验

原材料检验是指生产企业对采购的生产用原材料、辅料、产品的组成部分等的质量进行检测,判断是否符合企业的采购要求,从而确保来料质量合乎标准,是企业制止不合格物料进入生产环节的第一个控制点。来料检验由质量管理部门的来料检验员负责执行。

16.1.1 来料检验

1. 来料检验的项目及方法

(1) 外观检查:通过目测、手触检查来料的性状,若有细微部分(如 PCB 的布线线条太细),目测、手触不能区分,可以利用放大镜、显微镜检查。

(2) 尺寸检查:一般采用卡尺、千分尺、量具等检查。

(3) 特性检验:检验物理性能、化学性能、电气性能等特性,如电子元器件电性能检测。
化学性能检验:如焊锡、锡膏、固化剂、黏结剂等。
机械特性检验:如载物车、托盘托架等。特性检验一般要采用测试仪器、仪表及特定方法来检验。

2. 来料检验方式

来料检验方式包括全检和抽验。

1) 全检的条件

(1) 检验是非破坏性的。

(2) 检验的数量少,检验的项目少。

(3) 安全法规规定必须全检的物资或产品。

(4) 该被检物质或产品,在生产商(供方)生产中尚不稳定又具有比较重要特性的项目必须全检。

(5) 昂贵的高精度的重点产品。

(6) 单件小批量的、试生产的产品。

2) 抽检

不符合以上条件的产品可以抽检。

16.1.2 原材料检验标准及工作要求

1. 判定标准

(1) 与进货原材料有关的国家标准、行业标准。

（2）企业本身制定的有关原材料验收标准。
（3）企业与供应商（厂）签订的采购合同中规定的验收标准。

2．进厂检验工作程序

供方供货→采购员向质检部送达《采购物品验收单》→检验员对待检物品进行检验（抽检或全检）→检验员填写《原材料检验记录》并送达质检部主管人员→质检部部长判定是否合格，若合格即批准入库。

库房管理人员收货并填写原材料入库登记，将合格原材料做标记，与不合格原材料分隔开。

3．检验工作要求

（1）企业应对生产原材料供方进行考评，编制企业合格供方名录。
（2）采购员应从合格供方处采购原材料。
（3）若进厂原材料存在不合格现象，质检部可组织有关人员进行评审，若评审不合格，则退货。评审结果应填写《不合格原材料评审单》。
（4）紧急放行的控制：紧急放行的条件，一般在下列情况下才允许紧急放行。生产急需采购的原材料已到库，但来不及检验或正在检验但未检验完毕，而生产等不及，若不用此批料，生产会延误，影响交货。在这种情况下，物料生产方可申请紧急放行。但要求紧急放行的物料生产方应是企业重点合格供方，以往交货合格率高，服务态度好。

申请紧急放行的物料，发现的不合格缺陷在技术上可以纠正并且在经济上不会造成较大损失，也不会影响相关连接及相配套的零部件质量。

紧急放行由生产单位提出"紧急放行申请"，由质检部会同有关部门评审，由主管生产的总经理批准。

16.2　抽样检验程序

抽样是利用样本进行检验的，样本的质量特性只能相对地反映整批产品的质量，不能把样本的不合格与整批产品不合格等同起来，但是抽样检验是建立在数理统计的基础上的，能可靠地反映整批产品的质量。

国家标准 GB/T 2828.1—2012 主要适用于连续批检验，这是一种对所提供的一系列批的产品的检验，可以依据前一批质量情况决定后一批的抽验的方案是从严还是放宽。

1．AQL 和 IL

在 GB 2828.1—2012 中接收质量限（AQL）有特殊意义。AQL 不应与实际过程平均质量相混淆，要求过程平均质量比 AQL 更好。

（1）规定接收质量限（AQL），即认为可以接收的连续提交批的过程平均上限值。
（2）规定检查水平（IL），用来决定批量与样本之间关系的等级。

通常采用一般检查水平Ⅱ；特殊检查水平（S-1，2，3，4）仅适用于较少样本，而且能够或必须允许较大的误判风险。

原则上应按不合格分类规定检查水平，但必须注意检查水平与接收质量限协调一致。

检查批的形成：投产批、销售批、进货批等的生产条件和生产时间基本相同。

批的组成：批量及提出和识别的方式可由供需双方协商。规定宽严程度，有三种：正常检查、严加检查、放宽检查。除非另有规定，一般按正常检查。

2．抽样方案

按国家标准 GB/T 2828.1—2012 进行抽样。根据平均样品大小在一次、二次或五次抽样方案中选用一种，只要规定的接收质量限和检查水平相同，不管使用哪种抽样方案，其对批质量的判断力基本相同。

根据样本大小字码表和接收质量限（AQL）运用标准中给出的表，检索抽样方案。

（1）当查表时遇到↓时，应使用箭头下面的第一个抽样方案。

（2）当查表时遇到↑时，应使用箭头上面的第一个抽样方案。

（3）当样本大小等于或大于批量时应整批 100%检查。

3．抽取样本

（1）在待检样本中，按上述查表得到的样本数，随机抽取。

（2）可在批的形成过程中抽取样本，也可以在整批组成之后抽取样本。

4．检查样本

（1）根据产品技术标准或采购合同中对该产品规定的检验项目，逐个对样本进行检查，并做好检查记录。

（2）根据检查记录判定产品合格与否。

（3）在对不合格品进行判断时，若需要对不同技术指标进行分类，则应分别累计。

（4）根据 AQL 和检查水平所确定的抽样方案进行抽样检查。

① 若在样本中发现的不合格数小于或等于合格判定数，则判定该批次为合格批。

② 若在样本中发现的不合格数大于合格判定数，则判定该批次为不合格批。

5．逐批检查后的处置

（1）判定为合格批产品，则整批接收。

（2）判定为不合格批产品，原则上退回，或根据有关规定处理。

16.3　AQL 的意义

（1）AQL 的含义：接收质量底线。当一个连续系列批被提交验收抽样时，可允许的最差过程平均质量水平。

（2）按 AQL 抽样，通常适用于产品检验批（交货）检验。

（3）检验用的样品数（n）和接收判定数（AC），由检验批的批量（N）、检验水平、抽样方案和 AQL 值确定，四大因素缺一不可。

当四大因素中的一个因素变化，而其余三个因素不变时，提交的检验批量越大，检验所需的样品数越多；检验水平（决定批量与样本大小之间关系的等级）值越大，检验越严格，所需样品数越多；AQL 值越小，检验越严格，所需样品数越多。

（4）当检验所需数量等于或多于检验批的批量时，则 100%检验。

习　　题

1. 来料检验需要检验哪些项目？用什么方法检验？
2. 来料检验有哪两种检验方式？什么情况下要进行全检？
3. 检验标准从何而来？
4. 简述进厂检验的工作程序。
5. 对于抽样检验，说明 AQL 和 IL 的含义。
6. 抽样样本是从何而来的？
7. 抽样方案的根本是什么？
8. 检验与哪四个因素有关？

第 17 章　电子产品的静电防护

17.1　静电危害

静电就是静止的电荷。物体带电是一种自然现象。所谓静电，是指物体所带电荷，相对于观察者而言，处于静止或缓慢变化相对稳定的状态。电荷还有另外一种存在状态，即动的状态。流动的电荷就是电流。

电子行业中，静电是影响生产正常运行和电子产品质量的重要因素之一。据报道，日本在20世纪80年代中期的一项统计资料表明，在半导体器件的失效原因中，45%归于静电的伤害。

静电对电子元器件的伤害，主要是通过静电放电的形式造成的。

静电放电（ESD）：具有不同静电位的两物体，由于直接接触或静电场感应而引起的静电电荷的转移或指由于带静电体的能量，致使附近空间的物质带电，并伴有声、光的现象。

1. 对静电敏感的元器件

电子元器件，特别是半导体元器件及集成电路，由于其特征尺寸小，电路内部集成密度很高，是对静电放电敏感的元器件。表 17-1 列举了若干对静电敏感的元器件的失效机理及失效标志。

根据表 17-1，失效机理可以归纳为如下六类：热二次击穿、介质击穿、金属镀层熔融、气弧放电、表面击穿、体击穿。

表 17-2 和表 17-3 分别列出了一级静电敏感度和二级静电敏感度的电子元器件，从中可以看出微电子器件是静电放电破坏的重灾区，必须严加防范。

表 17-1　对静电敏感的元器件的失效机理及失效标志

元器件组成部分	元器件分类	失 效 机 理	失 效 标 志
MOS 结构	MOSFET（分立的），MOS 集成电路。有金属跨接的半导体器件：数字集成电路（双极和 MOS）、线性集成电路（双极和 MOS）、MOS 阻容器件、混合电路、线性集成电路	电压引起的介质击穿和随之发生的大电流现象	短路（漏电大）
半导体结构	二极管（PN 结型、PIN 结型、肖特基结型二极管）、结型场效应管、晶闸管 数字线性双极集成电路、输入保护电路，用于分立 MOS 场效应管和 MOS 集成电路	由过剩能量和过热引起的微等离子体，二次击穿的微扩散，Si 和 Al 扩散的电流束增大（电热迁移）	
薄膜电阻器	混合集成电路、厚膜电阻器、薄膜电阻器、单片集成电路、密封薄膜电阻器	介质击穿与电压有关的电流通路，与焦耳热能量有关的微电流通路的破坏	电阻阻值漂移

续表

元器件组成部分	元器件分类	失效机理	失效标志
金属化条	混合集成电路、单片集成电路	与焦耳热能量有关的金属烧毁	开路
场效应结构和非导电性盖板	采用非导电石英或陶瓷封装盖板的集成电路和存储器,特别是EPROM	由于ESD,正离子在表面积累,引起表面反型或栅阈值电压漂移	工作性能退化
压电晶体	晶体振荡器、声表面波器件	当所加电压过大时机械力使晶体破裂	工作性能退化
电极间的间距较小的部位	声表面波器件,无钝化层覆盖的薄膜金属,无保护的半导体器件和微电路	电弧放电,使电极材料熔融	工作性能退化

表17-2 一级静电敏感度的元器件（1～1999V）

序 号	元器件类别	条件及说明
1	微波电路	包括肖特基二极管、接触型二极管、频率大于1GHz的二极管
2	分立MOS场效应管	包括VMOS管及VDMOS管等
3	表面声波器件	
4	结型场效应管	
5	电荷耦合器件	
6	精密稳压二极管	
7	运算放大器	包括双极型工艺及MOS工艺
8	超高速集成电路	包括ECL、HCMOS、FAST等工艺
9	其他集成电路	包括CMOS、DMOS、NMOS等工艺
10	薄膜电阻器	
11	混合电路	使用Ⅰ级静电敏感度元器件组装
12	晶闸管	T_A=100℃,I_C<0.175A

表17-3 二级静电敏感度的元器件（2000～3999V）

序 号	元器件类别	条件及说明
1	分立MOS场效应管	包括VMOS、VDMOS
2	结型场效应管	
3	运算放大器	包括双极工艺和MOS工艺
4	超高速集成电路	
5	其他集成电路	包括CMOS、PMOS、TTL等
6	精密电阻网络	包括ECL、HCMOS、FAST等工艺
7	混合电路	使用二级静电敏感度元器件组装
8	低功率双极晶体管	u_T<100mV；I_C<100mA

2. 集成电路的类型与失效模式

由表17-4可以看出,对单片半导体集成电路而言,失效模式中性能退化占比相当高；MOS数字电路失效模式中,性能退化占到60%,排第一。双极与MOS模拟电路失效模式中,性能退化占50%,也排在第一位。只有双极型数字电路的失效模式中性能退化占43%,排在第二位。

表 17-4 单片集成电路失效模式分布

类　　型	失　效　模　式	百　分　比 /%
双极型数字电路	逻辑输出失效	32
	性能退化	43
	断路	20
	短路	50
MOS 数字电路	性能退化	60
	断路	25
	短路	15
双极与 MOS 模拟电路	模拟输出失效	15
	性能退化	50
	断路	25
	短路	10

经分析，半导体器件性能退化大多由静电引起。静电使器件受损，出现软损伤，造成器件性能退化。因为 MOS 电路对静电特别敏感，耐受静电损坏电压低，所以与 MOS 有关的集成电路的防静电特别重要。因此在半导体集成电路生产过程中，采取严格的防静电措施十分必要。

17.2　静电防护

17.2.1　防止或减少静电的方法

1．减少摩擦

摩擦是产生静电的主要原因，人体是导体，活动时衣服之间产生摩擦起电，所以人体是静电产生的主要来源。电子产品生产的操作人员是最大的活动静电源，而且带的静电电势较大，因此应该作为静电控制的重点。操作人员的洁净服、工作服、鞋帽、手套、指套等都应该是防静电的，有些工序还应戴防静电腕带或防静电脚带以泄放形成的静电。

2．控制生产环境

控制生产环境主要是控制环境的干湿度。实验证明，工作环境的干湿度控制在 30%～60%RH 比较合适，可以防止静电产生。同时，在可能的情况下，风速的降低有利于减少静电。

3．减少碰撞摩擦的频率和力度

增大碰撞摩擦的频率和力度，能增强静电的产生。因此，控制生产工艺的某些环节，在可能的情况下，将接触分离的机械动作尽量减少，适当控制生产速度和碰撞摩擦力度，以减少静电的产生。

4．消除已产生的静电

在电子器件生产、使用、传输过程中不可避免会产生静电，这是静电产生的另一个原因。要完全消除静电是不可能的，但可以采取措施控制静电，使之少产生或减轻以防止静电危害。

17.2.2 静电防护材料

人们可以通过多种有效的方式和措施对静电加以防护，以使其降至可以接收的程度，其中静电防护材料的使用具有根本性的作用，因此关于防静电材料的研究和应用是静电防护链中重要的一环。

静电防护材料是指具有下列一种或多种性能的材料：限制静电的发生，耗散静电荷，提供对静电场的屏蔽。

静电防护材料的用途主要有：作为防静电器材器具的结构材料；作为防静电敏感产品的包装；作为人体的防护材料。

1. 静电材料的分类

下面根据静电性能对材料进行分类。

（1）静电导体材料：指由其表面或物体的内部导电的材料，一般将表面电阻率小于 $1×10^5Ω$ 或体积电阻率小于 $1×10^4Ω·cm$ 的材料划归静电导体材料。其中又将表面电阻率小于 $1×10^4Ω$ 或体积电阻率小于 $1×10^3Ω·cm$ 的材料定义为静电屏蔽材料。

（2）静电耗散材料：指能快速耗散其表面或物体内部静电荷的材料。GB 12158—2006《防止静电事故通用导则》规定：表面电阻率在 $1×10^7Ω$ 以上，但小于 $1×10^{11}Ω$；体积电阻率在 $1×10^6Ω·m$ 以上，但小于 $1×10^{10}Ω·m$ 的材料为静电耗散材料。ANSI/ESD S20.20、IEC 61340-5-1 则规定：表面电阻和体积电阻为 $1×10^4$～$1×10^{11}Ω$ 的材料为静电耗散材料。

（3）抗静电材料：表面电阻大于 $10^9Ω$ 但小于 $10^{14}Ω$，能抑制静电荷产生的材料。

（4）绝缘材料：指那些电阻率超过静电耗散材料电阻率上限的材料，即其表面电阻率等于或大于 $1×10^{12}Ω$，或其体积电阻率等于或大于 $1×10^{11}Ω·cm$ 的材料。绝缘材料不属于静电防护材料的范畴。这是因为这种材料所带的自由电子很少，不可能完成静电防护材料的功能。

2. 静电防护材料的选择

静电防护材料：采用这种材料作为静电敏感器件的防护包装材料。

静电荷在物体上的聚集是一种静电能的储存，其大小取决于物体的静电荷的静电位。当静电放电发生时，静电能以极快的速度释放，会形成瞬间冲击性的大电流。选用静电导体材料作包装，会发生下述情况：这种包装置于静电场中，表面累积的电荷会向其内部的 ESD 产品迅速放电，产生大电流而造成产品失效。

所以，ESD 产品的包装用材料只能选用静电耗散材料。此种材料的电阻率低于抗静电材料，但高于静电导体材料，当其受到摩擦时，表面产生的电荷可较快地扩散和泄漏，因其电阻率较高，不会造成材料的大放电，所以不会伤及其包装内的器械。电阻率为 $1×10^6$～$1×10^9Ω·cm$ 的包装材料可作为静电屏蔽材料。

17.2.3 提高器件的抗静电能力

电子产品的静电危害的防治应该是一个系统工程，除在生产、使用、运输等环节均采取有力措施外，提高产品的自身抗静电能力也十分必要。如果能通过改进工艺和产品结构，使器件电路对静电不甚敏感，就能抵御住一定程度的静电危害。

（1）对半导体器件而言，PN 结深、截面积、杂质浓度等均对抗静电能力有直接影响。当基区杂质浓度过高时，容易诱发晶格缺陷，在晶格缺陷部位有电流流过，会导致抗静电能力降

低。如果增大发射极到基极的铝电极距离，由于基区电阻增大，限流和电流平衡效应能使器件的抗静电能力增强。

（2）对于混合集成电路而言，适当降低电阻，增大薄厚膜电阻面积，适当加大介质层厚度等措施，可提高厚薄膜电路的抗静电能力。调节电阻的阻值时，注意调阻线间距不要太窄，应尽可能加宽，可增强抗静电能力。

（3）除工艺的设计方法外，还可在器件的引入端，特别是在信号输入端加上保护电路，以释放或分流静电，保护晶体管的分流动作。电压应远远大于信号电压，又远远小于静电安全电压。

GJB 1649-1993《电子产品防静电放电控制大纲》规定，组件设计应为组件中静电敏感元器件提供 2000V 的保护能力，整机设计应提供 4000V 保护能力。保护电路可加在器件（电路）内，也可加在器件（电路）外，具有类似的效果。

17.2.4 加强防静电系统的管理与维护

由于防静电工作的系统性，必须制定一整套适合本单位的，从设计到生产、安装、储存、运输等全过程的每一个岗位的防静电操作规程，进行必要的防静电技术培训，使工人和技术人员都明确防静电器具及防静电环境指标，定期进行测试，保证防静电工作有计划地贯彻执行，并能长期地保证防静电措施的有效实施。

1．生产企业的防静电措施

（1）根据生产使用静电敏感程度，设立防静电工作区，并有明显的防静电警示标志。按照《电子产品防静电放电控制大纲》的规定，将电子产品的静电敏感度分为三级，一级静电敏感度为 0～1999V，二级静电敏感度为 2000～3999V，三级静电敏感度为 4000～15999V，敏感度 16000V 及以上为非静电敏感。

（2）防静电区域内工作台面应该由静电泄漏型或导电型材料制成，使静电不易产生，即使产生也能很快泄放。

（3）接地系统。防静电接地系统是静电泄漏的入地系统，应该将接地处地面和墙面、设备、仪器、工作台、工作椅、腕带等按工作区域和单位相互隔离，再汇总，单独入地。接地电阻小于 4Ω，埋设检测方法应符合 GBJ 24-85 的要求。防静电地线不得与电源零线相接，不得与防雷地线共用。使用三相五线制时，其地线可作为防静电地线。

（4）防静电工作区内相对湿度应为 45%～70%RH，禁止在低于 30%RH 环境下操作。静电敏感元器件生产中的下列工序必须在静电防护区内进行：表面组装工序、管芯粘接、引线键合、焊接、内部目检、外部目检、成品测试、半成品测试、筛选试验、芯片检测。

与 ESD 有关的工序均应在静电防护区内进行，工作人员均应穿戴防静电工作服、防静电鞋、防静电腕带等静电防护用具。

2．防静电工作区的管理与维护

制定防静电管理制度，并由专人负责，准备防静电工作服、防静电鞋、防静电腕带等个人用品，以备外来人员使用，定期检查维护防静电设施的有效性，防静电腕带，每周检查一次。防静电元器件架、印制板、周转架、运输车、桌垫、地垫等的防静电性能，每半个月检查一次。

3. 静电敏感器件的测试和检验

测试静电敏感器件时，应从包装盒、管、管盘中取出一只，测一只，放一只，不要堆放在一起测试。不合格品应退库，加电测试产品时必须遵循加电和去电顺序，加电顺序为：低电压、高电压、信号电压。去电顺序为：信号电压、高电压、低电压，同时注意电源极性正确，不可颠倒，电源电压不可超过额定值。检测人员应熟悉静电敏感器件的型号、品种、测试知识，了解静电防护基本知识。

17.2.5 静电敏感器件的运输、存储、使用要求

（1）静电敏感器件运输途中不得掉落在地，不得随意打开包装。
（2）存放静电敏感器件的库房的相对湿度应保持在 30%～40%RH。
（3）静电敏感器件存放过程中应保持原包装，若要更换包装则应使用防静电的专用容器。
（4）存放静电敏感器件的库房里应设防静电专用柜，并妥善接地。并在防静电专用柜明显部位贴上防静电专用标志。
（5）发放静电敏感器件时应采用目测方式，在静电敏感器件原包装内清点数量。
（6）对 EPROM，进行擦写及信息保护操作时，应将写入器/擦除器充分接地并戴好防静电腕带。
（7）装配、焊接、修板、调试等操作人员，都必须严格按照防静电要求进行操作。
（8）检验合格的 PCB，在封装前应用离子喷射枪喷射一次，以消除可能积聚的静电荷。

17.2.6 静电敏感器件的包装

对静电敏感器件，应用静电耗散材料进行包装，在产品外包装盒上打上 ESD 标志。微电路的 ESD 等级及标志如表 17-5 所示。

表 17-5 微电路的 ESD 等级及标志

ESD 等级	预先标志分类	元器件标志	敏感电压阈值（V）
1	A	D	0～1999
2	B	DD	2000～3999
3	—	—	4000～159999

静电放电微电路应采用 ESD 防护包装，包装应符合包装规范，包装盒上应有静电敏感标志，外包装上应有"注意！敏感的电子元器件"的警语，储运中应有"切勿靠近强静电、强电场、磁场或放射场"的警语。警示标志如图 17-1 所示。

图 17-1 警示标志

17.2.7 防静电腕带检测

日常工作中需要对所用腕带进行检测，要求如下：

（1）采用数字式万用表测试腕带与地之间的电阻值，每周一次。

（2）阻值在 $1×10^6 \sim 2×10^6$ Ω 为合格，若阻值低于 250kΩ 或大于 100MΩ 则禁用。

（3）检测的结果要进行记录，检测记录表如表 17-6 所示。

表 17-6 防静电腕带检测记录表

测 试 日 期	阻 值

习　　题

1．对于电子产品，静电有哪些危害？
2．列举不同集成电路的失效模式。
3．叙述防止或减少静电产生的措施。
4．防静电材料有哪些？
5．防静电系统包括哪些方面？
6．如何对静电敏感器件进行测试和检验？
7．对于防静电腕带有哪些检测要求？

第 18 章　培训及管理

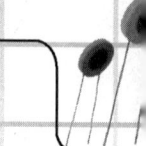

18.1　培　　训

18.1.1　培训方法

1. 培训类型

企业培训是企业人力资源管理与开发的重要组成部分，是非企业人力资源资产增值的重要方法，也是企业效益提高的重要途径，企业培训从总体上可以分为如下三种：公司内部老师的内部培训、公司外部老师的内部培训、参加外部企业举行的公开培训。

1）公司内部老师的内部培训

公司内部老师的内部培训，有两种做法：一种是内部的管理人员作为主讲人且根据企业内部的培训资料对员工进行培训，主讲人不是专职的培训人员，但根据实际情况可以外派参加外部培训课程，要根据其岗位的具体需要而设定；另一种是由专职内部培训师去外面听各种公开课，然后回到企业将所学知识转授给企业内部人员。

2）公司外部老师的内部培训

企业一般从外面聘请有实战经验的老师进行内部培训。这样做的好处是可以针对影响公司绩效的迫切问题量身定做。他山之石，可以攻玉，外聘老师可以给企业带来解决问题的新思维、新方法。而且企业内训的形式可以讨论企业的保密性敏感问题，互动性强、训练强度高、技能提升快，目前越来越受到企业的欢迎。外来的和尚会念经，有的企业领导借外部讲师之口传达自己的敏感理念，会有不一样的效果。

3）参加外部企业举行的公开培训

一些企业管理顾问公司推出面向广大企业的公开课，场面极其火爆，当然，企业要根据其需求选择所需参加的课程项目，参加外训的目的就是提高参与人今后的工作能力，同时企业为今后内训培养储备主讲人。

2. 培训形式

企业培训的形式是多种多样的，不同的形式适用于不同的人、不同的问题，产生的效果、花费的成本也各不相同。下面就让我们看看当前有哪些培训方式。

1）课堂演讲法

课堂演讲法也称讲授法，是传统的培训方法。在企业培训中，经常开设的专题讲座就是采用讲授法进行的培训，适用于向群体学员介绍或传授单一课题的内容。培训场地可选用教室、餐厅或会场，教学资料可以事先准备妥当，教学时间也容易由讲授者控制。这种方法要求讲授者对课题有深刻的研究，并对学员的知识、兴趣及经历有所了解。重要技巧是讲授者要保留适

当的时间与学员进行沟通，用问答形式获取学员对讲授内容的反馈。此外，讲授者表达能力的发挥、视听设备的使用也是提高效果的有效辅助手段。讲授法的优点是可同时施于多名学员，不必耗费太多的时间；缺点是由于在表达上受到限制，因此学员不能主动参与培训，只能从讲授者的演讲中做被动、有限度的思考与吸收。讲授法适于对本企业新政策或新制度的介绍、引进新设备或技术的普及等理论性内容的培训。

2）操作示范法

操作示范法是职前实务训练中广泛采用的一种方法，适用于机械性工种。操作示范法是部门专业技能训练的通用方法，一般由部门经理或管理人员主持，由技术能手担任培训员，现场向学员简单地讲授操作理论与技术规范，然后进行标准化的操作示范表演。学员则反复模仿练习，经过一段时间的训练，学员的操作逐渐熟练直至符合规范的程序与要求，达到运用自如的程度。培训员在现场指导，随时纠正学员操作中的错误。这种方法有时显得单调而枯燥，培训员可以结合其他培训方法交替进行，以增强培训效果。

3）主题式培训法

主题式培训法就是按照企业需求，围绕培训目的（主题），紧密结合企业的实际情况，为企业量身定制个性化的培训方案，通过组织和调度各类培训资源，为企业提供更有针对性、实效性的管理培训服务，解决具体问题，满足企业需要。主题式培训根据企业需要，结合企业存在的主要问题，进行有针对性的实战培训设计，并推动企业展开一系列行动，解决企业实际问题，提升企业绩效。主题式培训通过系统的企业需求研究，从专业的角度，指导企业化解矛盾、规避风险、提升绩效。

4）多媒体视听法

多媒体视听法是运用电视机、录像机、幻灯机、投影仪、收录机、电影放映机等视听教学设备进行培训的方法。随着声像资料的普及与广泛应用，许多企业的外语培训已采用电化教学手段，并取得了较好的效果。除了外语培训，有条件的企业还运用摄像机自行摄制培训录像带，选择一定的课题将企业实务操作规范、礼貌礼节行为规范等内容编成音像教材用于培训。

5）职位扮演法

职位扮演法又称角色扮演法，是一种模拟训练方法。该法适用的对象为实际操作或管理人员，由学员扮演某种训练任务的角色，使他们真正体验到所扮演角色的感受，以发现并改进自己原先的工作态度与行为表现，多用于改善人际关系的训练。人际关系上的感受常因所担任的职位不同而异。为了增进对对方情况的了解，在职位扮演法培训中，学员常扮演自己工作所接触的对方的角色而进入模拟的工作环境，以获得更好的培训效果。采用职位扮演法培训时，扮演角色的学员数量有限，其余学员则要在一边仔细观察，对角色扮演者的表现用"观察记录表"方式记录下来，并对其姿势、手势、表情和语言表达等项目进行评估，以达到培训的效果。观察者与扮演者应轮流互换，这样就能使所有学员都有机会参加模拟训练。

6）网上课程学习法

网上课程学习法适合有很好的自觉性、自制力、理解力的人。目前，网上已经有了各式各样的课程包供选择，价格也相对便宜。

7）阅读书籍法

阅读书籍法虽然没有互动性，但可以随时随地学习，直接成本最低。要在茫茫书海中找到适合你的书籍，需要花一些工夫。可以通过老板、同事或朋友介绍，加入读书俱乐部、网上读书论坛，缩小搜寻的范围。值得注意的是，一定要尽可能看原著。因为如果总读第二手、第三手的著作简介，表面上是吃了一顿经济实惠的快餐，实际上丢掉了精华。

8）案例研讨法

案例研讨法是一种用集体讨论方式进行培训的方法，通过研讨不单是为了解决问题，更重要的是培养学员对问题的分析判断及解决能力。在对特定案例的分析、研讨中，学员集思广益，共享集体的经验与意见，有助于他们将培训的收获在未来实际工作中应用，建立一个系统的思考模式。同时学员在研讨中还可以学到管理方面的新原则。培训师对案例的准备要充分，经过对学员情况的深入了解，确定培训目标，针对目标收集具有客观性与实用性的资料，根据预定的主题编写案例或选用现成的案例。在正式培训中，先安排学员认真研读案例，引导他们产生身临其境的感觉，使他们如同当事人一样去思考和解决问题。案例讨论可按以下步骤展开：发生什么问题、问题因何而起、如何解决问题、今后采取什么对策。该法适用的对象是中层以上管理人员，目的是训练他们良好的决策能力，帮助他们学习如何在紧急状况下处理各类事件。

9）游戏培训法

游戏培训法是当前一种较先进的高级训练法，培训的对象是企业中较高层次的管理人员。与案例研讨法相比，游戏培训法具有更加生动、更加具体的特点。采用案例研讨法，学员会在人为设计的理想化条件下，较轻松地完成决策。而游戏培训法则因游戏的设计，使学员在决策过程中面临更多切合实际的管理矛盾，决策成功或失败的可能性都同时存在，需要学员积极地参与训练，运用有关的管理理论与原则、决策力与判断力对游戏中所设置的种种情况进行分析研究，采取有效的方法解决问题，以争取游戏的胜利。

18.1.2　工艺过程中涉及的一般知识

1. 工艺的基本概念

工艺是生产者利用生产设备和生产工具，对各种原材料、半成品进行加工处理，使之最后符合技术要求。（比如，在传统的手工工艺产品制作过程中的"工艺"强调的是技巧、手艺、灵感、经验等，把工艺看成做工的艺术。而现代化的工业生产工艺则强调的是科学技术和工业化大生产的全过程。）

电子产品的工艺工作按内容可分为工艺技术和工艺管理。

工艺技术是人们在劳动中逐渐积累起来并经过总结的操作技术经验，它是生产实践、劳动技能、应用科学的总和。

工艺管理是指从系统的观点出发，对产品制作全过程的各项技术活动进行规划、组织、协调、控制及监督，以实现各项既定目标。

工艺工作是企业生产技术的中心环节，是组织生产、指导生产的重要手段。

工艺技术是工艺工作的核心；工艺管理是保证工艺技术在生产中贯彻和发展的管理科学。

2. 电子产品的工艺工作程序

1）电子产品的工艺工作流程

电子产品从研制开发到销售全过程划分为四个阶段，即预研制阶段、设计性试制阶段、生产性试制阶段、批量性生产阶段。

2）产品预研制阶段的工艺工作

（1）明确新产品主持工艺师参加设计研制、用户访问。

确定新产品主设计师的同时，应该确定主持工艺师参加新产品设计研制和老产品的用户访问工作。

（2）新产品主持工艺师参加设计方案及设计任务书的讨论。

针对产品性能、结构、技术指标等，和企业的技术水平、设备条件等因素，做工艺分析。

（3）新产品主持工艺师参加新产品样机（初样）试验、工艺分析。

按样机做工艺分析，对产品试制中可以采用的新工艺、新技术、新型元器件及关键工艺技术做可行性研究。

（4）样机（初样）鉴定会。

对样机定型，提出工艺性评审意见。

18.2 管　　理

18.2.1 生产车间物料管理办法

为规范车间管理，加强车间物料的管理，创造安全良好的车间工作环境，制定了物料的相关管理规定，下面介绍关于生产车间物料管理规定的相关条例。

1. 目的

提供与生产相关的所有物料的摆放、标识的细节管理。

2. 范围

适用于产品顺利生产所涉及的所有物料、物资。

3. 职责

（1）制造中心对生产车间的物料管理进行监督。

（2）生产车间对生产产品所需的物料进行摆放、标识及安全使用。

4. 规定内容

1）原料物资

车间领用物料后，进入车间的物料必须分类并摆放整齐，统一放置于固定区域。

（1）重要物资是指其质量好坏直接影响产品的性能指标、稳定性或安全可靠性等方面的原材料或元器件。重要物资要存放于专用器件盒内，要做到避免阳光照射、防水、防潮。

（2）一般物资是指用于产品的生产、装配、连接、防护等的材料和用品，其质量虽不直接影响产品的性能指标，但对产品的外观、牢固、防护、安装等方面起着重要作用。一般物资要

存放于专门的区域,做到既不影响生产,又能迅速拿取,避免混乱,同时应由专人负责,避免丢失、损坏。

(3) 辅助物资是指用于产品的储运、防护等方面的材料及物资。辅助物资由于要在生产车间内不间断使用,所以存放要以方便生产为主。辅助物资处于闲置状态时,要在固定区域放置。

2) 设备

车间设备按照总体规划放置于有利于提高工作效率的地方。专人负责设备的使用、养护、维修。定期检查设备运转情况,建立详细的维护、保养记录备查。

3) 工具

(1) 生产工具发放到个人,统一放置在工具盒中,工具盒放置在工作台上。

(2) 测试用工具,如万用表、电阻箱等要放置在测试工作台面上。工具本身带有标志牌,写明工具名称、功能、负责人、保养记录等。

(3) 卫生工具统一放置于指定地点。保持卫生工具的清洁,避免出现异味。

4) 标识

(1) 对车间进行区域划分,并用明显的标识线区分各功能区域。关键区域、关键工位要重点区分,在关键位置悬挂红色警示牌。

(2) 车间内所有成品、半成品、维修品、废品等要存放于固定的器具内并且以颜色区分,各器具放置到指定区域。通常红色器具存放维修品,白色器具存放废品,黄色器具存放半成品,蓝色器具存放成品。严禁产品混放、器具混用。

(3) 车间内闲置物品,如空物料盒,统一存放于固定区域,并在明显位置注明存放物品的名称,标识清楚。

5) 危险品

(1) 生产用酒精、硫酸等危险物品应放置在远离工作区域的地方,由专人负责。使用危险品要经过车间负责人允许。严禁将危险品私自带出车间。

(2) 电器的开关、接线盒要有专人负责。定期进行线路的检修、维护、保养并记录,确保车间用电安全。

6) 其他物品

(1) 个人物品,如水壶、水杯等统一放置于饮水处。工作台面严禁放置液体物质。

(2) 个人其他物品放置在储物柜内。

18.2.2 文件管理规定

1. 目的

为规范本企业文件分类、编号、拟定、审批、用印、收发处理、整理存档等工作,特制定本制度,适用于企业及下属管理中心各部门的文件管理工作。

2. 职责

(1) 总经理负责公司所有对外发文审批。

(2) 管理中心经理负责管理中心文件的审批。物业部负责管理中心文件的打印及文号的管理工作。

（3）部门主管负责本部门文件的拟制与审核，以及负责本部门对公司内部发文的审批，并负责定期将已处理完毕的文件移交行政人事部。

（4）行政人事部负责公司文件格式、文号及内容的审核，以及用印管理、归档管理工作。

3．文件种类

（1）上行文：请示、报告、计划、总结。

（2）下行文：批复、决定、通知、通告、通报、制度、规定。

（3）平行文：信函、会议纪要。

4．文件格式

（1）发文统一使用以上文件类别之一。

（2）秘密等级和紧急程度，用来确定文件发送方式及办理速度，统一在文件的左上角加注。

（3）收文单位是指用来处理或答复文件中有关问题和有关事项的单位。

（4）正文是文件的主体部分。文件制发的目的和根据，讲述什么事情，解决什么问题以及办法和要求，都要在正文中阐述清楚。

（5）标题统一使用二号或三号黑体字，放在居中位置。

（6）正文统一使用四号或小四号宋体字，与主送单位等保持一致。每段开头空两个字，要合理地划分段落、正确使用标点符号，行间距为1.5倍，以清晰、美观为原则。

（7）附件通常指随正文发出的补充说明材料；如果该文件有附件，应在正文之下、发文单位落款的左上侧，专行空两格注明"附件：xxx"字样；如果附件较多，还须编上序号；文件无附件的，无须注明。

（8）落款指发文单位全称或规范化的简称。以总经理的名义发出的，要用负责人姓名（前面冠以职务身份）署名；落款一般放在正文（或附件标记）的右下角；如果正文恰好占满整页，落款必须放在另页空白纸上，并在其上面加注一行"（此页无正文）"字样；落款字体与正文相同。

（9）日期：

① 一般应写发文日期。

② 制度或会议通过的文件应写通过的日期。

③ 重要的文件写签发日期。

5．文号

（1）根据文件类别、发文日期、发文单位及发文顺序对文件进行统一编号。

（2）公司文号由行政人事部统一管理，管理中心文号由物业部统一管理。

（3）发文部门需到以上部门登记领取文号后，方可发文。

6．用印

（1）用印是发文单位对文件负责的标志，是文件合法生效的标志，对外发文或内部重要文件都应加盖印章。

（2）文件打印校对完之后，由管理印章的人员用印并进行登记。

（3）印章应盖在落款和年月日中间，即齐年盖月位置。

7. 文件管理

文件管理包括撰写、审核、签发、盖印、发放、归档、整理等一系列工作。

正规文件应尽量打印，并由拟文人员仔细校对审核。

签发。签发人对签发的文件负有完全责任，应本着负责的精神，仔细阅读文稿，实事求是地拟写批语。同意签发的，注明"同意发文"字样后按正常手续办理；不同意的，写出具体意见，返给拟文人重新撰写。

盖印。印章管理人员依据规定加印，并做好登记。对一页以上的重要文件还须加盖骑缝印。

发放。由发文部门填写文件发放登记表，并做好发文签收登记工作。需要回复办理的文件，还要填写文件处理单，夹在文件前面，一并送有关人员或部门办理。

收文。文件管理人员（一般为行政人事部或管理中心物业部相关人员）将所收到的文件登记在收文登记表内，内容包括：流水号、收文日期、发文单位、收文标题、文件编号、发文日期、份数、处理情况、备注等。

传阅。传阅工作一般由行政人事部或管理中心物业部办理。阅读人在阅读后应签署姓名、日期。

保存。文件处理完毕后，由最后处理部门人员进行保管。

归档。各部门定期将本部门已处理完毕的文件汇总交行政人事部，由行政人事部进行整理存档工作。

8. 相关文档

相关文档主要包括文号编码规则、文件编号使用登记表、对外发文登记表、对内发文登记表、收文登记表、文件处理单、传阅单、用印登记表、对外发文格式、对内发文格式、报告总结格式、会议纪要格式、会议记录格式等。

习 题

1. 培训的类型有哪些？
2. 培训的形式有哪些？
3. 工艺的定义是什么？
4. 工艺技术的定义是什么？
5. 请解释工艺管理的定义。
6. 请写出电子产品的工艺工作流程。
7. 生产车间物料管理办法包括哪几部分内容？
8. 文件的种类有哪些？

参考文献

[1] 郑福元，等.厚薄膜混合集成电路设计制造和应用[M].北京：科学出版社，1984.
[2] 冯立明，王玥.电镀工艺学[M].北京：化学工业出版社，2010.
[3] 安茂忠.电镀理论与技术[M].哈尔滨：哈尔滨工业大学出版社，2004.
[4] 党冀萍.半导体分立器件集成电路装调职业技能鉴定指南[M].北京：中国科学技术出版社，2004.
[5] 何丽梅.SMT：表面组装技术[M].2版.北京：机械工业出版社，2018.
[6] 李可为.集成电路芯片封装技术[M].2版.北京：电子工业出版社，2007.
[7] 文常保，商世广，李演明.半导体器件原理与技术[M].北京：人民交通出版社，2016.
[8] 况延香，等.微电子封装技术[M].合肥：中国科学技术大学出版社，2003.
[9] 刘魁兰.电子技术基础[M].北京：机械工业出版社，2011.
[10] 刘晓论，柴邦衡.ISO 9001：2015质量管理体系文件[M].2版.北京：机械工业出版社，2017.
[11] 郑爱云.机械制图[M].北京：机械工业出版社，2018.
[12] 电子工业半导体专业工人技术教材编写组.半导体器件工艺[M].上海：上海科学技术文献出版社，1984.
[13] 沈百渭，刘进峰.无线电装接工[M].2版.北京：中国劳动社会保障出版社，2014.
[14] 夸克等.半导体制造技术[M].韩郑生等译.北京：电子工业出版社，2004.
[15] 克里斯托弗·赛因特（Christopher Saint）.集成电路版图基础—使用指南[M].李伟华，孙伟锋译.北京：清华大学出版社，2020.
[16] 陈宗福，卢万选，刘钰，等.现代培训教学方法[M].北京：中国石化出版社，2013.
[17] 贾新章，等.统计过程控制理论与实践[M].北京：电子工业出版社，2017.
[18] 杨树人，王宗昌，王兢.半导体材料[M].3版.北京：科学出版社，2013.
[19] 包兴，胡明.电子器件导论[M].北京：北京理工大学出版社，2001.
[20] 李荣茂.微电子封装技术[M].北京：机械工业出版社，2016.
[21] 林文荻.半导体器件生产使用中的静电危害及防治[J].LSI制造与测试.1994，15(6):1-10.
[22] 张宝铭.静电防护材料及其标准[N].中国电子报，1976-3-18.
[23] 中国人民解放军总装备部（批准）.微电子试验方法和程序[S].GJB 548B—2005.
[24] 中华人民共和国电子工业部（发布）.表面组装工艺通用技术要求[S].SJ/T 10670—1995.
[25] 国家技术监督局（发布）.半导体集成电路外形尺寸[S]. GB/T 7092—2021.

反侵权盗版声明

电子工业出版社依法对本作品享有专有出版权。任何未经权利人书面许可，复制、销售或通过信息网络传播本作品的行为；歪曲、篡改、剽窃本作品的行为，均违反《中华人民共和国著作权法》，其行为人应承担相应的民事责任和行政责任，构成犯罪的，将被依法追究刑事责任。

为了维护市场秩序，保护权利人的合法权益，我社将依法查处和打击侵权盗版的单位和个人。欢迎社会各界人士积极举报侵权盗版行为，本社将奖励举报有功人员，并保证举报人的信息不被泄露。

举报电话：（010）88254396；（010）88258888

传　　真：（010）88254397

E-mail：dbqq@phei.com.cn

通信地址：北京市万寿路173信箱
　　　　　电子工业出版社总编办公室

邮　　编：100036